기계시스템의 신뢰성 향상을 위한 과학 · 기술

트라이볼로지

Tribology

Science, technology for improvement of
reliability in mechanical system

저자소개

홍성호 책임저자 / 6장

동국대학교 기계시스템공학전공 교수

김현준 1장, 3장

경북대학교 정밀기계공학과 교수

김광섭 2장

한국기계연구원 나노역학장비연구실 책임연구원
과학기술연합대학원대학교 융합기계시스템학과 교수

김창래 4장

조선대학교 기계공학과 교수

서준호 5.1~5.7절

부산대학교 기계공학부 교수

이동현 5.8절

한국기계연구원 시스템다이나믹스 연구실 책임연구원

김해진 7장

경상국립대학교 기계항공공학부 교수

장영준 8장

한국재료연구원 극한소재연구소 극한환경코팅연구실 실장

기계시스템의
신뢰성 향상을 위한 과학 · 기술

트라이볼로지

인 쇄: 2022년 10월 10일 초판 1쇄
발 행: 2022년 10월 20일 초판 1쇄

저 자: 홍성호 · 김현준 · 김광섭 · 김창래 · 서준호 · 이동현 · 김해진 · 장영준
발행인: 송 준
발행처: 도서출판 홍릉
주 소: 01093 서울시 강북구 인수봉로 50길 10
등 록: 1976년 10월 21일 제5-66호

전 화: 02-999-2274~5
팩 스: 02-905-6729
e-mail: hongpub@hongpub.co.kr
http://www.hongpub.co.kr
ISBN: 979-11-5600-074-7(93550)

정 가: 22,000원

이 교재는 2021년도 정부(산업통상자원부)의 재원으로 한국에너지기술평가원의 지원을 받아 수행된 연구임(경북지역 풍력에너지 클러스터 인재 양성 사업, No. 20214000000010)

TRIBOLOGY

Science, technology for improvement of
reliability in mechanical system

기계시스템의 신뢰성 향상을 위한 과학 · 기술

트라이볼로지

홍성호 · 김현준 · 김광섭 · 김창래
서준호 · 이동현 · 김해진 · 장영준 지음

도서출판 홍릉

머리말

이 책은 대학에서 트라이볼로지를 공부하는 학생들의 교재나 트라이볼로지와 관련된 종사자들의 참고용 전문도서로 활용할 수 있도록 내용을 간결히 구성하였다. 본고에서는 트라이볼로지에 관련된 기본적인 내용을 다룬다. 트라이볼로지 분야는 점점 그 활용성이나 중요성이 증대되고 있는데 반해 이와 관련된 국내 전문 서적이 부족한 현실이다. 따라서 이 책은 트라이볼로지의 중요성에 대한 소개뿐만 아니라 현재 또는 앞으로 활용가능성이 많은 관련 지식들을 소개하고자 한다.

이 책은 본문을 8장으로 분류하여 구성하였다. 제 1장은 트라이볼로지의 기원과 중요성에 대해 설명한다. 제 2장에서는 표면 및 표면 접촉에 대한 내용으로 거칠기, 접촉이론, 응착력등을 설명한다. 제 3장과 제 4장은 각각 마찰과 마모의 이론과 현상에 대해 설명한다. 제 5장은 베어링에 대한 것으로 유체윤활이론과 각종 베어링에 대해 설명한다. 제 6장은 윤활유와 윤활유 분석에 대한 것으로 윤활제의 종류, 기능, 분석 방법 등을 소개한다. 제 7장은 표면 개질에 관한 내용으로 표면 분석 방법 등을 설명한다. 마지막으로 제 8장은 코팅에 관한 내용으로 코팅의 공정 방법과 그 특징을 소개한다.

저자들은 본 책을 기획할 때 다음과 같은 내용에 주안점을 두었다. 이 분야를 공부하거나 연구하는 과정에서 관련 국내 전공 서적의 부족으로 인해 어려움을 경험한 사람들이 쉽게 이해할 수 있도록 관련 지식들을 서술하였다. 그리고 어려운 이론보다는 기초적이고 기본적인 내용을 자세하게 설명하려고 하였다. 국내에 트라이볼로지 관련 전공서적이 최근에 출판된 적이 없는 점을 고려하면 이 책을 준비하는 과정에 저자들은 심리적으로 부담감이 있었다. 하지만 집필을 완료한 시점에는 성취감과 함께 다른 전공 서적의 집필에 도전할 힘을 얻게 되었다. 이 책을 계기로 하여 기회가 된다면 트라이볼로지 분야의 전문기들이 참여하여 심화된 트라이볼로지 관련 서적들을 추가적으로 출판하고자 한다. 끝으로 이 책으로 인해 트라이볼로지에 대한 이해가 깊어지고 이 기술의 활용 분야가 점점 확대되어 기계시스템의 신뢰성 향상에 기여하기를 바란다.

2022.07.27

저자 대표 홍성호

감사의 말씀

이 책을 준비하는 과정에 집필진을 구성하는데 어려움이 있었지만 최종적으로 많은 전문가들이 적극적으로 참여해주셔서 잘 마무리할 수 있었습니다. 이 책을 집필하는 데 도움을 주신 분들에게 짧은 글이지만 고마움을 전하고 싶습니다. 바쁜 일정에도 트라이볼로지라는 국내 전공 서적을 집필하는데 참여해주신 박사님들과 교수님들께 감사합니다. 해외에 트라이볼로지 관련 전문 서적은 많으나 국내에는 최근 10년 동안 거의 출판된 적이 없어 저자들이 이 책을 집필하는데 부담감이 있었지만 끝까지 참여를 해주셔서 가능한 일이었습니다. 그리고 한국트라이볼로지학회에서 집필에 참여할 수 있는 전문가들을 소개하고 지원해주신점 감사드립니다. 마지막으로 책의 그림 작업을 도와준 이은빈 졸업생에게도 감사하다는 말을 전합니다.

목 차

PART 3 마찰 이론 및 현상

PART 4 마모 이론 및 현상

PART 5 베어링

PART 7 표면 개질

1. 트라이볼로지 기원 및 중요성

1.1 트라이볼로지의 유래

트라이볼로지(tribology)는 표면에서 나타나는 대부분의 기계, 화학적 거동을 다루는 학문으로서 그리스어 τρίβω(문지르다 라는 뜻)에서 파생된 단어이다. 최초로 트라이볼로지라는 용어를 제시한 사람은 영국의 기계공학자인 Peter Jost로 알려져 있다. 트라이볼로지는 "상대운동하는 표면의 상호작용에 대한 과학 및 기술적 분야"라고 정의될 수 있으며 일반적으로 마찰, 마모, 윤활을 아우른다 [1,2]. 인류의 가장 위대한 발명 중 하나로 일컬어지는 바퀴는 더 적은 에너지로 더 무거운 물체를 운반하기 위해 고안된 기계요소이다. 바퀴는 미끄럼마찰(sliding friction) 대신 구름마찰(rolling friction)이 일어나도록 하여 마찰에 의한 에너지 소모를 크게 저감하는 이점을 가지고 있다. 일반적으로 기원전 3000년 정도에 바퀴가 등장한 것으로 알려져 있으므로, 에너지 효율과 마찰문제에 대한 인식은 유사이래 꾸준히 있어왔다고 추론할 수 있다. 마찰을 저감하기 위한 또 다른 고대의 사례로 거상(巨像:colossus)을 옮기는 이집트의 벽화가 종종 인용된다. 그림 1.1을 살펴보면 썰매와 같은 구조물 상단에 거상이 자리하고, 여기에 밧줄을 매달아 수많은 사람들이 앞을 향해 당기고 있음을 알 수 있다. 자세히 살펴보면 거상 앞에 선 한 명의 사람이 거상의 진로에 액체를 뿌리는 모습을 발견할 수 있는데, 이는 고대인들도 유체에 의한 윤활효과를 잘 알고 있었다는 것을 시사한다 [3]. 기원전 900년에서 기원후 400년 사이, 그리스/로마 시대에는 베어링 및 기어의 초기형태가 개발되었다고 알려져 있다. 이 시기에 롤러 베어링의 초기 디자인 또한 등장하였는데, 이탈리아의 Nemi 호수 바닥에서 발견된 배에서 회전체를 위한 롤러 베어링이 발견된 바 있다 [4].

이처럼 마찰 및 마찰에 의한 에너지 손실과 관계된 문제는 오랜 옛날부터 인류의 관심사였고 마찰을 극복하기 위한 기초적인 수준의 윤활기술이나 바퀴와 같은 기계요소가 널리 활용되어 왔으나, 마찰, 윤활 및 마모거동에 대한 관심이 학문의 범주로 편입되기까지는 상당히 오랜 시간이 소요되었다. 트라이볼로지 분야의 선구자로 흔히 이탈리아의 예술가이자 공학자였던 레오나르도 다 빈치(Leonardo da Vinci), 프랑스의 물리학자 아몽통(Amonton)과 쿨롱(Coulomb)을 꼽는데, 이들의 활동시기가 15-18세기이므로 앞서 언급한 이집트의 벽화 사례를 마찰에 대한 첫 번째 역사 기록이라고 간주한다면, 적어도 수십세기 이상 마찰현상에 대해서는 학문적 진보가 거의 이루어지지 않은 셈이다. 15세기에 이르러 레오나르도 다 빈치는 평판 위에서 네모난 블록이 미끄러질 때, 마찰이 수직하중에 대해 비례하여 나타난다는 과학적인 통찰을 도출하였다. 그러나 이 발견은 당시에 학계에 발표된 것이 아니라 단지 그의 노트에만 기록되어 대중에게 공개되지 않았으므로 역사적, 과학적으로 후대에 영향을 발휘했다고 볼 수는 없다. 그로부터 100여년 이상이 흐른 1699년에 이르러, 프랑스의 학자 아몽통은 건조한 상태의 표면에서 나타나는 몇 가지 마찰의 법칙들을 발표하였는데, 첫째는 마찰력이 수직하중에 비례한다는 것이며, 둘째는 마찰력과 접촉면적(겉보기 접촉 면적: apparent contact area)은 서로 무관하다는 점이었다. 이러한 연구결과는 레오나르도 다 빈치의 발견과 같은 것이었으나 앞서 언급했듯, 레오나르도 다 빈치의 발견은 과학적 출판물을 통해 대중에 공개되지 않았으므로(19세기 후반에 들어서야 그의 연구가 대중에게 알려졌다) 이러한 마찰 법칙들은 아몽통의 법칙(Amonton's law)으로 알려져 있다 [5].

이후 프랑스의 물리학자 쿨롱은 아몽통이 발표한 두 가지 법칙에 한 가지 법칙을 더 추가하였는데, 이는 바로 마찰력과 속도 사이의 독립성이었다. 이후 19세기에 이르러서는 유체역학 분야의 오스본 레이놀즈(Osborne Reynolds)에 의해 유체에 의한(hydrodynamic pressure)이 두 표면의 접촉을 분리시키고 윤활효과를 제공할 수 있음을 규명하였는데, 이 연구를 필두로 두 접촉하는 표면 사이의 상호작용과 윤활 시스템에 대한 후속연구들이 이어졌다 [6].

그러나, 마찰과 마모거동은 기계요소의 작동조건이나 환경변수에 의하여 좌우되는 매우 복잡한 문제이며 기술의 발달과 함께 새롭게 개발되어온 측정장비들의 도움을 바탕으로 새로운 관찰사실들이 규명됨에 따라 기존에 발표된 몇몇 법칙들로는 트라이볼로지 현상을 제대로 설명할 수 없다는 사실을, 그리고 트라이볼로지 현상을 제대로 이해하기 위해서는 마이크로/나노 스케일의 관점에서 바라볼 필요가 있음을 학자들은 깨닫게 되었다. 심지어 이 분야에서 알려진 대부분의 지식은 세계 2차대전 이후에 획득된 것 인만큼, 트라이볼로지는 다른 전통적인 공학분야(예 – 열역학, 탄/소성 역학 등)와 비교하여, 학문으로서의 발전이 늦게 이루어졌다고 할 수 있다 [6]. 오늘날의 트라이볼로지는 물리, 수학, 화학, 재료과학/공학, 기계공학 등 다양한 분야에 걸쳐진 융복합 학문이며, 수많은 동적 기계요소를 위시한 산업전반의 원활한 운영에 필수적인 분야임에도 불구하고, 상대적으로 다른 전통적인 학문 분야에 비하면 대중적 인지도가 낮은 상태에 머물러 있다. 그러나, 최근 대두되고 있는 4차 산업혁명이라는 화두와 탄소중립과 같은 환경 문제는 산업전반에 수많은 자동화된 공업용 기계시스템의 필요성과 더불어 더 적은 자원의 소모, 더 적은 폐기물의 발생을 강제하고 있다. 뿐만 아니라, 원활한 생산공정의 운영을 위해 유지보수의 선진화(예측가능한 유지보수 : predictive maintenance)가 요구되며, 더 나아가서는 장비의 유지보수를 최소화 하여 생산공정의 비효율성을 제거하는 것이 중요하다 [7]. 이러한 산업/환경적 요구는 마찰 및 마모를 저감하는 것을 중대 과제로 삼는 트라이볼로지 분야에 대한 산업 전반의 관심을 혁신적으로 향상시킬 것으로 기대된다 [4].

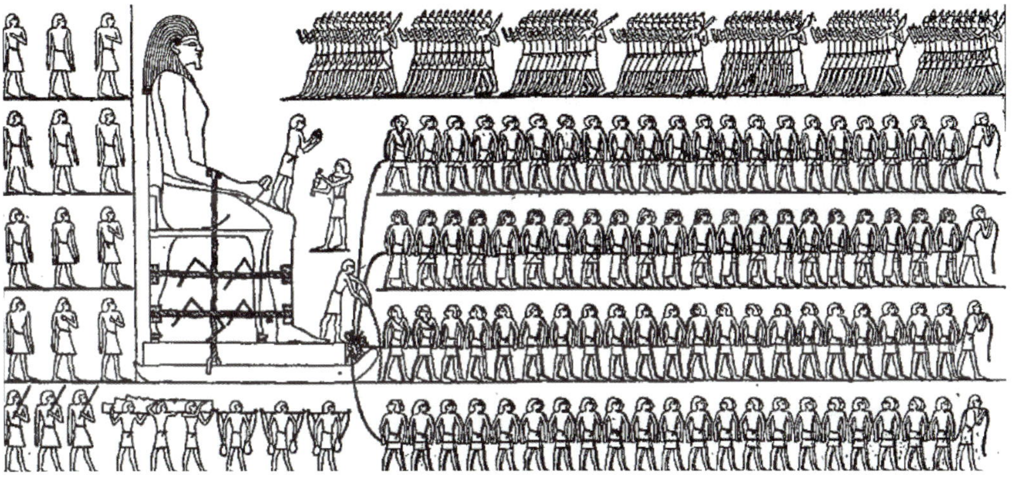

그림 1.1 거상을 움직이기 위해 윤활유를 사용하는 모습을 나타낸 이집트 벽화 (기원전 1880년경)

1.2 트라이볼로지 현상과 경제적 효과

트라이볼로지 현상은 경제적, 환경적으로 막대한 파급효과가 있음이 여러 학자들에 의해 연구되고 발표되어 왔다. 영국의 기계공학자 P. Jost는 1990년 그의 논문에서 트라이볼로지 현상과 경제적 손익에 대해서 다음과 같이 말했다.

“1965년, 영국의 D.E.S (Department of Education and Science)에서는 트라이볼로지 현상에 대해 보다 세심한 주의를 기울일 경우, 연간 515,000,000 파운드의 비용을 절약할 수 있다고 발표하였다. 또한 다년간의 경험을 통해 트라이볼로지 문제의 해결을 통해 저감할 수 있는 비용이 국민총생산 (Gross National Product : GNP) 기준 1.3 ~ 1.6 % 수준임을 알 수 있다 [1].”

Jost는 이러한 경향이 영국에만 국한된 것이 아니며, 독일, 캐나다, 중국 등 다른 국가의 연구에서도 동일하게 GNP의 크기로 설명할 수 있는 수준(GNP의 수 %)의 비용저감이 가능하다는 결론을 내리고 있다고 발표하였다. 1966년 미국에서는 트라이볼로지 문제를 등한시함으로써 발생하는 손실이 GNP 대비 4 %(1966년 기준, 2000억 US$)에 이른다는 연구결과도 발표된 바 있다 [2]. 1976년 독일에서는, GNP 대비 1 %(100억 서독마르크, 오늘날 50억 유로 상당)의 경제적 손실이 마찰과 마모에 의해 일어난다고 연구결과를 발표하였다 [8]. Holmberg와 Erdemir는 기존의 트라이볼로지가 전세계적 에너지 소비, 경제적 비용 및 오염배출에 미치는 영향에 대한 다양한 연구를 종합적으로 정리하여 논문을 발표하였다. 이 논문에서도 트라이볼로지적 현상에 대한 기술적 개선을 통해 절약할 수 있는 비용이 대략 GNP의 2 % 정도라고 언급하고 있다 [9]. 뿐만 아니라, 전세계 에너지 자원의 약 1/3이 마찰의 형태로 소진된다는 연구결과도 있어, 트라이볼로지 현상이 경제적 관점에서 매우 커다란 이슈라는 사실을 잘 알 수 있다. 그 외에도 트라이볼로지 현상과 에너지 손실, 그리고 경제적 파급효과의 상관관계에 대한 연구결과는 수많은 기관과 연구자들을 통해 발표되어 왔는데, 몇몇 연구결과를 열거하면 다음과 같다.

- 마찰력에 의한 동력손실은 현대적인 제트엔진의 경우 전체 동력의 1.5 ~ 2 %, 피스톤 타입의 항공엔진의 경우 9 %, 차량엔진의 경우 40 ~ 45 %, 철도의 경우 50 %, 섬유산업의 경우 80 % 이상이라고 추산된다 [10].
- 일반 승용차량의 경우 엔진, 변속기, 타이어, 브레이크 등에서 마찰을 극복하기 위해 연료가 가진 에너지의 1/3 가량을 소진하며, 2009년 기준 전세계적으로 2,080억 리터의 연료(가솔린 혹은 디젤)가 마찰에 의한 에너지 손실로 낭비되었다 [11].
- 중장비 차량의 경우에는 2012년 기준 전세계적으로 1,800억 리터의 연료가 마찰 손실로 낭비되었다 [12].

이처럼 트라이볼로지 현상과 경제적 효과 사이의 상관관계와 중요성에 대해 수없이 많은 연구가 발표되었음에도 불구하고, 지난 수십년간 실제로는 연구에서 제시한 수준(GNP의 수 %)에 비하면 고작 1/10 가량의 비용절감이 이루어졌을 뿐이다. 그러나, 기대에 미치지 못한 수준의 작은 비율일 지라도, 트라이볼로지적 현상에 대한 대응을 통해 이루어진 에너지 절약의 절대적 가치는 매우 크다고 할 수 있다 [8].

경제 및 산업의 발전과 트라이볼로지 분야의 또 다른 관점에서의 상관관계는 국내의 산업통계자료에서도 드러나는데, 다음의 그림 1.2는 통계청에서 발표한 자료를 토대로 작성되었으며, 대한민국의 연간 GDP와 국내 윤활유 생산량의 추세를 보여준다. 대한민국은 제조업이 GDP에서 차지하는 비중이 약 27.8 % (2020년 기획재정부 발표)로 미국 (11.6 %)이나 영국 (9.6 %)과 같은 국가에 비해서는 거의 3배에 이르는 높은 수준이다. 그림에서 볼 수 있듯, GDP와 윤활유 생산량의 오르내리는 추세가 상당한 높은 수준의 상호의존성을 가지고 있음을 알 수 있다. 경제가 성장하면서 제조업이 함께 추세적으로 성장하는 것은 당연한 현상이지만, 윤활유의 생산량은 다른 재화의 생산량과 비교할 경우 다소 다른 특성을 나타낸다. 예를 들어 국내 휘발유의 생산량을 동일한 형식의 그래프로 표시하면 장기간에 걸친 생산량의 증가추세는 유사하게 나타나지만, 연간 GDP의 증감에 따라 생산량의 변화가 민감하게 나타나지는 않는다. 이러한 현상은 제조업에 의존적인 한국 경제가 성장할 때에는 기계의 사용량이 늘어나고 기계의 운전에 필수적인 윤활유의 생산량 또한 비례해서 증가한다는 추론을 통해서 쉽게 이해할 수 있다. 반대로 경제가 침체될 때에는 제조업의 가동율이 직접적으로 타격을 받으며 윤활유의 생산량 역시 급감하게 된다는 것을 의미한다. 즉, 트라이볼로지 분야 (윤활)는 제조업의 근간을 이루는 주요 산업이며 경제상황을 추론할 수 있는 주요 지표이기도 하다.

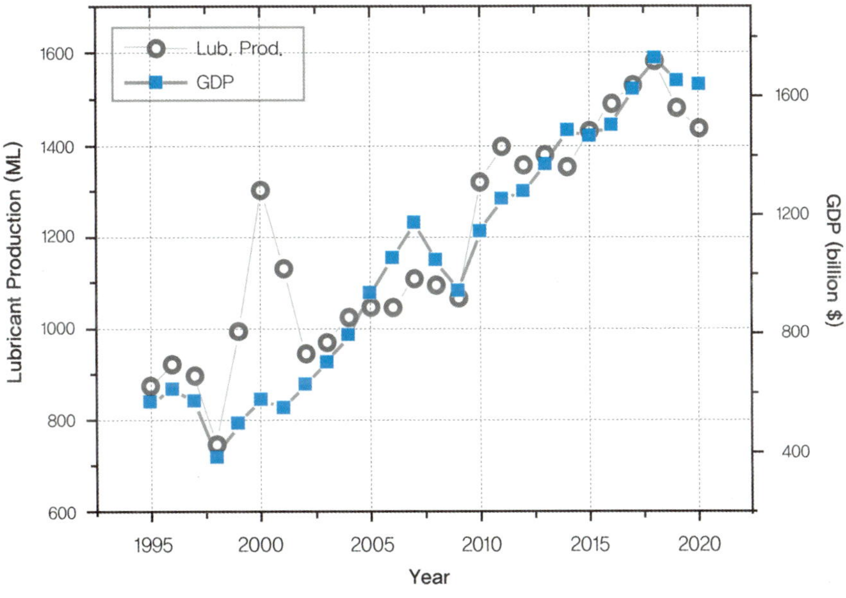

그림 1.2 **대한민국의 윤활유 생산량과 국내총생산 (GDP)의 상관관계 [13]**

1.3 트라이볼로지와 환경문제

한편, 환경 측면에서도 트라이볼로지 분야는 매우 중요하다. 오늘날 탄소중립이 전세계적 관점에서 핵심목표로 부상하며, 환경에 대한 관심이 증대되고 있다. 이산화탄소 배출의 주 원인으로 지목되는 화석연료를 사용한 발전시설을 감축하거나, 신재생 에너지로 전환하는 방안이 탄소중립을 위한 대책으로 흔히 언급된다. 그 외에도 내연기관 차량들의 대체방안, 탄소 다배출 업종에 대한 공정개선 지원, 에너지 소비 감축을 위한 기술개발 등이 탄소중립 달성을 위한 핵심 전략으로 꼽힌다. 수많은 기계요소에서 마찰 및 마모에 의한 에너지 손실이 발생하는 만큼 각종 화석연료나 전력을 추가적으로 소모하게 되므로 그로 인한 자원 낭비와 이산화탄소 배출로 인한 지구온난화 등의 문제를 야기하게 된다. 이와 같은 전세계적 추세를 토대로 고려할 때, 마찰 및 마모현상 역시 탄소중립이라는 전세계적 목표를 달성하기 위해 반드시 극복하고 개선해야하는 문제라고 할 수 있다.

뿐만 아니라 기계요소에 필수적인 유활유가 자연환경에 유출될 경우 막대한 오염을 야기한다. 미국환경보호국(United States Environmental Protection Agency)에서는 1갤런의 공업유가 유출될 경우 100만 갤런의 물을 오염시킨다고 언급하고 있으며, 미항공우주국(NASA)에서는 매년 700만 갤런 이상의 공업유가 유출되고 있다고 발표하고 있다. 공업유는 산업 전반에서 필수불가결한 요소이므로 사용 자체를 금지할 수는 없다. 그러나, 친환경(생분해성)공업유를 개발하거나 공업유의 사용량을 줄일 수 있는 기술을 개발함으로써 이러한 오염을 저감시킬 수 있다.

예를 들어 식물/동물성 오일은 고대로부터 널리 사용되어온 친환경 윤활유이다. 생물로부터 추출한 오일이므로 자연적으로 분해되어 환경오염 문제로부터 상대적으로 자유로운 편이므로 생분해성 오일(biodegradable oil)이라고 부를 수 있다. 그러나 이러한 성질을 다시 말하자면, 화학적으로 안정하지 않고 쉽게 산패된다는 것을 의미하므로 자연에서 유래한 오일은 외부환경조건이나 시간이 흐름에 따라 윤활유로서의 성질이 열화하게 된다. 반면, 석유에서 추출한 광유(mineral oil) 계열의 윤활유나 합성유(synthetic oil)는 식물/동물성 오일에 비해 윤활유로서의 성질을 유지하는 것이 용이하고, 다양한 환경에서 더 우수한 윤활효과를 제공할 수 있다. 이러한 이유로 1800년대 후반, 석유화학공업이 충분히 발달된 이후에는 산업적으로 활용하는 윤활유는 대개 광유 및 합성유를 토대로 제작된다 [5]. 그러나, 광유는 생분해가 거의 이루어지지 않고, 높은 독성으로 인한 환경

오염을 야기하므로 식물성 오일을 공업적으로 활용하기 위한 다양한 연구와 시도가 이루어지고 있다. 다만, 식물성 오일은 저온이나 고온에서의 특성이 상대적으로 좋지 않으며, 산화안정성 역시 낮으므로 광유등을 완전히 대체하기는 어렵고 일부 환경요인이 고려되어야 하는 대상을 한정하여 사용처를 확보하고 있다.

서유럽이나 미국의 환경에 관한 법령에 의하여 보트용 2행정 엔진용 윤활유나 임업용 윤활유, 콘크리트 몰드 이형제 (release fluid), 유압시스템용 오일 등에 생분성 윤활유의 사용이 권고되고 있는데, 이러한 사용처의 면면을 살펴보면 윤활유가 쉽게 소모되고 유출될 수 있는 분야, 혹은 윤활유가 수거되고 재활용되기 어려운 분야임을 알 수 있다. 이러한 분야를 필두로 생분해성 오일의 활용은 점차 늘어날 것으로 예상되지만 여전히 친환경 윤활유의 활용은 극히 미미한 수준이며, 이는 식물성/동물성 오일이 갖는 여러 단점에 기인한다. 따라서 친환경 윤활유의 활용이 보다 확대되기 위해서는 앞으로 더욱 우수한 특성을 지닌 친환경 윤활유가 개발될 필요가 있으며, 트라이볼로지 학계는 이러한 연구개발에 지속적으로 기여하고 있다.

1.4 산업과 트라이볼로지의 관계

트라이볼로지 분야는 산업의 발전과 더불어 끊임없이 새로운 문제에 직면해왔다. 1차 산업혁명 시기는 증기기관을 기반으로 하여 기계화, 산업화가 진행되어 동적 기계요소의 활용이 폭발적으로 증가하였는데, 이러한 산업적 변화와 맞물려 이 시기에는 기어, 베어링, 윤활유의 개발 및 활용과 같은 주제가 대두되었다. 2차 산업혁명 시기 (19세기 중반-20세기 중반)에는 마찰, 마모, 윤활의 상관관계와 유체윤활, 틸팅패드 베어링, 윤활유의 첨가제 등에 대한 연구가 이루어졌다. Hertz, Reynolds, 그리고 Stribeck 등에 의하여 수많은 학문적 성과가 도출된 것도 이 시기이다. 이어 3차 산업혁명 시기에는 탄성유체윤활, 응착력과 마모에 대한 이론, 접촉역학, 다양한 보호코팅과 같은 주제가 다루어졌으며, 최근 수십년간은 초윤활 (superlubricity)현상, 환경을 고려한 그린 트라이볼로지 (green tribology), 나노수준의 물질 사이의 접촉거동을 다루는 나노트라이볼로지 (nanotribology), 우주와 같은 극환환경에서의 현상을 다루는 스페이스 트라이볼로지 (space tribology), 관절, 치아, 피부 및 장기에서의 마찰 및 마모거동에 관한 바이오트라이볼로지 (biotribology)등에 대해 트라이볼로지 학계에서 주목하고 있다 [4]. 앞서 언급한 다양한 연구개발주제의 면면을 살펴보면, 트라이볼로지 학계가 산업환경의 요구에 발맞추어 적절하게 대응해 왔음을 알 수 있다.

그 결과, 트라이볼로지 기술은 오늘날 수많은 동적 기계요소에 빠짐없이 적용되고 있다. 예를 들어서 자동차의 경우, 브레이크, 엔진(피스톤-실린더), 베어링, 씰, 클러치 등 다양한 부품에 마찰과 마모를 제어하기 위한 여러가지 기술이 적용되어 있다. 경우에 따라서는 마찰과 마모를 최소화 하기위한 방안이 적용되기도 하고, 또 어떠한 경우에는 마찰이나 마모가 적절하게 일어나도록 조건을 부여하기도 한다. 베어링 같은 부품은 마찰을 최소화하기 위한 기계요소이며, 여전히 학계와 산업계에서는 베어링의 마찰을 줄이고 작동안정성을 향상시키기 위한 연구를 진행하고 있다. 차량용 브레이크는 반대로 적절한 수준의 마찰을 발생시키기 위한 장치이다. 효과적으로 차량이 제동하기 위해서는 적정수준의 마찰력을 발생시킬 수 있는 브레이크 소재의 선정 및 브레이크 형상설계가 이루어져야 한다.

표면연마공정은 마모현상을 생산적으로 활용하는 사례이다. 연마공정은 다양한 방법으로 가공된 표면의 불규칙한 형상을 제거하여 거칠기를 낮춤으로써, 기계요소의 성능과 신뢰성을 향상시키는 생산공정이다. 연마공정의 생산성이나, 연마공정을 통해 획득되는 가공물의 표면거칠기를 개선하기 위해서는 공정에 투입되는 연삭재의 종류나 공정의 메커니즘 선택이 중요하며, 표면이 과도하게 마모되거나 손상되지 않도록 하기 위한 최적화가 필요한데, 이 과정에서 트라이볼로지 관점에서의 연구개발이 요구된다.

이러한 몇몇 사례를 살펴보면, 오늘날 산업과 트라이볼로지는 매우 밀접한 관계라는 것을 알 수 있으며 앞으로도 트라이볼로지 학계는 인류의 미래와 직결된 다양한 첨단 분야가 맞닥뜨린 문제점과 미해결 과제를 극복하기 위한 끊임없는 노력을 통해 산업 발전에 기여할 것으로 기대된다.

참고문헌

[1] Jost, H. P., "Tribology—origin and future", Wear, Vol. 136, pp. 1–17, 1990.

[2] Bhushan, B., Introduction to tribology John Wiley & Sons, 2013,

[3] Bhushan, B., Principles and applications of tribology John Wiley & Sons, 1999,

[4] Ciulli, E., "Tribology and industry: From the origins to 4.0", Front. Mech. Eng., Vol. 5, pp. 55, 2019.

[5] Nosonovsky, M., Bhushan, B., Green tribology: biomimetics, energy conservation and sustainability Springer, 2012,

[6] Stachowiak, G. W., Batchelor, A. W., Engineering tribology Butterworth-heinemann, 2013,

[7] Bousdekis, A., Apostolou, D., Mentzas, G., "Predictive maintenance in the 4th industrial revolution: benefits, business opportunities, and managerial implications", IEEE Eng. Manag. Rev., Vol. 48, pp. 57–62, 2019.

[8] Tzanakis, I., Hadfield, M., Thomas, B., Noya, S., Henshaw, I., Austen, S., "Future perspectives on sustainable tribology", Renew. Sustain. Energy Rev., Vol. 16, pp. 4126–4140, 2012.

[9] Holmberg, K., Erdemir, A., "Influence of tribology on global energy consumption, costs and emissions", Friction, Vol. 5, pp. 263–284, 2017.

[10] Albagachiev, A. Y., Gurskii, B., Luzhnov, Y. M., Romanova, A., Chichinadze, A., "Economic and ecological issues in tribology", Russ. Eng. Res., Vol. 28, pp. 959–964, 2008.

[11] Holmberg, K., Andersson, P., Erdemir, A., "Global energy consumption due to friction in passenger cars", Tribol. Int., Vol. 47, pp. 221–234, 2012.

[12] Holmberg, K., Andersson, P., Nylund, N.-O., Mäkelä, K., Erdemir, A., "Global energy consumption due to friction in trucks and buses", Tribol. Int., Vol. 78, pp. 94–114, 2014.

[13] KOSIS 국가통계포털 Available at: https://kosis.kr/.

2. 표면 및 접촉 (Surface and Contact)

2.1 표면 (Surface)

마찰, 마모, 윤활, 점착 등 다양한 트라이볼로지 현상은 물질의 접촉면에서 발생하는 현상이다. 물질의 접촉은 각 물질의 표면끼리 맞닿아 있는 것을 의미한다. 따라서 트라이볼로지 현상을 이해하기 위해서는 먼저 물질의 표면 및 접촉에 대해 이해할 필요가 있다.

물질의 표면 (surface)이란, 거시적인 관점에서 우리가 육안으로 관찰할 수 있는 물질의 최외각면을 의미하며, 미시적인 관점에서는 물질을 구성하고 있는 원자 및 분자중에 최외각에 위치하는 원자층 또는 분자층을 의미한다.

진공상태를 제외한 대부분의 경우에 물질의 표면은 기체 또는 액체와 접촉하고 있으며, 이러한 물질의 최외각 부분에 위치한 원자층 및 분자층을 물질의 표면이라고 한다. 일반적으로 고체와 고체, 액체와 액체가 접해 있는 경계면을 계면 (interface)이라고 부른다. 표면과 계면에서 발생하는 물리적 화학적 프로세스들은 접해 있는 두 물질의 원자와 분자사이의 상호작용의 강도와 범위에 의해 결정된다. 즉, 물질의 표면에 위치한 수 옴스트롱 (Å) 또는 수 나노미터 (nm)의 두께의 원자층 또는 분자층의 특성이 접촉면에서 발생하는 현상에 중요한 영향을 미치게 된다.

마찰 및 마모, 점착 현상은 고체와 고체 물질의 표면이 맞닿아 있는 접촉면에서 발생하는 현상이며, 윤활은 두 고체 사이에 윤활유를 주입하여 윤활상태를 만들어 줌으로써 마찰, 마모 현상을 감소시키고 원활한 상대운동이 일어나게끔 하는 현상이다. 따라서 고체 표면의 물리적, 화학적 특징은 접촉면에서 발생하는 상호작용 및 접촉에 의한 변형, 상대운동에 의한 마찰 및 마모 현상 등 다양한 트라이볼로지 현상에 중요한 영향을 미치므로, 우선적으로 고체 표면의 물리적, 화학적 특징을 이해하는 것은 트라이볼로지 현상을 이해하는 시작점이 될 수 있다.

2.1.1 표면의 물리적 특징

모든 고체는 원자와 분자로 구성되어 있으며, 원자 및 분자간 결합 종류(공유 결합(covalent bonding), 이온 결합(ionic bonding), 금속 결합(metal bonding) 등)와 구조는 고체의 물성에 영향을 미친다. 또한 고체의 결정성(단결정(single crystal), 다결정(polycrystal), 비정질(amorphous) 등) 및 고체 내부에 존재하는 결함(점 결함(point defects), 선 결함(dislocation 같은 line defects), 표면 및 내부의 경계(surfaces/internal boundaries) 결함 등)은 물질의 변형 및 파괴거동에 지대한 영향을 미친다. 이러한 고체 물질의 기계적 특성은 인장시험(tensile test) 및 압입시험을 통해 측정 및 평가할 수 있으며, 탄성계수, 항복강도, 인장강도, 파괴강도, 경도 등 기계적 물성으로 물질마다 정량화할 수 있다.

고체 표면의 중요한 특징은 매우 다층적인 구조로 구성되어 있으며, 일반적인 대기 상태에서 표면은 기체 또는 액체와 계면을 형성하고 있다는 점이다. 즉, 거시적인 관점에서 깨끗하게 보이는 고체의 표면도 사실은 미시적인 관점에서 여러 가지 물질의 얇은 막으로 덮여 있다는 것이다. 그림 2.1은 기계 가공된 금속표면의 단면 구조를 보여주고 있으며, 본래의 금속 모재 위에 본래 금속과는 다른 성질을 갖는 다층의 막이 존재함을 알 수 있다.

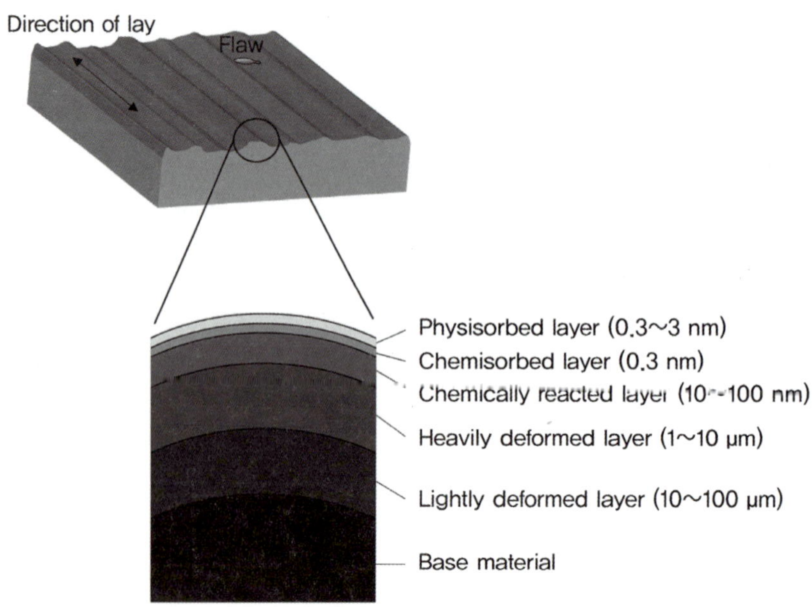

그림 2.1
고체 표면의 구조: 표면에 요철이 존재하며, 표면에는 모재 물질과는 다른 다양한 박막이 형성되어 있음 [1]

표면에는 절삭이나 연삭가공 등 기계가공 시 발생하는 소성변형 및 열로 인해 형성된 경화층 및 변형층이 존재하며, 다양한 형태의 미세구조(microstructure)를 가지고 있다. 이러한 경화층 및 변형층은 마찰 과정에서도 생성될 수 있다. 변형층은 기계가공 조건에 따라 얇게는 약 1 ~ 10 μm 두껍게는 약 10 ~ 100 μm 두께를 갖는다고 알려져 있으며, 이러한 변형층은 결정립의 재결정화로 인해 일반적으로 좀더 단단한 경화층으로 존재하는 경향이 있다.

고체가 금속인 경우에는 일부 귀금속(금, 백금 등)을 제외한 모든 금속 및 합금의 표면은 산소와 반응하여 산화층을 형성하게 된다. 또한, 표면의 금속산화막과 대기 중에 존재하는 수분 및 오염입자들이 화학적으로 강하게 결합하고 있는 화학흡착층이 존재할 수 있으며, 가장 최외각에는 대기 중의 공기 분자들이 물리적으로 흡착되어 있는 물리흡착층이 존재한다. 오염된 표면의 경우, 그림에는 표현되지 않았지만, 일반적인 유막이나 손기름, 먼지 등의 유·무기 화합물로 이루어진 이물질이 물리흡착층과 함께 존재한다. 따라서 금속 표면에 존재하는 다층의 막들은 금속 내부를 구성하고 있는 원자 및 분자의 구성과는 매우 다른 물질이며, 기계적 물성도 완전히 다를 수 있다.

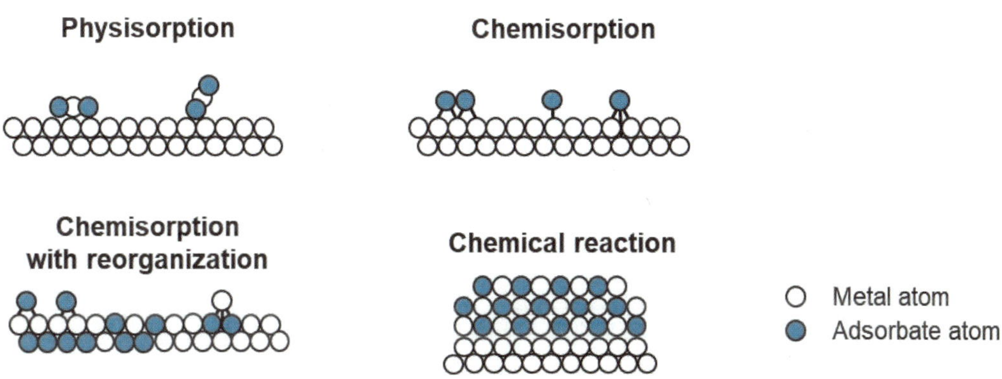

그림 2.2 **표면에 존재하는 물리적 흡착층, 화학적 흡착층, 화학적 반응층에 대한 개념도 [1]**

고체 표면의 또 다른 중요한 특징은 기하학적으로 완전한 평면이 아니라 표면에 요철이 존재하며, 이로 인해 표면 거칠기가 존재한다는 것이다. 그림 2.3은 일반적인 기계가공된 고체 표면에서 나타나는 표면형상을 보여준다. 그림과 같이 고체에는 3차원의 표면이 존재하지만 표면을 분석하는 방법 또는 장비에 따라 2차원의 표면형상 데이터를 얻을 수 있으며, 장비의 분석 범위와 정밀도에 따라서 동일한 표면이라도 다른 형태의 표면형상 데이터를 얻게 된다. 표면분석을 통해 얻어진 표면형상 데이터에 대한 정량화는 크게 (1) 거칠기(nano- and microroughness) (2) 물결 모양(waviness, macroroughness); (3) 가공선(lay) 및 (4) 결함(flaw) 등으로 표현될 수 있다. 그림 2.3은 단방향 가공선이 있는 표면에 대해 스타일러스 프로파일을 통해 표면 거칠기를 측정할 수 있으며, 정밀한 스타일러스 장비를 이용할 경우 아주 미세한 나노-마이크로 스케일의 프로파일을 얻을 수 있다. 요철(asperity)은 2차원 또는 3차원 프로파일의 봉우리를 의미하며, 고체 표면의 생산공정에 따라 표면 거칠기는 크게 달라질 수 있다. 물결 모양(waviness)은 더 긴 파장의 표면 불규칙성을 의미하며, 거시적 거칠기라고도 한다. 물결 모양은 기계 또는 공작물 편향, 진동, 채터, 열처리 또는 뒤틀림 변형에 의해 발생하며, 간격이 거칠기 샘플링 길이보다 크다. 가공선(lay)은 표면 패턴의 주요 방향이며, 일반적으로 생산 방법에 의해 결정된다. 결함은 의도하지 않은 표면 텍스쳐로서, 예상치 못한 충돌이나 가공 결함으로 발생할 수 있다.

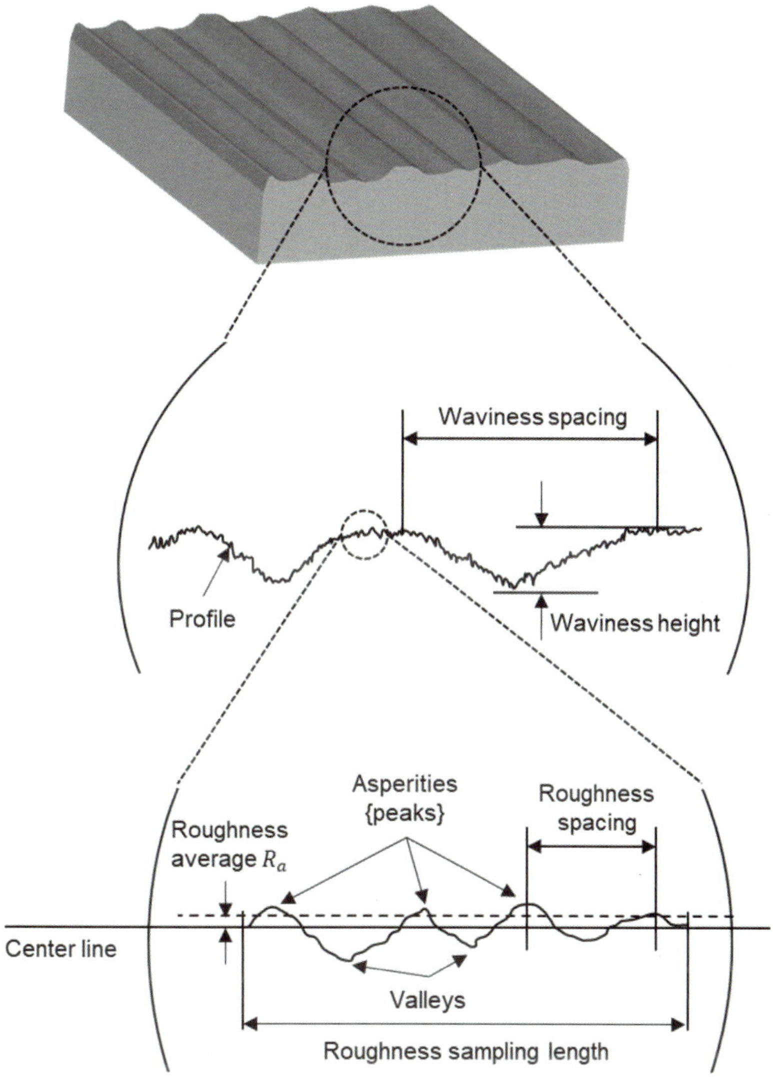

그림 2.3 **일반적인 표면 형상 및 명치, 조도에 대한 그림 [1]**

표면 거칠기(surface roughness)에는 R_a (Arithmetic mean deviation), R_q (Root mean square deviation), R_{sk} (Skewness), R_{ku} (Kurtosis), R_v (Max. profile valley depth), R_p (Max. profile peak height), R_t (Total height of profile)가 있다.

R_a는 표면의 중심선으로부터의 떨어진 돌기들 높이의 평균값이며 표면 공정 제어에서 가장 많이 사용되는 거칠기이다. R_a는 그림 2.4와 같이 x축 기준으로 아래쪽에 있는 값(음의 값)들을 대칭으로 양의 값을 만든 뒤, 평균값을 구하는 방식이다. 하지만 R_a는

같아도 그림 2.5와 같이 표면의 형상들이 다르므로 표면의 특성에 대한 정보를 충분히 포함하고 있지 않다.

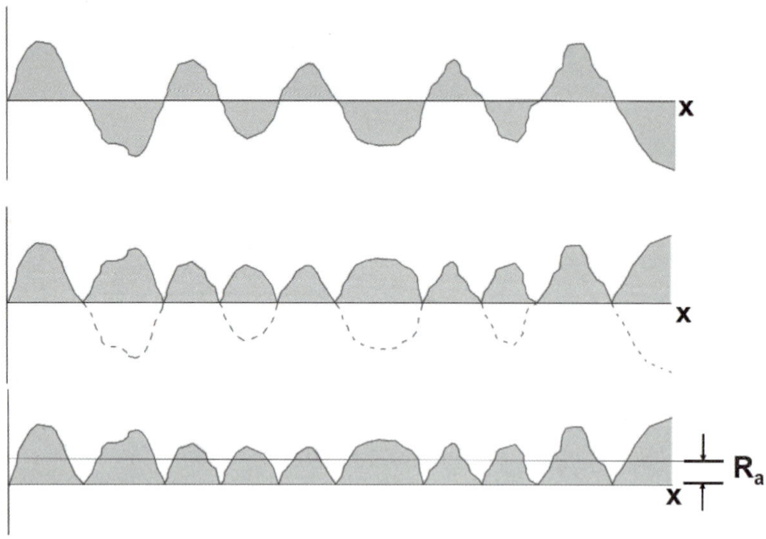

그림 2.4 R_a 측정 방법

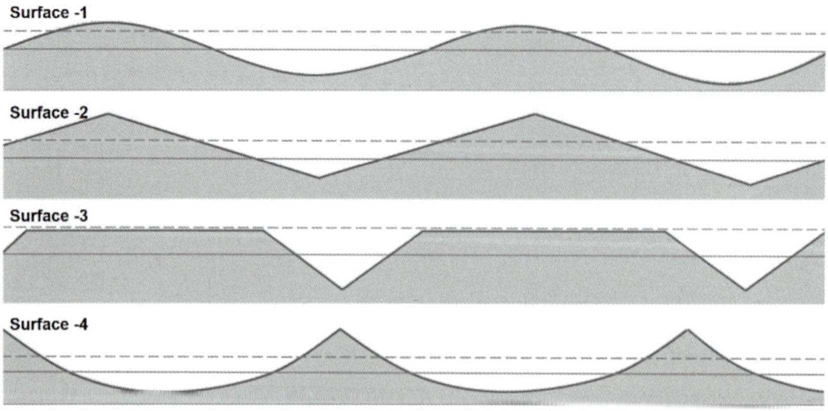

그림 2.5 같은 R_a를 갖는 표면

R_q는 그림 2.6과 같이 표면의 중심선으로부터 떨어진 돌기들의 높이에 제곱 평균값으로 구해지는 거칠기이다. R_q는 소수의 큰 편차를 가지는 돌기 성분들의 영향을 R_a보다 더 잘 표현 가능하다. 특히 소수의 큰 편차를 가지는 돌기들의 관리가 중요한 렌즈 같은 광학용품 제작에 적용된다.

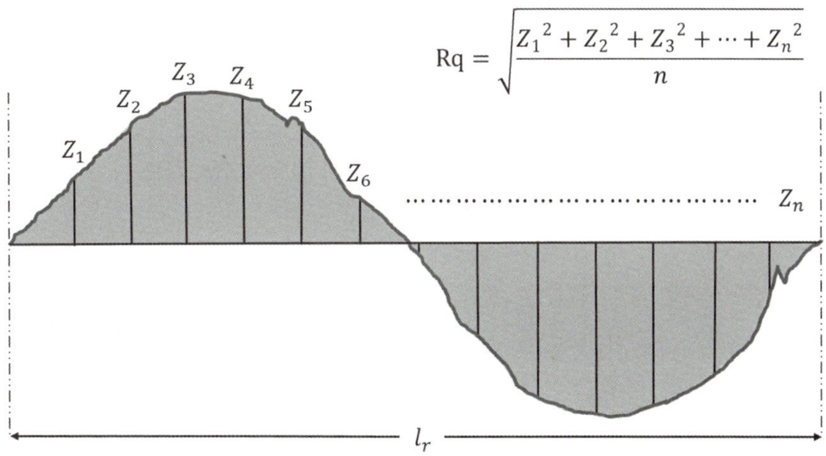

그림 2.6 R_q의 측정 방법

R_{sk}는 표면에 봉우리와 골 중에 어느 것이 표면의 대부분을 이루고 있는지를 평가하는 데 활용하는 거칠기이다. 그림 2.7과 같이 R_{sk}가 양의 값이면 봉우리가 표면의 대부분을 이루고 있으며 R_{sk}가 음의 값이면 골이 표면의 대부분을 이루고 있다는 것을 의미한다.

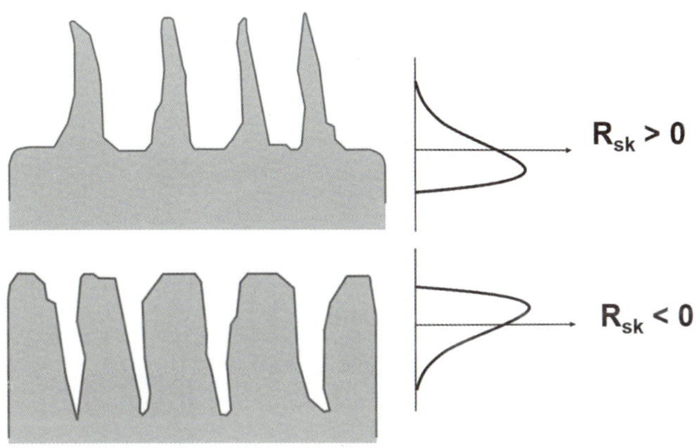

그림 2.7 R_{sk}의 측정 (양의 값, 음의 값)

R_{ku}는 표면 돌기나 골의 뾰족한 정도를 표현한 거칠기이다. 그림 2.8과 같이 정규분포를 갖는 표면의 R_{ku} 값은 3이다. 끝단이 아주 뾰족하면 R_{ku} 값이 3보다 크고 뾰족한 정도가 무디어지면 R_{ku} 값이 3보다 작다. R_{ku}는 연삭숫돌 날의 무뎌진 정도를 평가할 때 사용할 수 있으며, 그 값이 높은 표면일수록 표면의 골 부분에 이물질이 끼어 표면이 더러워질 확률이 높다.

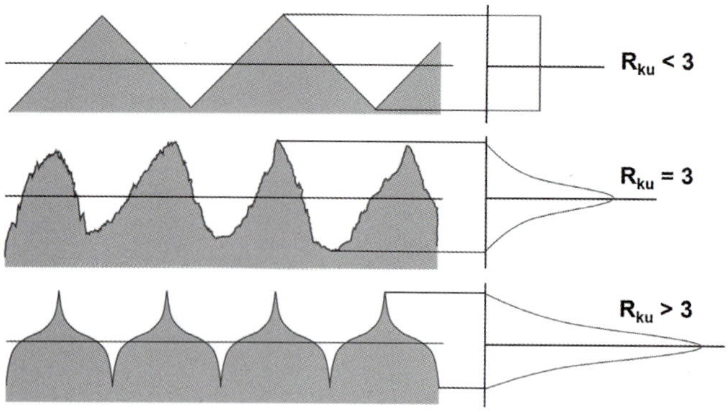

그림 2.8 R_{ku}의 분류

그림 2.9는 선박용이나 발전용 엔진에 사용되는 실린더 라이너(cylinder liner)와 그 내부에 가공된 호닝(honing)의 모습을 보여준다. 실린더 라이너에 호닝 가공을 하는 이유는 윤활유를 저장하여 실린더 라이너와 피스톤이 원활한 왕복운동을 하기 위함이다. 실린더 라이너의 호닝가공은 음의 R_{sk}와 3이상의 R_{ku}로 관리되고 있다.

R_v는 샘플링 길이내에서 최저 골의 깊이를 나타내고 R_p는 최고 봉우리의 높이를 나타내는 거칠기이다.

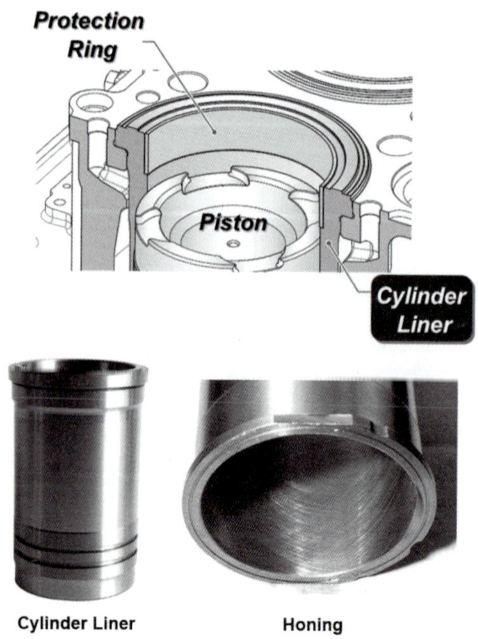

그림 2.9 실린더 라이너의 호닝

R_t는 그림 2.10과 같이 측정 길이 내에서 가장 높은 봉우리와 가장 낮은 골 간의 높이 차를 측정하는 거칠기이다. 이 거칠기는 높은 응력이 작용하는 부품의 표면을 관리할 때 사용한다. 이 값이 클 경우 크랙(crack)의 전파가 발생할 우려가 높기 때문이다.

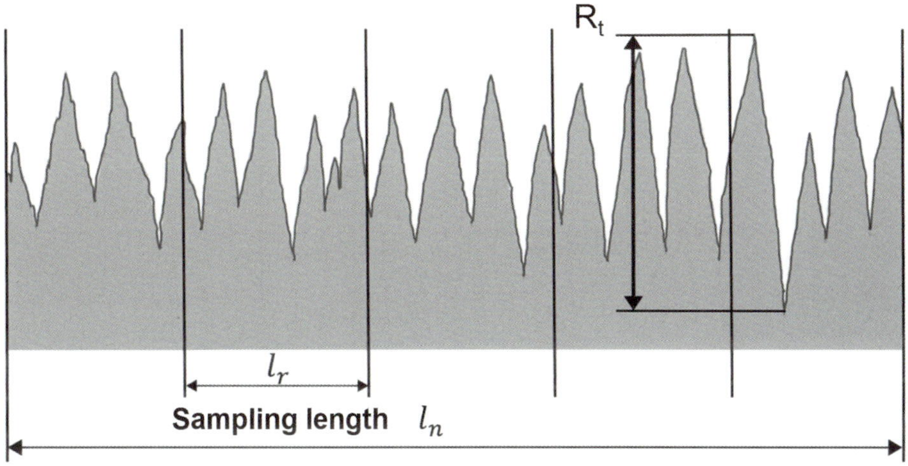

그림 2.10 R_t의 측정 방법

표면 형상에 대한 기하학적 특징은 대체적으로 각 스케일별로 평가되어야 하며, 일반적으로 모든 스케일에 대해 측정하는 것은 불가능하다. 측정 장비에 따라 측정이 다르기 때문에 서로 다른 프로파일을 얻게 되고, 결과적으로 서로 다른 표면거칠기 값을 보고하게 된다. 즉, 표면의 형상 측정 결과는 측정 스케일 및 장비에 따라 크게 달라질 수 있고, 표면 거칠기 또한 한가지 값으로 정의될 수 없음을 의미한다. 따라서 표면 거칠기 등 표면 형상에 대한 정보를 제공할 때에는 표면 측정 장비 및 장비의 분해능, 측정 길이(또는 면적)에 대한 정보도 함께 제공되어야 한다.

표면형상 및 거칠기를 측정하는 방법에는 다양한 방법이 존재하며, 크게 분류한다면 광학을 이용하는 비접촉식 방법과 미세한 탐침을 직접 표면에 접촉하여 형상을 측정하는 접촉식 방법으로 나뉜다. 다음 표 2.1에서 각 측정장비 및 방법에 대해 측정분해능 및 장단점이 정리되어 있으니 참고하기 바란다.

표 2.1 **다양한 표면 형상 측정 장비 비교** [1]

Method	Quantitative information	Three-dimensional data	Resolution (nm)		Limitations
			Spatial	Vertical	
Stylus instrument	Yes	Yes	15-100	0.1-1	Contact type can damage the sample, slow measurement speed in 3D mapping
Optical methods Taper sectioning	Yes	No	500	25	Destructive, tedious specimen preparation
Light sectioning	Limited	Yes	500	0.1-1	Qualitative
Specular reflection	No	No	10^5-10^6	0.1-1	Semiquantitative
Optical interference	Yes	Yes	500-1000	0.1-1	-
Scanning tunneling microscopy	Yes	Yes	0.2	0.02	Requires a conducting surface; scans small areas
Atomic force microscopy	Yes	Yes	0.2-1	0.02	Scans small areas
Electron microscopy Reflection/replication	No	Yes	5	10-20	Expensive instrumentation, tedious, limited data, requires a conducting surface, scans small areas

2.1.2 표면의 화학적 특성

앞서 언급한 바와 같이 표면에는 물리적 화학적 흡착층이 존재하며, 일상 생활에서 누구나 경험하듯 안경이나 유리창에 달라붙은 미세한 먼지와 같이 오염물질도 표면에 쉽게 달라붙는다. 이러한 흡착층 및 오염물은 왜 표면에 달라붙을까? 그 이유는 모든 표면은 표면 에너지를 갖기 때문이다.

미시적인 관점에서 생각해 보면 표면에 위치한 원자들은 고체 내부에 위치한 원자들과 다른 상황에 놓이게 된다. 즉, 고체 내부에 위치한 원자는 주변의 원자들과 상호작용을 하며 안정된 상태에 있지만, 표면에 위한 원자들은 주변 원자들과의 상호작용이 사라지기 때문에 더 높은 에너지 상태에 있게 되며, 이로 인해 표면은 표면 에너지라는 가역적인 에너지를 갖게 된다.

표면 에너지라는 개념을 처음으로 제안한 연구자는 Thomas Young이다. Young은 아주 작은 새로운 표면 dA를 생성하기 위해 필요한 일 dW는 표면에 존재하는 원자와 분자 수에 비례할 것이라 생각하여, 아래와 같은 식을 제안한다.

$$dW = \gamma \cdot dA$$
$$\gamma = \frac{dW}{dA} \tag{2.1}$$

γ는 새로운 표면 dA를 생성하는데 필요한 일 dW의 비례상수이며, 이것을 표면 에너지로 정의한다. 표면 에너지 γ는 스칼라양으로 단위는 에너지/단위면적(ex. mJ/m^2)으로 표시한다. 표면 에너지 γ는 수치적으로 액체의 표면장력(surface tension)과 동일하다. 액체의 표면장력 γ는 벡터량으로 단위는 작용하는 힘/단위 길이(ex. mN/m)로 표현되며, 액체의 표면을 증가시키는데 저항하는 힘의 크기를 의미한다. 그림 2.11과 같이 철사와 가는 유리봉으로 일정면적을 갖는 비눗방울을 만들 수 있다. 비눗방울의 표면적을 늘리기 위해 유리봉을 오른쪽으로 이동시키기 위해서는 비눗방울의 표면장력 때문에 일정량의 힘으로 유리봉을 밀어줘야 한다. 만약 유리봉을 놓으면 표면장력에 의해 유리봉이 왼쪽으로 이동하며 비눗방울의 표면적이 감소하는 것을 관찰할 수 있다. 즉, 표면장력은 시스템의 표면 에너지가 감소하는 방향으로 작용하며, 이로 인해 떨어지는 물방울은 표면을 최소화하기 위해 구형으로 형성되며, 모세관 현상 및 메니스커스(meniscus) 형성에 영향을 미친다.

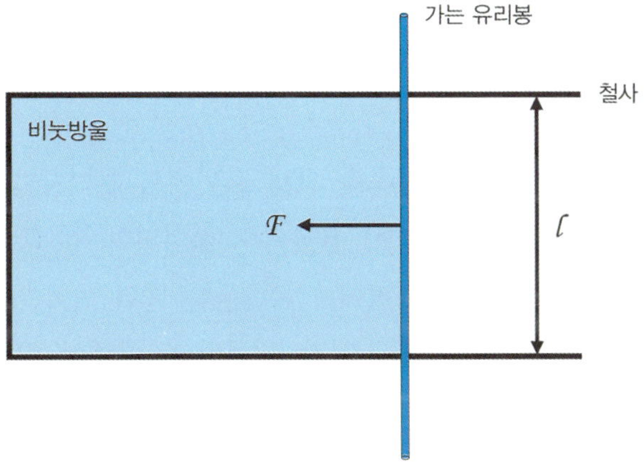

그림 2.11 표면장력 실험 [2]

이제 일정한 표면장력을 갖는 액체가 표면 에너지를 갖는 고체표면에 놓이게 되는 상황을 고려해 보자. 평평한 고체표면에 물방울이 맺혀 있는 상황은 일상생활에서도 흔히 볼 수 있다. 고체 표면과 물분자와의 상호작용으로 인해 그림 2.12와 같이 물방울은 접촉각(θ)이라고 하는 특정 각도를 형성하며 놓여있게 된다. 접촉각이 형성되는 지점에서는 기체(공기)와 액체, 고체 표면의 3가지 상태가 만나는 지점이다. 대기 중의 고체의 표면 에너지 γ_{SA}, 대기 중의 물방울의 표면장력 γ_{LA}, 고체와 물방울 사이의 계면에너지 γ_{SL}가 서로 균형을 이룰 때 물방울은 안정된 접촉각을 형성한다.

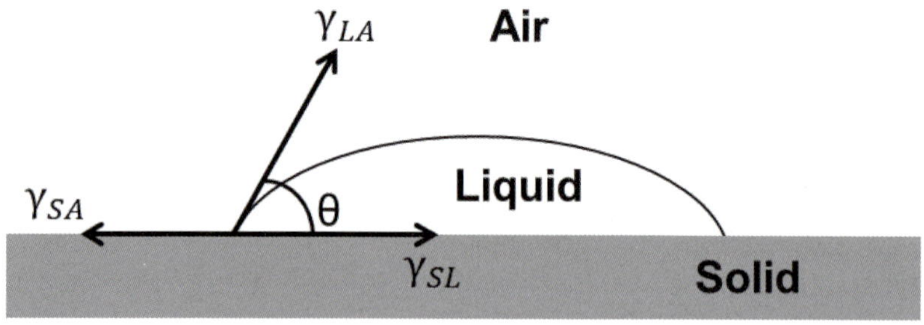

그림 2.12 **고체 표면에 놓여 있는 액체에 작용하는 표면 에너지 및 표면장력**

고체와 물방울 계면 사이의 상호작용 및 물방울의 표면장력이 균형을 이루어 형성된 접촉각을 이용하여 다음 식 (2.2)와 같이 시스템을 구성하는 다양한 계면에서의 에너지 관계를 나타낼 수 있다. 이것을 Young의 방정식이라고 한다.

$$\gamma_{SA} = \gamma_{SL} + \gamma_{LA}\cos\theta \quad for \quad -1 < \cos\theta < 1 \tag{2.2}$$

뒤에 더 자세히 설명하겠지만, 물방울을 고체 표면에서 분리시키는데 필요한 단위면적당 에너지는 점착일(work of adhesion) W_{SL}으로 정의되며, 식 (2.3)과 같은 Dupré 방정식으로 표현될 수 있다. 즉, 고체 표면에서 물방울을 단위 면적만큼 분리시키면, 단위 면적만큼의 고체 표면과 물방울 표면이 각각 생성되고, 기존에 있던 단위 면적만큼의 고체와 물방울 사이의 계면은 사라지게 되며 이에 따른 에너지 변화량이 점착일 W_{SL}로 표현된다.

$$W_{SL} = \gamma_{SA} + \gamma_{LA} - \gamma_{SL} \tag{2.3}$$

Young의 방정식과 Dupré의 방정식을 이용하여 점착일 W_{SL}와 접촉각 사이의 관계를 나타내주는 Young-Dupré 방정식을 얻을 수 있다. Young-Dupré 방정식의 의미는 고체 표면 위에 표면장력을 알고 있는 액체를 떨어뜨리고, 접촉각을 측정하면 간단하게 그 액체와 고체 표면사이의 점착일을 계산할 수 있다는 것이다.

$$W_{SL} = \gamma_{LA} + \gamma_{LA} \cos\theta = \gamma_{LA}(1 + \cos\theta) \tag{2.4}$$

액체의 접촉각이 0°에 가까워질수록 액체 분자사이의 인력보다 고체와 액체 분자사이의 인력이 상대적으로 크다는 것을 의미하고, 그 결과 액체는 고체 표면에서 잘 퍼지며, 이러한 상태를 "젖음성 (wettability)"이 좋다라고 표현한다. 효과적인 윤활 및 코팅을 위해서는 젖음성이 좋도록 고체 표면 에너지 및 액체의 표면장력을 조절해야 한다. 이와는 반대로 액체의 접촉각이 90° 이상의 값을 갖게 되면 액체 분자사이의 인력이 상대적으로 큰 상황이 되고, 액체는 고체 표면 위에 맺혀 있게 된다. 액체가 물방울인 경우, 고체 표면에 놓인 물방울의 접촉각이 90° 이하로 작은 경우에는 "친수성 (Hydrophilic)" 표면이라고 부른다. 반대로 고체 표면과 물방울 사이의 계면에너지가 물분자 사이의 상호작용 인력보다 작은 경우, 물방울은 고체 표면에 동그랗게 맺히게 되고, 접촉각은 증가하게 된다. 물접촉각이 90° 이상인 고체표면을 "소수성 (Hydrophobic)" 표면이라고 부른다. 물 접촉각에 따른 젖음성 구분은 그림 2.13과 같다.

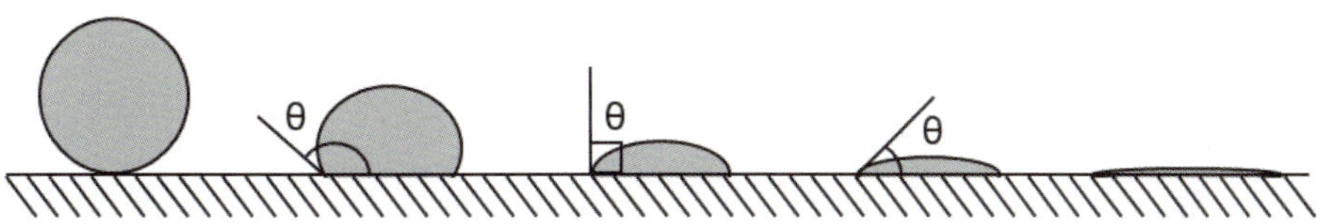

	No wetting	Poor wetting	Demarkation angle	Good wetting	Complete wetting
θ	180°	>135°	90°	<45°	0°

그림 2.13 **물 접촉각에 따른 젖음성 평가**

액체의 표면장력, 고체의 표면 에너지, 액체와 고체 표면사이의 계면에너지는 액체의 종류 및 고체의 표면처리, 주변 대기 환경에 따라 달라지게 되며, 이에 따라 접촉각도 크게 달라진다. 따라서 친수성이나 소수성으로 구분하는 것은 물에 대한 고체 표면의 특성을 표현한 것이며, 물방울에 대해서만 이러한 구분이 유효하다는 것에 주의해야 한다. 즉, 물 이외의 다른 표면장력을 갖는 액체의 경우, 대상 고체 표면과의 젖음성이 좋을지 나쁠지는 해당 액체로 직접 접촉각을 측정해 보는 것이 필요하다. 금속 표면에 페인트로

도색을 하거나 액상의 기능성 물질을 코팅할 때는 금속 표면에서 페인트와 액체가 잘 퍼지고 표면에 고르게 코팅되어야 하며, 이를 위해 페인트나 액체의 표면장력을 상대적으로 낮추는 작업이 필요하다. 또한 접촉각은 표면에 존재하는 미세한 흡착층 및 산화층, 표면 거칠기 등 표면상태에 따라서도 달라질 수 있음을 유념해야 한다.

Young-Dupré 방정식을 이용하면 액체의 표면장력과 고체 표면에서의 액체의 접촉각을 측정하여 고체와 액체사이의 점착일 W_{SL}를 계산할 수 있다. 하지만 아직 고체의 표면 에너지 γ_{SA}와 고체와 물방울 사이의 계면에너지 γ_{SL}에 대한 정보는 없는 상황이다. 고체의 표면 에너지를 계산하는 방법으로 여러가지 모델이 제안되었으며, Neumann 모델, Fowkes 모델, Owens-Wendt (Extended Fowkes) 모델 등이 있다. 표면장력이 서로 다른 2가지 이상의 액체를 사용해서 고체 표면에서의 접촉각을 측정하는 방법으로 본 교재에서는 Fowkes 모델에 대해 간략히 설명하겠다 [3]. 앞서 언급한 바와 같이 고체의 표면 에너지 γ_{SA}를 구하기 위해서는 고체와 물방울 사이의 계면에너지 γ_{SL}을 먼저 알아야 한다. Fowkes는 계면에너지 γ_{SL}을 고체의 표면 에너지 γ_{SA}와 액체의 표면장력 γ_{LA}으로 다음 식과 같이 계산할 수 있다고 제안하였다.

$$\gamma_{SL} = \gamma_{SA} + \gamma_{LA} - 2\left(\sqrt{\gamma_{SA}{}^{P} \cdot \gamma_{LA}{}^{P}} + \sqrt{\gamma_{SA}{}^{D} \cdot \gamma_{LA}{}^{D}}\right) \tag{2.5}$$

이때 고체와 액체의 표면 에너지는 극성 (polar)인 표면 에너지와 무극성 (dispersive)인 표면 에너지 항으로 두 종류의 표면 에너지의 합이 전체 표면 에너지가 된다.

$$\gamma_{SA} = \gamma_{SA}{}^{P} + \gamma_{SA}{}^{D} \tag{2.6}$$

$$\gamma_{LA} = \gamma_{LA}{}^{P} + \gamma_{LA}{}^{D} \tag{2.7}$$

식 (2.5)를 Young의 방정식 식 (2.2)와 결합시키면 다음과 같은 식 (2.8)로 정리가 된다.

$$\gamma_{LA}(1 + \cos\theta) = 2\sqrt{\gamma_{SA}{}^{P} \cdot \gamma_{LA}{}^{P}} + 2\sqrt{\gamma_{SA}{}^{D} \cdot \gamma_{LA}{}^{D}} \tag{2.8}$$

따라서 극성 ($\gamma_{LA}{}^{P}$)과 무극성 ($\gamma_{LA}{}^{D}$) 표면장력을 모두 알고 있는 테스트 액체 2종류를 이용하여 접촉각을 각각 측정한 후 식 (2.8)에 대입하면 고체의 극성 표면 에너지 ($\gamma_{SA}{}^{P}$)

와 무극성 표면 에너지(γ_{SA}^D)에 대한 2개의 연립방정식을 얻을 수 있고, 이로부터 고체의 표면 에너지를 계산할 수 있다. 위 식들을 잘 살펴보면 Fowkes 모델은 고체와 액체 사이의 점착일(work of adhesion)을 고체와 액체 표면 에너지의 극성 부분과 무극성 부분의 기하평균으로 가정한 것임을 알 수 있다. 일반적으로 극성의 테스트 액체로는 3차 증류수(deionized water)가 주로 사용되고, 무극성 테스트 액체로는 디아이오도메탄(Diiodomethane)을 사용하여 고체의 표면 에너지를 계산한다. 앞서 언급한 바와 같이 접촉각 측정을 이용한 표면 에너지 계산 방법에는 표면의 거칠기 및 소재의 불균일성 등이 고려되지 않았다는 점을 유념해야 한다.

2.1.3 표면 분석 방법

표면의 물리적 화학적 특성을 분석하기 위한 다양한 표면 분석 기술이 사용된다. 실험실에 있는 고배율 광학현미경이나 주사전자현미경(SEM, Scanning Electron Microscopy)으로 표면 형상 및 표면의 단면을 검사할 수 있다. 수백 nm 두께의 표면 단면 샘플을 제작할 수 있다면 투과전자현미경(TEM, Transmission Electron Microscope)으로 미세 결정 구조 및 전위 밀도에 대한 연구도 가능하다. 표면층의 결정 구조는 X선 전자 회절 분석(XRD, X-ray diffraction analysis)기술로 조사할 수 있다. 또한 표면층의 원소 분석은 X선 광전자 분광법(XPS, X-ray photoelectron spectroscopy) 및 Auger 전자 분광기(AES, Auger electron spectroscopy)를 이용하여 분석이 가능하다. 특히, 화학 분석은 X선 광전자 분광법(XPS) 및 2차 이온 질량 분석법(SIMS, Secondary Ion Mass Spectrometry)을 사용하여 수행하며, 표면을 전자빔을 이용하여 식각해 가며 분석을 수행할 수 있어, 두께 방향으로의 원소 분석이 가능하다. 흡착된 유기층의 화학적 분석은 푸리에 변환 적외선 분광기(FTIR, Fourier-transform infrared spectroscopy)과 라만 분광기(Raman Spectroscopy) 등 다양한 분석 방법을 사용할 수 있다.

본 교재에서는 표면의 물리적 화학적 특성 분석에 가장 기본적으로 사용되는 2종류의 장비에 대해 간단히 소개하고자 한다. 대표적인 표면의 화학적 특성 분석 장비인 X선 광전자 분광법(XPS)과 나노스케일의 표면 형상 측정 및 트라이볼로지 특성 평가 장비인 원자힘 현미경(AFM, Atomic Force Microscopy)에 대해 설명하겠다.

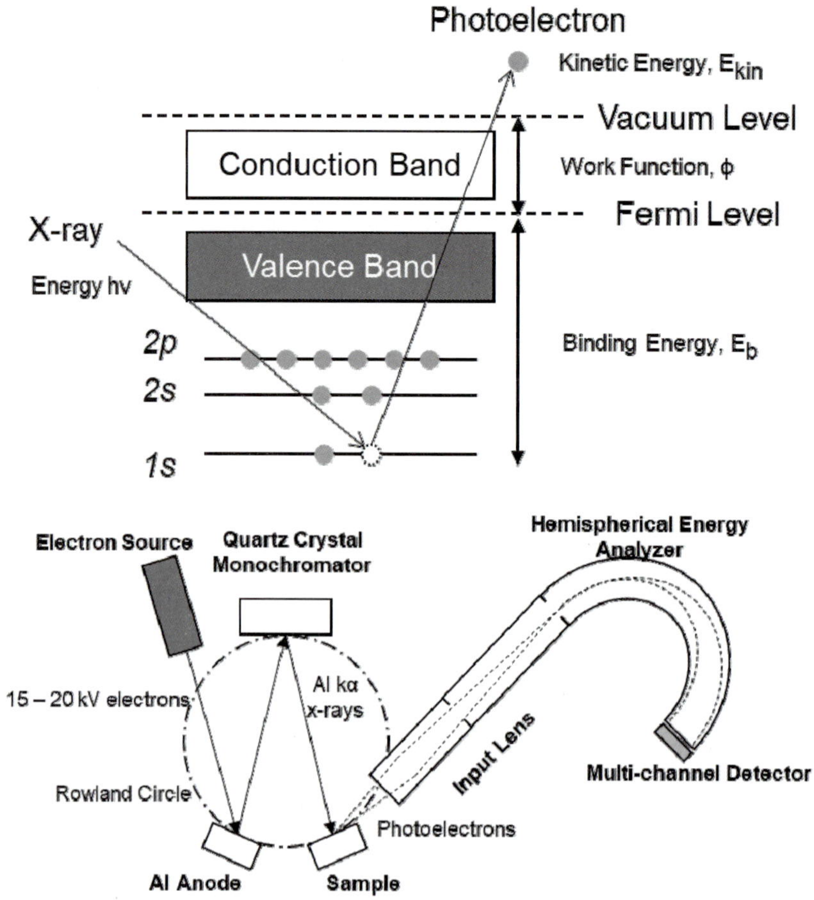

그림 2.14 **X-선 광전자 분광법의 원리 [4]**

X선 광전자 분광법(X-ray Photoelectron Spectroscopy; XPS)은 1905년 아인슈타인이 발표한 광전효과의 이론을 기반으로 한 분석법으로써, 가장 널리 이용되고 있는 표면분석 기술 중 하나이다. 먼저 원리에 대해 설명하자면, 분석하고자 하는 시료에 수십~수천 eV의 에너지에 해당되는 X-선을 시료에 조사하게 되면, 시료의 표면 층의 원자에서 전자가 여기되어 방출되고, 이때 방출되는 전자를 광전자라고 한다. 광전자가 방출되기 위해서는 외부로부터 운동에너지를 받아 전자의 결합에너지(binding energy) 및 일함수(work function)를 뛰어 넘어야 한다. 먼저 그림 2.14를 보면, X-선을 입사하여 에너지 hv를 분석 시료 표면의 전자가 전달받아 결합 에너지(E_b)를 끊고 물질의 일함수(φ)를 뛰어넘어 광전자가 방출되었다. 이때 방출된 광전자의 운동 에너지(E_{kin})를 측정하여 그 물질에 해당하는 전자의 결합에너지를 아래 식을 통해 구할 수 있다.

$$E_{kin} = h\nu - E_b - \varphi \tag{2.9}$$

전자의 결합 에너지 (binding energy)는 원소의 고유한 에너지이므로 분석 시료의 원소를 분석할 수 있다. 또한 결합 에너지는 화학적 결합상태에 따라 변하기 때문에 화학적 결합 상태 및 원자의 산화 상태에 대한 정보를 얻을 수 있다. 또한 반도체, 유기물 또는 무기물, 폴리머 등 거의 모든 고체 물질의 분석이 가능하고, 원소의 식별뿐만 아니라 원소의 정량분석이 가능하다는 장점이 있다. XPS를 사용하기 위해서는 초고진공 (Ultra-High Vacuum, UHV)이 필요하게 되는데, 이는 시료에서 방출된 광전자가 공기나 다른 분자에 의해 에너지가 잘 흡수되기 때문이다 [5].

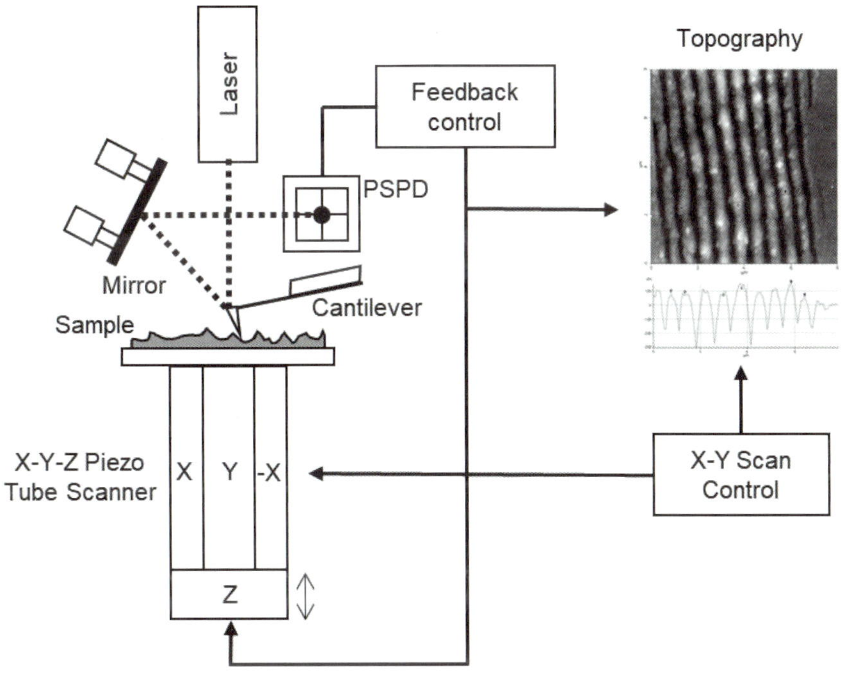

그림 2.15 **AFM 측정 개략도 [6]**

미세한 탐침을 이용하여 나노스케일의 표면 형상을 측정할 수 있는 원자힘 현미경 (AFM, Atomic Force Microscopy)은 1986년에 Binnig *et al.*에 의해 발명되었다 [7]. AFM은 샘플 표면의 원자들과 캔틸레버 탐침 간의 미세한 상호작용력에 의해 캔틸레버가 휘어지게 된다. 이때 캔틸레버 끝부분에 조사된 레이져가 캔틸레버의 휘어짐으로 인해 PSPD (Position Sensitive Photo Detector)상의 위치가 변하게 되고 이로부터 캔틸레버의 휘어지는 정도를 측정할 수 있다. 따라서 캔틸레버의 강성을 정확히 알게 되면, 표면 원자들과 캔틸레버 탐침 사이의 상호작용을 정량적으로 측정할 수 있다. 또한 표면 형상에 따라 표면과 탐침 사이의 상호작용력이 일정해 지도록, 즉 캔틸레버의 휘어진 정도를 일정하게 유지시키도록 z축을 피드백 컨트롤 함으로써 표면 형상을 기록할 수 있게 된다. AFM의 캔틸레버 탐침과 표면 사이에 작용하는 힘은 반데르발스 힘으로 탐침과 표면 사이의 거리가 가까워짐에 따라 인력이 작용하다가, 서로 접촉하게 되면 서로 밀어내는 척력이 작용한다. 탐침과 표면이 접촉하지 않고 인력이 작용하는 거리에서는 비접촉 모드 (noncontact mode)를 이용하여 표면에 손상없이 표면형상을 측정할 수 있다. 척력이 작용하는 접촉모드 (contact mode)에서도 표면형상 측정이 가능하며, 탐침과 표면이 직접 접촉하기 때문에 두 물질 사이의 마찰 및 마모 특성과 같은 트라이볼로지 특성도 평가가 가능하다. 하지만 나노스케일의 미세한 표면 형상을 측정하기 위해 상용 캔틸레버 팁의 탐침 끝 반경은 10 nm 이하로 매우 작다. 따라서 금속 박막 및 실리콘 반도체 표면에 수 nN 크기의 미세한 하중으로 접촉을 하더라도 접촉압력은 수 GPa에 이른다는 사실을 유념해야 한다.

AFM의 장점으로는 SEM이나 TEM과 달리 섬세한 시료 준비 없이 도체, 부도체, 일부 바이오물질의 형상 및 역학적 특성까지도 쉽게 측정할 수 있다는 점이다. 하지만 측정 영역이 매우 작고, 표면을 스캐닝해서 형상을 측정하기 때문에 측정 시간이 상대적으로 오래 걸린다는 단점이 있다.

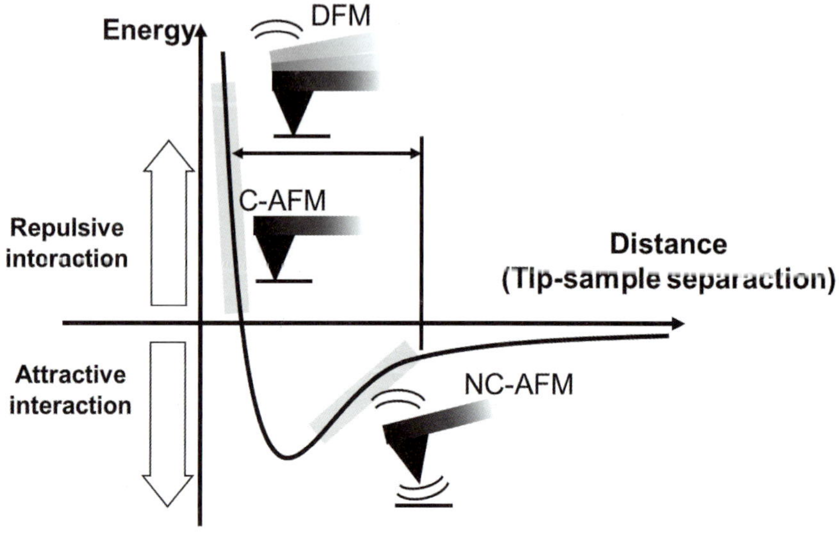

그림 2.16 **표면과 샘플의 상호작용 거리에 따른 AFM 모드 [6]**

2.2 접촉 (Contact)

2.2.1 겉보기 접촉면적 (apparent contact area)과 실제 접촉면적 (real contact area)

앞 절에서 설명한 바와 같이 표면은 일반적으로 내부 물질을 구성하고 있는 원자 및 분자와는 다른 다양한 물질로 구성된 다층적인 구조로 이루어져 있으며, 표면 에너지를 갖는다. 또한 표면에는 다양한 크기의 요철 (asperity)이 존재하고 이 요철의 형상은 관찰하는 스케일에 따라 다르게 측정된다는 특징이 있다. 이제, 이러한 요철이 존재하는 두 표면이 서로 만나서 접촉 (contact)을 형성한다고 생각해 보자. 쉬운 예로 직사각형 형태로 가공된 금속 블럭이 테이블 위에 놓여져 있다고 생각해 보자. 이때 금속 부품과 테이블의 접촉면적을 테이블과 맞닿아 있는 금속 부품 밑면의 면적이라고 쉽게 정의할 수 있을까? 서로 다른 표면형상을 갖는 금속 부품과 테이블의 모든 표면이 전면적에 걸쳐서 모두 잘 붙어있다고 말할 수 있을까? 조금만 상상해 보면, 두 표면이 딱 들어맞게 전면적에 걸쳐 접촉해 있는 것이 아니라 표면에서 가장 돌출된 부분에서 먼저 접촉이 발생하고, 그 주변은 접촉이 형성되지 않았을 것이라는 것을 쉽게 상상할 수 있다. 만약, 금속 부품에 작용하는 수직하중이 증가한다면, 두 표면에서 더 많은 수의 돌기들이 접촉하게 되고, 증가한 수직하중을 지지하게 될 것이다. 이때, 접촉한 요철에서 변형이 발생할 수 있으며, 재료의 물성 및 요철의 형상, 하중의 크기에 따라 변형 모드가 탄성, 소성, 점탄성 또는 점소성일 수 있다. 또한 개별적으로 존재하는 접촉점에서의 응력은 겉보기 응력보다 훨씬 높으며, 접촉점은 탄성 한계를 초과하여, 소성변형이 발생할 수 있다. 즉, 금속의 탄성 범위 내의 수직하중이 가해졌다고 하더라도 실제 접촉이 발생한 접촉점에서는 소성변형이 일어날 수 있음을 의미한다.

위의 예시에서 알 수 있듯이 두 물체가 접촉할 때 형성되는 접촉면적을 구분해서 인식하는 것이 필요하다. 그림 2.17에서 보여지듯이 테이블에 놓여져 있는 금속 부품의 밑면과 같이 육관으로 봤을 때 접촉해 있는 것처럼 보이는 접촉면적을 겉보기 접촉면적 (apparent contact area)이라고 정의한다. 이와는 달리, 표면 거칠기에 의해 두 표면이 실제로 접촉해서 하중 (금속 부품의 자중)을 지지하고 있는 모든 접촉점 면적의 총합을 실제 접촉면적 (real contact area)이라고 정의한다. 실제 접촉면적을 실질적으로 측정하는 것은 매우 어렵지만, 여러 연구자들이 도전성 금속의 접촉면적 측정을 위한 접촉저항 측정법, 투명한 물질의 접촉에 대한 광학 측정법, 초음파 측정법 등 다양한 방법을 이용하여 실제 접촉면적 측정을 시도하였다 [1]. 일반적인 기계 가공된 표면이 접촉할 때 실제 접촉면적은 겉보기 접촉면적에 비해 매우 작게 형성된다. 또한 두 재료에 대해 하중이 가해지면 겉보기 접촉 면적은 거의 변화가 없어 보이지만, 실제 접촉면적을 형성하고 있는 부분은 접촉압력이 매우 높기 때문에 하중이 증가함에 따라 소성변형이 발생하여 접촉면적이 증가하게 되고, 이로 인해 두 표면이 좀더 가까워짐으로서 새로운 접촉점들이 형성되면서 증가된 하중을 지지하게 된다. 모든 마찰, 마모, 점착 현상은 모두 접촉점에서 발생하는 현상으로 이에 대한 자세한 내용은 제 3~4장 마찰 및 마모에서 좀더 심도있게 다루도록 하겠다.

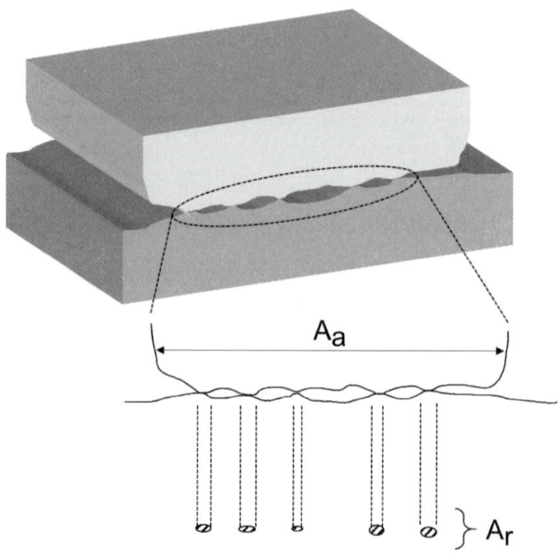

그림 2.17 **접촉면의 개념도 및 겉보기 접촉면적과 실제 접촉면적**

2.2.2 점착 (Adhesion)

접촉했던 두 물체를 다시 분리시키려면 어느 정도의 힘을 가해 떼어내야 한다. 점착(adhesion)이란 서로 다른 두 물체가 떨어지지 않고 붙어 있는 현상을 말한다. 이와 유사하게 동일한 물체가 붙어 있는 경우는 응착(cohesion)이라 구분하여 표현하도록 하겠다. (현재 한영사전 및 물리 용어사전에는 adhesion은 접착(력), 부착(력)으로, cohesion은 응집(력) 등으로 해석되어 있다.) 점착은 안경이나 유리창에 먼지가 달라붙어 있는 것과 같이 일상 생활에서 쉽게 발견되는 현상이다. 그렇다면 점착 현상은 왜 발생할까? 앞서 설명한 것과 같이 모든 표면은 표면 에너지를 갖고 있으며, 이로 인해 표면에 인접한 원자 및 분자와의 상호작용에 의한 표면력 (surface force)이 존재하게 된다. 따라서 인접한 두 표면 사이에는 앞서 설명한 AFM 팁과 시료 표면 사이의 상호작용력 (그림 2.9)과 유사한 형태의 상호작용력이 작용하게 되며, 이러한 상호작용력은 정전기적 상호작용 (electrostatic interaction), 물리화학적 결합 (chemical & physical bond)의 형성, 반데르발스 상호작용 (Van der Waals interaction), 수분이 있다면 접촉돌기 주변에 응축된 수분에 의한 모세관힘 (capillary force)에 의해 형성된다. 따라서 접촉하는 두 표면의 소재 및 전하 상태에 따라 각 상호작용의 크기가 달라지고, 두 표면을 분리할 때 작용하는 점착력 (adhesion force)의 크기 및 점착일 (work of adhesion)이 달라지게 된다. 또한 점착현상을 설명할 때 두 표면이 분리되는 동안 지속적으로 작용하는 점착력 (adhesion force)과 최대 점착력 (pull off force)은 구분해서 표현하는 것이 바람직하다 [8].

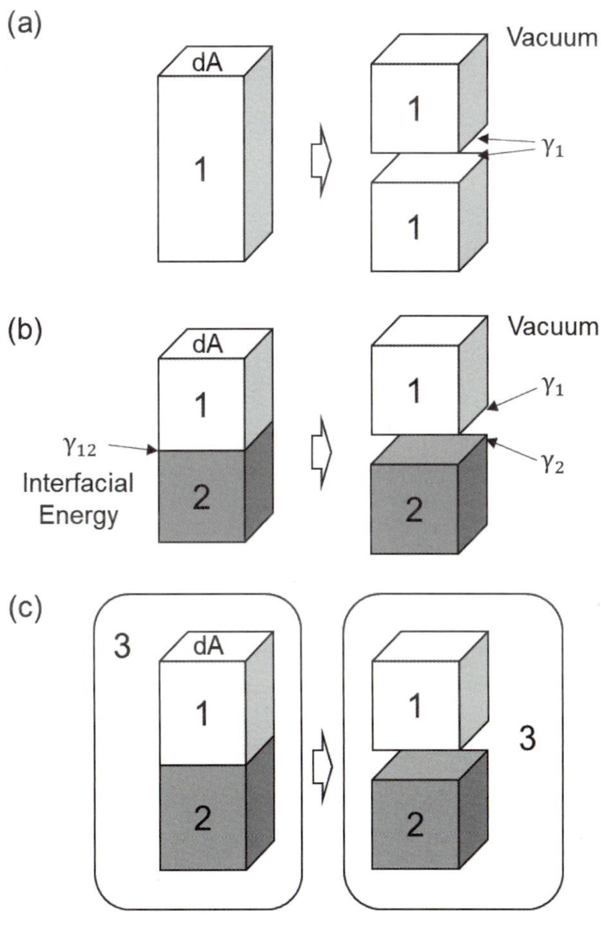

그림 2.18 **응착 및 점착 현상에 대한 개념도**

여기서 몇 가지 중요한 용어를 정리하고 가는 것이 필요하다. 응착일(work of cohesion)이란, 그림 2.18 (a)와 같이 동일한 물질 1을 진공상태에서 접촉한 상태부터 상호작용력이 미치지 않는 무한한 거리까지 떼어낼 때 필요한 에너지를 의미한다. 2.1.2절에서 고체 표면에 형성된 액적을 떼어낼 때도 동일한 개념을 사용했었다. 물질의 표면 에너지는 표면이 단위 면적만큼 증가할 때 필요한 자유에너지 변화량이므로, 동일한 물질 1을 분리시켜 단위면적의 두 표면이 형성되었다면 이때 필요한 응착일 W_{11}은 식 (2.17)과 같이 표현된다. 즉, 순수한 고체의 표면 에너지만으로 응착일을 계산할 수 있다.

$$W_{11} = 2\gamma_1 \tag{2.10}$$

접촉하고 있는 서로 다른 두 물질 1, 2를 떼어낼 때 필요한 에너지는 점착일(work of adhesion)로 정의한다. 그림 2.17 (b)와 같이 진공상태에서 서로 다른 물질 (1)과 (2)가 접촉해 있는 경우, 두 물질을 분리시켜 단위 면적만큼 물질 1의 표면과 물질 2의 표면이 각각 형성되고, 접촉해 있던 계면이 사라졌다면, 점착일 W_{12}는 식 (2.11)과 같다. 이때 γ_{12}는 접촉면에 존재하고 있던 계면의 계면에너지(interfacial energy)라 한다.

$$W_{12} = \gamma_1 + \gamma_2 - \gamma_{12} \tag{2.11}$$

이상적인 진공상태에서 두 물질이 분리되는 경우와는 달리, 일반적으로 일어날 수 있는 공기중에서 두 물질이 분리되는 경우에는 어떻게 될까? 이러한 경우에는 그림 2.17 (c)와 같이 분리된 두 표면은 기체와 접하게 되므로, 동일한 방법으로 점착일은 기체상태에서의 두 표면의 표면 에너지(γ_{13}, γ_{23})와 계면에너지(γ_{12})로부터 식 (2.12)와 같이 구할 수 있다. 식 (2.12)은 앞서 고체 표면에서 액체를 분리시키는 데 필요한 점착일에 대해 설명한 식 (2.3)의 Dupré 방정식과 동일한 식이다.

$$W_{132} = \Delta\gamma = \gamma_{13} + \gamma_{23} - \gamma_{12} \tag{2.12}$$

표면의 본질적인(intrinsic) 특징을 고려해서 두 표면이 만나서 형성되는 접촉 및 접촉된 물체가 다시 분리되는 현상 등 각 현상을 명확히 연결시켜주는 역학체계는 매우 도전적인 분야이다. 역사적으로 탄성고체의 접촉에 대해 매우 제한적인 조건에서 이를 설명하려는 연구가 진행되었고, 접촉 역학(contact mechanics)이라는 학문으로 체계적으로 정리되었다. 다음 장에서는 접촉역학에 대해 간단히 설명하겠다.

2.2.3 접촉 역학(Contact Mechanic)

접촉 역학이란, 두 고체 표면이 서로 접촉할 때, 가해진 하중과 이로 인한 변형 및 접촉면적 형성, 접촉압력 분포 사이의 역학적 관계를 기술하는 학문이다. Hertz, JKR, DMT 접촉이론으로 불리는 세개의 고전적인 이론이 제시되었다 [9].

Hertz는 광학 현미경을 이용하여 두 유리 구슬이 접촉할 때 형성되는 접촉면적을 관찰하고, 하중과 접촉면적에 대한 해석적 해를 제시한다. 이때, 두 구는 반무한 탄성체이며, 접촉면에서는 어떠한 점착력이나 마찰력도 존재하지 않는다고 가정하였다. 탄성체인 두 구가 서로 접촉하면, 원형의 접촉면이 형성되며 접촉면의 중앙에서 접촉압력이 최대이며, 접촉면의 가장자리에서 접촉압력이 0인 2차원 함수 형태의 응력분포가 발생한다고 가정하였다. 즉, Hertz의 접촉이론에 따르면 반경(R)이 각각 R_1, R_2인 두 탄성구가 접촉하면 가해주는 하중(P)가 증가함에 따라 접촉원의 반경(a)는 식 (2.13)과 같이 변화한다 [10].

$$a = \left(\frac{3RP}{4E^*}\right)^{1/3} \tag{2.13}$$

여기서 $R = (\frac{1}{R_1} + \frac{1}{R_2})^{-1}$, $E^* = (\frac{1-v_1^2}{E_1} + \frac{1-v_2^2}{E_2})^{-1}$이며, E, v는 각 구의 탄성계수와 프와송 비이다. 또한 하중에 의한 두 구의 중심사이의 변위, 즉 변형량은 식 (2.14)와 같다.

$$\delta = \frac{a^2}{R} = \left(\frac{9}{16}\frac{P^2}{RE^{*2}}\right)^{1/3} \tag{2.14}$$

큰 하중에서는 실험적으로 측정된 하중과 접촉면적의 관계가 Hertz 접촉이론으로 비교적 잘 설명이 된다. 하지만 Hertz 접촉이론에서는 접촉하는 두 표면사이의 점착현상을 고려하지 않았기 때문에 위 식과 같이 가해진 하중이 0이 되면 접촉반경도 0이 된다.

많은 세월이 흘러 1960년대 후반, Hertz 접촉과 같은 탄성 고체 사이의 접촉에 있어서도 표면 에너지 (surface energy)의 영향을 고려해야 한다는 논문이 발표된다. Roberts (1968a)가 고무재질의 구로 접촉실험을 한 결과를 발표했으며, Kendall (1969)은 유리 구로 정밀한 접촉실험을 수행한 결과, 매우 작은 하중에서는 접촉면적이 Hertz 이론으로 예상된 것 보다 훨씬 크게 측정된다는 것을 발견하였다. 또한, 하중이 0이 되었는데도 불구하고 유한한 접촉면적이 형성되어 있음을 관찰하였다. 이러한 실험적 관찰을 통해 두 고체 사이에 작용하는 인력 (상호작용력)이 작용하며, 하중이 클때는 이 표면력에 의한 접촉면적의 변화가 거의 영향이 없지만, 하중이 매우 작아지면 표면력이 접촉면적 형성에 매우 중요한 역할을 하게 된다는 논문을 발표한다. 즉, 표면 에너지로 인해 실제로는 Hertz 접촉과는 좀더 큰 접촉면적이 형성되면, 두 고체를 떼어낼 때도 점착력 (adhesion force)이 존재하게 된다. 여기에 Johnson의 해석이 더해져 1971년 JKR 접촉이론에 대한 논문이 발표 되었으며, 소프트한 고무와 젤라틴 재질의 구의 접촉실험 결과와 JKR 접촉이론이 잘 일치함을 확인하였다 [11].

Johnson은 점착접촉 (adhesive contact) 내의 압력 분포를 Derjaguin의 방정식을 이용하여 수학적으로 계산하였다. 이로 인해 JKR 모델 내에서 발생하는 상호작용은 오직 접촉면적 내에서 발생한다고 가정된다. 반경이 R인 구와 반무한체의 탄성 접촉은 외부에서 가해지는 힘과 함께 van der Waals 힘을 고려하여 분석된다. JKR 모델에서 점착 접촉의 반경을 계산하는 식은 다음과 같다.

$$a^3 = \frac{3}{4}\frac{R}{E^*}\left(P + 3\pi RW + \sqrt{6\pi RPW + (3\pi RW)^2}\right) \tag{2.15}$$

여기서 W는 점착일로서 공기를 매질로 하는 두 물체의 점착일에 대한 식 (2.12)와 같다.

식 (2.15)에서 점착이 없는 조건 ($W=0$)에서는 Hertz 방정식으로 부터 유도된 접촉반경에 대한 식 (2.13)과 동일한 식이 얻어진다. 반면에 접촉하는 두 표면에 존재하는 인력으로 인해 $W>0$ 이라면, 접촉 면적은 동일한 접촉하중 P가 가해질 때, 항상 Hertz 접촉이론으로 계산된 접촉면적 보다 크다는 것을 알 수 있다. 두 구를 분리시키기 위해 인장력이 작용하면 접촉 반경이 감소하며, 접촉표면은 근호 값이 0이되는 하중에서 완전이 분리된다. 이때의 하중을 최대 점착력 (pull of force)로 정의되며 식 (2.16)과 같이 계산된다.

$$P_{pull-off} = -\frac{3}{2}\pi RW \tag{2.16}$$

JKR 접촉이론에 따르면 최대 점착력 (pull of force)은 접촉하는 구의 반경과 점착일에 의존적이며, 탄성계수와 같은 구의 물성에는 무관한 것으로 표현된다.

그 이후, 접촉면 밖의 영역에서 두 물체사이에 작용하는 Van der Waals 상호작용을 고려한 Derjaguin-Muller-Toporov (DMT) 접촉이론도 제시된다 [12]. DMT와 JKR 접촉이론은 동일한 고체와 조건에 대해 서로 다른 점착력 상호작용을 예측하였으며, 이에 대해 많은 연구자들이 오랜 시간동안 연구를 지속하였다. Tabor는 JKR과 DMT이론을 비교하고, 두 이론의 핵심적인 결함을 지적하였으며, Muller 및 Maugis가 탄성 접촉에 대한 통일된 모델을 제안하였다. 좀더 깊이있는 내용은 참고문헌을 참조하기 바란다 [13-16].

참고문헌

[1] Bhushan, B., "Principles and Applications of Tribology", John Wiley & Sons, Inc., New York, 2013.

[2] 소다 노리무네, 이봉구 옮김, "마찰이야기", 현대과학신서 39, 1971.

[3] Fowkes, F. M., "Attractive Forces at Interface", *Ind. Eng. Chem.* 56, 12, P. 40-52, 1964.

[4] https://www.phi.com/surface-analysis-techniques/xps-esca.html

[5] 김안순, 신채호, "반도체 산업에서의 XPS 및 AFM 분석 기술", *Vacuum magazine*, Vol. 4, pp.24-31, 2016.

[6] https://www.parksystems.com/medias/nano-academy/how-afm-works

[7] Binnig, G., Quate, C.F., Gerber, Ch., "Atomic Force Microscope", *Phys. Rev. Lett.* 56, 930, 1986.

[8] Israelachvili, J. N., "Intermolecular and Surface Forces", Elsevier Inc. 2011.

[9] Johnson, K. L., "Contact Mechanics", Cambridge University Press, 1985.

[10] Hertz, H., "On the contact of elastic solids", Miscellaneous Papers, Macmillan, London, pp.146, 1896.

[11] Johnson, K. L., Kendall, K., Roberts, A. D., "Surface energy and the contact of elastic solids", *Proc. R. Soc. Lond. A*, 324, pp.301-313, 1971.

[12] Derjaguin, B. V., Muller, V. M., Toporov, Y. P., "Effect of contact deformations on the adhesion of particles", *J. Coll. And Interface Sci.*, 67, pp.314-326, 1975.

[13] Tabor, D., "Surface forces and surface interactions", *J. Coll. Interface Sci.*, 58, pp.1-13, 1976.

[14] Muller, V. M., Yushenko, V. S., Derfaguin, B. V., "On the influence of molecular forces on the deformation of an elastic sphere and its sticking to a rigid plane", *J. Coll. Interface Sci.*, 77, pp.91-101, 1980.

[15] Maugis, D., "Adhesion of spheres: the JKR-DMT transition using a Dugdale model", *J. Coll. Interface Sci.*, 150, pp.234-269, 1992.

[16] Johnson, K. L., Greenwood, J. A., "An adhesion map for the contact of elastic spheres", *J. Coll. Interface Sci.*, 192, pp.326-333, 1997

[17] 홍성호, 윤활유 분석 기반의 기계상태진단-기본과정, 한티미디어, 2021.

3. 마찰 이론 및 현상

마찰력은 두 접촉하고 있는 물체가 상대운동(미끄럼 운동 및 구름운동 등)할 때, 물체가 이동하는 방향의 반대방향으로 저항하는 성질의 힘을 의미한다. 마찰력은 물체의 이동을 방해하는 요인으로, 에너지 손실을 야기하게 되므로 가능한 낮은 수준을 달성해야 한다고 생각하기 쉽다. 하지만, 브레이크, 타이어, 로봇의 손 혹은 신발과 같은 시스템은 적당한 수준의 마찰력을 발휘해야 하므로 마찰력은 목적에 맞게 제어해야 하며, 이를 위해서는 마찰거동의 기본적인 특성과 원인을 파악할 필요가 있다. 흔히 마찰현상을 재료의 기본적 물성이라고 생각하는 경향이 있다. 마찰에 관하여 가장 널리 알려진 식은 다음과 같다.

$$F_f = \mu N \tag{3.1}$$

이때, F_f는 마찰력, μ는 마찰계수(friction coefficient), N은 수직하중이다. 이 식은 마찰력과 수직하중이 비례관계라는 의미를 담고 있으며, 이는 앞서 언급한 바와 같이 프랑스의 학자 아몽통에 의하여 정립된 이론이기도 하다. 여전히 이 식은 학계 전반에서 널리 활용되고 있다. 식의 형태를 조정하면, 다음과 같이 기재할 수 있는데

$$\mu = \frac{F_f}{N} \tag{3.2}$$

마찰력이 수직하중과 비례한다는 의미는, 다시 말해서 마찰계수 μ 값이 상수임을 전제한 것이다. 실제로 학계 및 현장에서 이 식을 활용할 때에도 특정 물질의 마찰계수를 고정된 값이라고 간주하는 경우가 상당히 많다. 예를 들면, 스테인리스 스틸의 마찰계수는 얼마이고, 구리의 마찰계수는 얼마라는 식으로 활용하는 경우가 대부분이다. 이는 마치 물질의 탄성계수(Young's modulus)나 인장강도(tensile strength), 녹는점(melting temperature) 등을 다루는 방식과 크게 다르지 않다. 실제로 탄성계수나 인장강도 그리고 녹는점 등은 여러가지 조건에 의하여 다소 값의 차이가 있을 수는 있으나, 기본적으로는 재료에 의존하는 내재적 성질, 즉 물성(material property)으로 인정된다.

그러나 마찰계수의 실체는 이와는 상당히 다르다. 예를 들어 온도나 습도, 표면거칠기

가 달라지면 마찰계수의 값 또한 크게 변화한다. 심지어 어떠한 재료 A와 B를 접촉할 때와 A와 C를 접촉할 때의 마찰계수 역시 크게 달라진다. 이러한 현상은 마찰현상이 재료에 내재된 특성이 아니라는 점을 시사한다. 즉, 마찰은 재료의 물성이 아닌 마찰이 일어나는 시스템의 다양한 조건이 상호작용하여 나타나는 현상이라고 표현할 수 있다. 이러한 이유로 여전히 모든 마찰현상을 정확하게 나타낼 수 있는 모델은 아직 존재하지 않으며, 마찰이 일어나는 시스템 마다 각기 다른 방법과 가정을 토대로 분석하는 것이 최선이라고 할 수 있다.

마찰현상을 크게 분류하면 건조마찰(dry friction)과 유체마찰(fluid friction)로 나눌 수 있으나 여기에서는 건조마찰의 기본적 특징을 살펴보도록 하겠다.

3.1 고전마찰이론

앞에서 언급했듯, 고전 마찰이론은 레오나르도 다 빈치, 아몽통 그리고 쿨롱에 의하여 정립되었다. 크게 세가지 마찰법칙이 이들에 의해 제안되었는데, 각각을 살펴보면 다음과 같다.

(1) 마찰력은 수직하중에 비례한다.

(2) 마찰력은 접촉면적과 무관하다.

(3) 마찰력은 상대운동 속도와 무관하다.

이 세가지 법칙 중 앞선 두가지는 아몽통이 제안하였으며, 마지막 세번째 법칙은 쿨롱에 의하여 정립되었다. 쿨롱은 뿐만 아니라 정지마찰(static friction)과 운동마찰(kinetic friction)을 구분하였다. 정지마찰은 접촉하고 있는 물체가 정지상태에서 운동상태로 천이되기 직전의 가장 높은 마찰력을 의미한다. 그림 3.1을 살펴보면, 그래프의 초반에는 시간이 흐름에 따라 마찰력이 지속적으로 높아지는 구간이 나타난다. 이 구간에서는 물체는 움직이지 않으며 오로지 마찰력만 증가하는데, 이때 가장 높은 마찰력을 정지마찰이라고 칭한다. 이 값에 도달하는 순간, 물체는 움직이기 시작하며 이후로는 마찰력이 정지마찰에 비해서 다소 낮은 값으로 유지되는데, 이때의 마찰력은 운동마찰이라고 부른다.

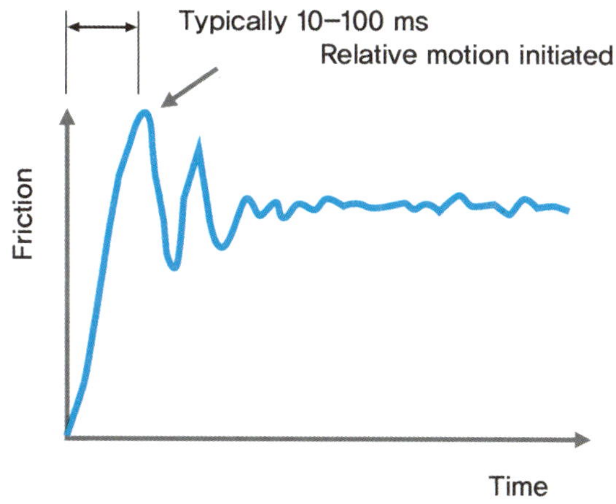

그림 3.1 **어떠한 물체를 상대운동 시키기 위해 당겼을 때 시간에 따라 나타나는 마찰력의 변화**

즉, 움직이고 있는 물체를 계속해서 움직이도록 하기 위해 필요한 힘에 비하여 정지해 있는 물체를 상대운동시키기 위해 필요한 힘이 더 크다는 의미이다. 다르게 표현하면 정지마찰계수(static friction coefficient: μ_s)가 운동마찰계수(kinetic friction coefficient: μ_k)보다 크다고도 할 수 있다. 이러한 현상을 달리 생각해보면 정지한 상태의 물체를 상대면이 더 강하게 붙드는 어떠한 힘이 작용하고 있다고 할 수 있는데, 그 근본적 원인에 대해서는 많은 연구자들이 가설과 그에 대한 실험적 단서를 제시하고 있음에도 불구하고 완전히 밝혀지지는 않았다. 흥미로운 점은 정지마찰계수는 계면이 접촉해 있는 시간이나 환경조건에 따라서 달라질 수 있다는 점인데, 표면이 공기중에 노출된 시간이나 접촉면에 맞닿아 있는 시간 등의 변수에 따라 정지마찰계수가 증가하거나 감소할 수 있다는 사실이 오래전부터 보고되었다.

예를 들면, 매우 깨끗하게 절단된 표면이 서로 맞닿은 경우 두 표면이 접촉된 상태로 시간이 흐를 경우 접촉면 사이에 화학적 결합이 발생될 수 있으며 이 경우에는 두 표면을 상대운동 시키기 위해 결합을 파괴하기 위한 힘이 요구되므로 정지마찰계수가 높게 나타날 것이다. 또 다른 메커니즘으로는 접촉면의 소성변형과 크립현상으로 인한 접촉면적 증가현상이 종종 제시되기도 한다 [1,2]. 반대로 표면 에너지나 전단강도가 낮거나 윤활특성을 제공할 수 있는 물질에 의해 표면이 코팅되는 경우에는 정지마찰계수가 낮아질 수도 있다. 전단강도가 낮은 물질은 말 그대로 작은 전단력에도 쉽게 변형하는 재료를 의미한다. 따라서, 전단강도가 낮은 물질이 계면에 존재할 경우, 이 물질은 작은 전단력에도 쉽게 미끄러지며 변형하게 되고 이는 결과적으로 전체 시스템의 마찰력을 낮추는 원인으로 작용하게 된다 [3]. 이는 마치 코팅물질이 고체윤활제의 역할을 수행하는 것과 같다. 습도가 증가함에 따라 표면에 응축된 물분자의 영향으로 정지마찰계수가 낮아지는 현상도 이와 유사한 현상이라고 할 수 있다 [4].

정지마찰계수가 증가하는 것은 바람직하지 않은 현상이다. 예를 들어 간헐적으로 작동하는 기계요소의 경우 시간이 흐름에 따라 정지마찰계수가 증가한다면, 기계요소의 사양을 높은 정지마찰력을 이겨낼 수 있도록 보완할 필요가 있으며, 높은 정지마찰력으로 인해 야기되는 표면손상 문제 역시 고려해야할 대상이 된다. 이는 비용소모와 기계의 신뢰성 저하를 야기하는 현상이므로 바람직하지 않으며, 따라서 정지마찰계수가 지나치게 높아지지 않도록 관리할 필요가 있다. 일반적인 대책으로는 낮은 표면 에너지를 갖는 물질을 코팅하거나 윤활을 적용하는 것을 고려할 수 있다.

정지마찰계수를 표현하는 방법으로는 경사면의 각도를 활용할 수 있다. 그림 3.2를 살펴보면 각도 θ 만큼 기울어진 경사면 위에 블록이 놓여있다. 이 블록은 수직방향으로 중력을 받고 있으며, 현재 상태에서는 경사면을 따라 미끄러져 내려가지 않고 그대로 정지해 있다고 가정한다. 블록의 무게에 해당하는 만큼의 힘이 경사면 위에 작용하고, 이 힘을 경사면을 기준으로 분해하면 경사면에 수직한 방향으로 가해지는 힘과, 경사면에 수평한 방향으로 가해지는 힘으로 나눌 수 있다. 이때, 경사면에 수직한 방향으로 가해지는 힘은 블록이 경사면에 인가하는 수직하중이며, 경사면에 수평한 방향으로 가해지는 힘은 블록을 미끄러지게 하는 전단력이다. 이때, 전단력이 블록과 경사면 사이의 마찰력에 비해 크다면 블록은 미끄러져 내려갈 것이다. 반대로 전단력이 블록과 경사면 사이의 마찰력에 비하여 작거나 혹은 같다면, 블록은 제 자리에서 움직이지 않을 것이다.

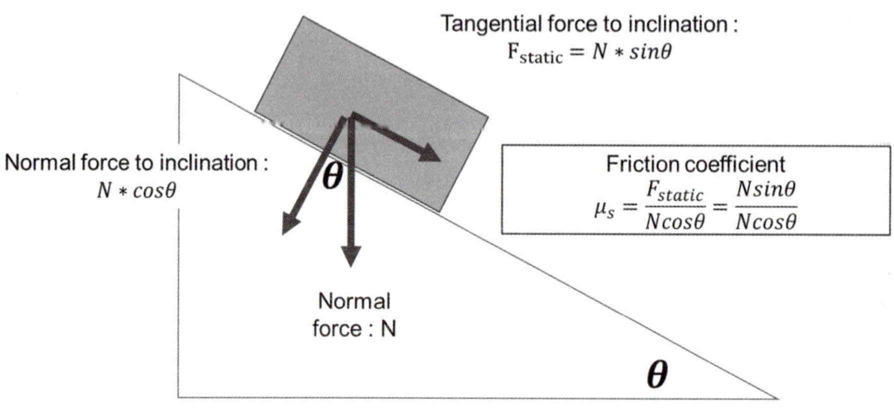

그림 3.2 **경사면 위에 놓인 블록에 대한 힘의 상태도**

블록을 미끄러지게 하는 전단력은 $F_{static} = N \times \sin\theta$이므로, 경사면의 각도 θ가 0°에서 90°로 증가함에 따라 전단력은 점점 커지게 된다. 즉, 경사면의 각도 θ를 작게하면 블록은 정지한 상태를 유지하고 각도 θ가 특정값을 넘어서는 순간 블록은 미끄러져 내려갈 것임을 쉽게 유추해볼 수 있다. 블록이 미끄러지기 시작하는 순간에는 마찰력과 전단력이 동일한 값이며 이때 경사면의 각도를 θ_s라고 정의하면, 마찰력은 $Nsin\theta_s$, 블록이 경사면에 가하는 수직하중은 $Ncos\theta_s$로 나타낼 수 있다. 마찰계수는 마찰력을 수직하중으로 나눈 값이므로, $\frac{N\sin\theta_s}{N\cos\theta_s}$로 나타낼 수 있으며 이것을 다시 정리하면 블록이 미끄러지기 시작하는 순간의 정지마찰계수는 다음과 같은 간단한 식으로 나타낼 수 있다.

$$\mu_s = \tan\theta_s \tag{3.3}$$

이 식은 물체의 무게와는 무관하게 오로지 경사면의 각도로만 표현하는 특징을 지니고 있다. 앞서 언급한 마찰법칙 중 1법칙과 2법칙을 떠올려보자. 우선 첫번째 법칙은 "마찰력은 수직하중에 비례한다" 이며, 이것을 다르게 표현하면 "어떠한 물질의 마찰계수는 수직하중과 무관하게 상수이다" 라고 할 수 있다. 그리고 두번째 법칙은 "마찰력은 접촉면적과 무관하다" 이다. 만약 두 법칙이 모두 참이라고 가정한다면, 특정 물질을 블록으로 만들되, 무게를 달리하거나 형태를 달리하여 경사면과 맞닿는 접촉면의 크기를 다르게 하더라도 해당 블록이 미끄러지는 각도는 항상 일정해야 할 것이다. 하지만, 안타깝게도 실제 현상은 다를 수 있다는 사실이 오랜 기간 동안의 연구를 통해 입증되었다. 덧붙여 세번째 법칙인 마찰력과 상대운동 속도의 독립성 역시 실제로는 참이 아니다.

그럼에도 불구하고 거시적 관점에서는 고전적인 마찰법칙이 비교적 유용하게 활용되는데, 이는 해당 법칙들이 많은 실험과 경험을 토대로 수립되었기 때문이다(특히 마찰력과 수직하중 사이의 비례관계는 여전히 산업에서 널리 활용되고 있다). 많은 경험을 통해 일반적으로 나타나는 현상을 모델링 한 결과이므로 과거에는 고전마찰법칙이 대체로 실제 현상에 잘 부합한다고 생각하였다. 실제로는 온도, 습도, 압력, 상대운동속도, 접촉면적, 접촉하는 재료의 조합 등 수많은 요소가 마찰력에 영향을 미친다는 사실이 오랜 연구를 통해 밝혀진 바 있다. 수많은 조건과 요인의 상호작용에 의해 발생하는 것이 마찰현상이고, 마찰과정에서 주어진 조건이 지속적으로 변화하기 때문에 비교적 단순한 고전적 법칙으로 마찰거동을 정확하게 표현할 수는 없다. 특히 이러한 경향(고전 마찰법칙과 실제현상 사이에 괴리가 발생하는)은 마이크로 및 나노스케일에서 더욱 두드러지게 나타나며 이는 표면의 응착력이나 접촉상황이 매크로 스케일의 상황과 다르기 때문이다.

마찰력의 원인이 무엇인지 설명하고, 현상을 모델링 하고자 하는 시도는 과거부터 꾸준히 이루어져 왔다. 그 중, 대표적인 모델을 소개하자면 다음과 같다. 그림 3.5는 쿨롱모델(Coulomb model)을 나타낸 것이다. 쿨롱모델은 모든 물질이 가지고 있는 표면거칠기를 쐐기형태(wedge)의 돌기들로 간주하고, 표면에 무수히 존재하는 이들 사이의 기계적 상호작용이 마찰의 원인이 된다고 설명하는 것이다. 마찰현상의 원인을 과학적인 근거를 토대로 설명하고자 한다는 점에서 의의를 찾을 수 있으나, 실제 현상과는 맞지 않는 한계점을 지닌 모델이기도 하다. 그림 3.6을 살펴보자. 쐐기모양의 돌기가 반복적으로 존재하는 두 표면(강체)이 접촉하였을 때 초기 상태를 좌측의 그림이라고 가정한다. 이때, 접촉면의 일부를 확대하여 표현하면 우측의 그림과 같이 그릴 수 있다. 접촉하는 두 물체 중 상단에 위치한 것을 A, 하단에 위치한 것을 B라고 명명하고, 수평방향으로 A를 미는 전단력(F)과 A를 누르는 수직력(N)이 존재한다고 가정해보자. 시스템 전체 관점에서의 마찰계수는 $\mu = F/N$ 으로 기재할 수 있다. 상단에 위치한 A 물체를 수평방향으로 이동시키기 위해서는 A의 쐐기가 B의 쐐기의 경사면을 타고 올라가야 하므로 그림 3.5(b) 힘 F와 N을 분해하여 쐐기의 경사면에 대한 수평방향으로 가해지는 힘이 서로 균형을 이루거나 F의 분해성분이 N의 분해성분보다 커야 한다. 다시 그림 3.6을 살펴보면 F 및 N의 쐐기 경사면에 대한 분해성분은 각각 $F\cos\theta$, $N\sin\theta$ 임을 알 수 있다. 즉, 적어도 $F\cos\theta = \mathrm{N}\sin\theta$이어야 한다. 이때, 앞에서 마찰계수를 $\mu = F/N$로 정의하므로 $F/N = \sin\theta/\cos\theta = \tan\theta$ 로 추정할 수 있다. 이 모델을 토대로 생각해보면, 어떠한 물체의 마찰계수의 높고 낮음은 그 물체의 돌기들의 형상이 날카로운지, 반대로 뭉특한지에 따라 결정된다. 날카로운(경사면의 기울기가 크고 각도 θ가 큰) 돌기들을 갖는 표면은 더 높은 마찰계수를, 반대로 뭉특한(경사면의 기울기가 낮고 각도 θ가 작은) 돌기들을 갖는 표면은 더 낮은 마찰계수를 갖게 된다고 생각할 수 있다.

즉, 쿨롱 모델에서는 표면에 존재하는 돌기들(거칠기 요소)의 형상과 기계적 상호작용이 마찰의 주 원인이다. 이러한 가설은 얼핏 타당한 접근으로 생각될 수 있으나, 이 모델의 치명적 단점은 마찰이 에너지를 소산하는 과정이라는 사실을 반영하지 못한다는 점이다. 다시 그림 3.5를 살펴보자. 이 그림의 표면 돌기들이 정확하게 동일한 주기를 가지고 서로 들어맞도록 그려져 있는 점이 대단히 비현실적이라는 점을 차치하고서라도, 모델의 한계점에 대해서는 논할 충분한 이야기거리가 존재한다. 그림의 (a)에서 (b)로 이행하는 과정은 쐐기가 쐐기를 타고 오르며 위치에너지가 증가하는 구간에 해당한다. 즉, 위치에너지를 증가시키기 위해 사용되는 에너지가 마찰력에 의한 일(work)에 대응되는 셈이다. 그러나, 이 모델의 한계점은 그 다음 단계에서 나타난다. (b)에서 (c)로 이행하는 과정에서는 증가한 위치에너지가 감소하면서 운동에너지가 증가하게 되고, (c)에서 최대가 된 운동에너지는 그 다음단계에서 쐐기가 쐐기를 거슬러 오르게 하는 원동력으로 작용하므로 더 이상 에너지의 투입이 요구되지 않는 단계에 이르게 된다. 실제의 마찰력은 비보존력(non-conservative force)이므로, 상대운동이 일어나는 한, 끊임없이 에너지가 소산된다. 따라서 어떤 형태로든 에너지를 소산시키는(소성변형, 포논 등) 메커니즘이 포함된, 보다 나은 현실적인 마찰 메커니즘의 제안이 필요하다고 할 수 있다. 이러한 이유로 쿨롱모델은 마찰을 설명하는 모델로서는 활용되지 않는다.

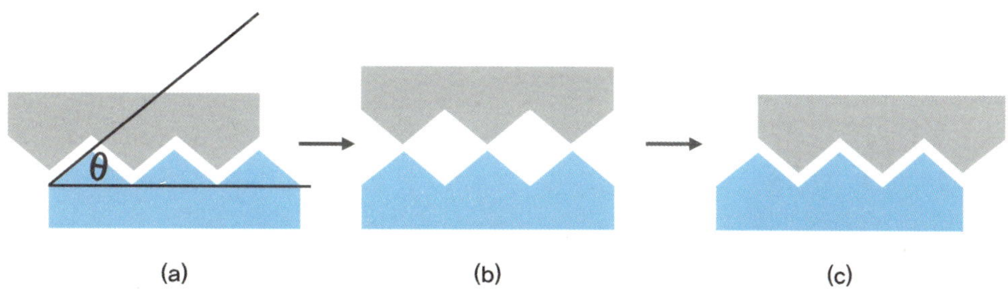

그림 3.5 **마찰의 근본적 원리를 설명하기 위한 Coulomb 모델의 개략도**

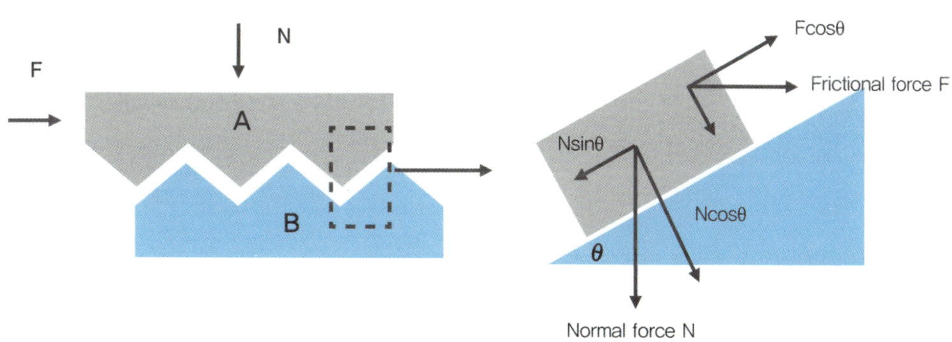

그림 3.6 **Coulomb 모델에서의 마찰력 계산 개략도**

3.2 마찰현상의 이해

3.2.1 현대적 관점에서의 마찰거동

현대적 관점에서 마찰현상을 설명하고자 하는 다양한 이론이 발표되어 왔는데, 그 중 비교적 단순하면서도 널리 받아들여지는 설명을 소개하면 다음과 같다.

Bowden, 그리고 Tabor는 금속표면끼리의 접촉 및 상대운동 상황에서 표면의 거칠기로 인하여 돌기 (asperity)들 사이의 접촉이 일어나고, 이때 수직하중에 일부 돌기에 집중되므로 높은 접촉압력이 발생하여 접촉하는 돌기들 사이에서 일종의 용접현상이 일어난다고 주장하였다 [5]. 그리고, 마찰력은 바로 이 용접부위를 전단시키기 위한 힘이라고 간주하였다. 다만, 이후의 연구들에 따르면 세라믹과 같이 높은 경도와 녹는점을 갖는 물질의 경우에는 용접현상이 반드시 일어난다고 보기 어렵다는 사실이 밝혀졌다. 그럼에도 불구하고 돌기들 사이의 실제 접촉면에서 발생하는 응착력이 마찰에 기여한다는 점은 명백히 입증되었다.

접촉면의 변형 역시 마찰에 영향을 미친다는 사실이 밝혀졌는데, 접촉하는 돌기들이 소성변형하거나, 상대운동하는 두 접촉면 중 어느 한 쪽의 돌기가 다른 면을 파고들어 긁어낸다면 (마모가 발생하지 않더라도 소성변형이 일어나는 상황이라면), 필연적으로 에너지가 소산되는데, 이 역시 마찰에 기여하게 된다.

그 외에도 상대운동시, 접촉면에서 탄성변형이 일어나는 상황에서도 매우 작은 에너지가 소실되는데, 이는 포논 (phonon)에 의해 일어나는 현상이라고 알려져 있다. 포논은 우리말로는 음향양자라고도 부르며 결정격자의 양자화된 진동을 나타내는 준입자 (quasiparticle)이다. 마찰이 일어날 때, 기계적 에너지가 포논을 생성하고 전자를 여기 (excitation)시키는데, 이 국부적인 에너지가 포논의 이동을 통해 전파되고 궁극적으로는 전체 시스템에서 열 에너지로 소산되는 것이 마찰에 기여하는 주된 메커니즘으로 알려져 있다 [6].

이 중에서 마찰에 크게 기여하는 두 항으로 응착력과 표면의 변형을 꼽을 수 있고, 만약 이 둘이 서로 독립적이라고 가정한다면 전체 마찰력은 다음과 같이 기재할 수 있다.

$$F_i = F_a + F_d \tag{3.4}$$

이때, F_i는 전체 마찰력, F_a는 응착력에 의한 마찰성분, F_d는 변형에 의한 마찰성분을 의미한다. 두 성분(응착력과 표면의 변형)이 실제로는 완전히 독립적인 것은 아니며, 상호영향을 주고받으므로 엄밀하게는 옳다고 할 수는 없으나, 두 성분을 분리하여 다루는 것이 여러모로 편리하며 실질적인 결과에 크게 문제를 일으키지 않으므로 대체로는 받아들여지고 있다 [7]. 마찰계수는 마찰력을 수직하중으로 나눈 값이며, 응착력에 의한 성분과 변형에 의한 성분은 각각 독립변수로 취급되므로 마찰계수 역시 간단하게 두 성분의 합산으로 다음과 같이 표시할 수 있다.

$$\mu_i = \mu_a + \mu_d \tag{3.5}$$

마찬가지로 μ_i는 전체 마찰계수, μ_a는 응착력에 의한 마찰계수 성분, μ_d는 변형에 의한 마찰계수 성분을 의미한다.

두 표면이 접촉할 때 표면거칠기로 인하여 실제 접촉하는 면적은 겉보기 면적에 비해 매우 작게 나타난다. 만약 재료가 강체라면 가장 높이가 높은 돌기들 사이의 점접촉이 형성되겠지만, 실제 재료는 탄성 및 소성특성을 가지므로, 불규칙적으로 배열되어 있는 표면의 돌기들에 접촉하중이 집중되면 탄성 및 소성변형이 일어나고 다수의 돌기들 사이에 유한한 면적을 갖는 접촉이 형성된다. 이 접촉면적을 겉보기 접촉면적과 구분하여 실제 접촉면적(real contact area)이라고 칭한다(그림 3.7). 하중이 매우 높거나 재료의 기계적 강도가 높지 않은 경우에는 돌기의 과도한 변형에 의하여 실제 접촉면적이 겉보기 접촉면적과 유사한 수준으로 커질 수도 있지만, 대개는 실제 접촉면적은 겉보기 접촉면적에 비해 매우 작은 값을 갖는다.

돌기들 사이에 형성된 접촉면에서는 물리적 혹은 화학적 상호작용이 일어나 접촉면에 응착력이 나타나도록 하는데, 두 표면이 상대운동하려면 응착력의 원인이 되는 접촉면의 결합을 전단시켜야 한다. 외부에서 에너지를 인가하여 결합을 분리하고 상대운동이 일어나더라도 새로운 돌기들의 쌍이 서로 만나게 되고, 이들 사이에 접촉이 새로이 일어나게 되는데 이 접촉면에서는 새로운 결합이 형성된다. 다시 말해서, 상대운동이 일어난다는 것은, 매 순간 돌기들 사이의 결합이 생성되고 소멸한다는 의미이기도 하다. 즉, 돌기 사이의 결합을 끊어내기 위한 힘, 즉 마찰력의 필요성은 어느 한 순간에 국한되지 않으며 매 순간 연속적으로 인가해 주어야 재료를 상대운동시킬 수 있다.

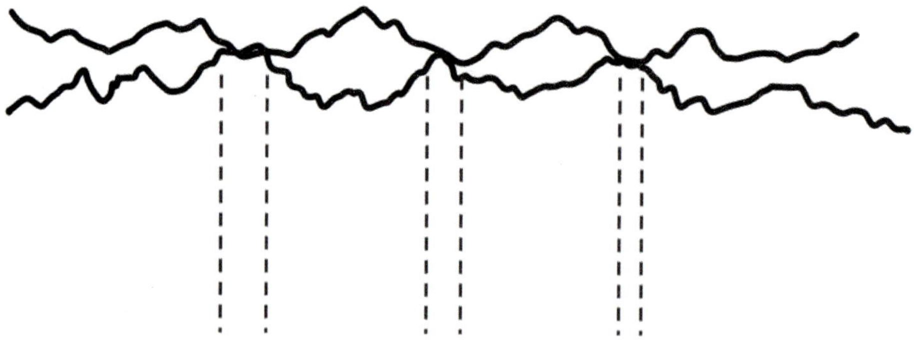

그림 3.7 국부적으로 형성되는 실제 접촉면의 개략도

Bowden과 Tabor는 건조마찰(dry friction) 조건에서 마찰력 중, 응착력에 관한 항을 다음과 같이 정의하였다.

$$F_a = A_r \tau \tag{3.6}$$

A_r은 실제 접촉면적이며, τ는 계면전단강도(interfacial shear strength)이다. 만약, 계면전단강도가 상수라고 가정하면, 응착력에 의한 마찰력 F_a는 실제 접촉면적 A_r에 비례한다고 할 수 있다. 이 식은 만약 실제 접촉면적을 감소시킬 수 있다면 응착력에 의한 마찰성분을 줄일 수 있다는 것을 의미한다. 실제로도 실제 접촉면적의 감소가 마찰력의 감소로 이어지는 연구사례는 다수 발표된 바 있다 [8,9].

만약 계면에 윤활막이 존재한다면, 돌기사이의 접촉부위의 결합형태도 달라지게 되므로 계면전단강도는 윤활이 일어나는 부위와 그렇지 않은 부위가 필연적으로 다른 값을 갖게 된다. 이를 식으로 표현하면 다음과 같다.

$$F_a = A_r\{\alpha\tau_d + (\alpha - 1)\tau_l\} \tag{3.7}$$

이때, α는 윤활이 적용되지 않은 부위의 비율, τ_d, τ_l 은 각각 건조마찰조건과 윤활조건에서의 계면전단강도이다. 대체로 윤활조건에서의 계면전단강도는 건조마찰조건에서의 계면전단강도보다 낮으며, 윤활막의 두께가 클수록 이러한 경향은 더 두드러지게 나타난다. 건조마찰 상태에서 응착력에 의한 마찰계수 항은 다음과 같이 기재할 수 있다.

$$\mu_a = \frac{F_a}{N} = \frac{A_r \tau_d}{N} = \frac{\tau_d}{p_r} \quad (3.8)$$

이때, N은 수직하중, p_r은 수직하중 N을 실제 접촉면적 A_r로 나눈 평균 실접촉압력이다. 탄성변형 구간은 수직하중과 접촉면적 사이의 관계가 조건에 따라 다소 복잡할 수 있으므로, 잠시 논외로 하고, 소성변형 구간에 대해서 우선 고려해보기로 하자. 소성변형이 일어나는 조건에서는 표면에 가해지는 접촉압력이 경도(hardness)와 같다고 가정할 수 있다. 따라서 위의 식에서 평균 실접촉압력 p_r을 경도 H로 치환하여 다음과 같이 쓸 수 있다.

$$\mu_a = \frac{\tau_d}{p_r} = \frac{\tau_d}{H} \quad (3.9)$$

재료의 경도 H는 대개 상수로 간주할 수 있으며, 계면전단강도 τ_d는 접촉한 두 재료 중, 강도가 더 낮은 재료의 bulk shear strength를 넘어설 수 없고, 항복 이론에서는 일반적으로 연성 금속의 경우 경도는 bulk shear strength의 약 5배 정도라고 가정하므로 위의 식을 다시 쓰면 μ_a는 0.2 이하가 된다는 결론을 내릴 수 있다. 그러나, 이 식은 지나치게 단순화되어 있으며, 소성변형 범위에서 실제로는 이보다 큰 마찰계수(작게는 0.3, 크게는 1 이상)가 흔히 측정된다. 일부 가정이 포함되어 있기는 하나, 이처럼 이론적 예측값과 실제 실험값에 괴리가 큰 것은 순전히 응착력에 한정하여 분석을 수행했기 때문이다. 실제로는 마찰에 영향을 미치는 요소가 매우 많으므로(표면의 변형, 마모입자에 의한 기계적 걸림현상 등) 이를 함께 고려할 필요가 있다.

탄성구간에 대해서 고려할 경우, Hertz 접촉이론에 의거하여 접촉면적 A는 수직하중 P의 2/3승에 비례하는 것으로 간주할 수 있다. Hertz 접촉이론은 몇몇 형상의 물체 사이의 접촉을 다루는데, 대표적으로 구(sphere)와 구 사이의 접촉, 원통(cylinder)과 원통사이의 접촉을 예로 들 수 있다. 구의 접촉은 접촉점을 중심으로 원형의 접촉면을 형성하며, 이때 접촉면의 반지름, 접촉압력, 수직방향의 변형량 등을 식으로 쉽게 계산할 수 있다. 구 사이의 접촉에 대해서 알아보면, 두 개의 구가 만나 변형을 통해 일정한 면적의 접촉면을 형성하게 된다. 이때, 접촉면의 형상은 원형이며, 원의 반지름을 ‘a’ 라고 표기하도록 한다. 접촉면의 반지름 a는 다음과 같이 계산할 수 있다.

$$a = \left(\frac{3NR}{4E^*}\right)^{\frac{1}{3}} \tag{3.10}$$

이때, P는 수직하중, R은 유효반경 (effective radius), E^*는 유효탄성계수 (effective modulus) 이다. 유효반경과 유효탄성계수는 다음과 같이 계산한다. 여기서 R_1, R_2는 구형물체 1과 2의 반지름, E_1, E_2는 구형물체 1과 2의 탄성계수, v_1, v_2는 구형물체 1과 2의 푸아송 비 (poisson's ratio)를 의미한다.

$$\frac{1}{R} = \frac{1}{R_1} + \frac{1}{R_2}$$
$$\frac{1}{E^*} = \frac{1-\nu_1^2}{E_1} + \frac{1-\nu_2^2}{E_2} \tag{3.11}$$

이 값을 토대로 접촉면적을 계산하면

$$\pi a^2 = \pi\left(\frac{3NR}{4E^*}\right)^{\frac{2}{3}} \tag{3.12}$$

$$A = \pi a^2 \propto N^{\frac{2}{3}} \tag{3.13}$$

따라서,

$$\mu_a = \frac{F_a}{N} = \frac{A\tau_d}{N} \propto \frac{N^{\frac{2}{3}}\tau_d}{N} \propto \frac{1}{N^{\frac{1}{3}}} \tag{3.14}$$

소성 구간에 대한 식과 비교해보면, 마찰계수가 수직하중의 변화에 따라 달라질 것을 암시하는 식이 되었음을 알 수 있다. 다만, 이는 우리가 익히 알고 있는 고전마찰법칙인 마찰력과 수직하중사이의 비례관계와 다른 결과인데, 여기에는 한가지 간과한 사실이 숨어있다.

Hertz 접촉이론은 기본적으로 표면거칠기를 고려하지 않으며, 따라서 해당 이론을 통해 도출된 접촉면적은 실제 접촉면적과 다를 수 있다. 다양한 실험과 수치해석 연구들을 통해 단일돌기(single asperity) 접촉 상황에서는 실제 접촉면적과 하중 사이의 상관관계가 식 (3.13)과 같이 나타난다는 사실이 밝혀진 것에 비하여 표면거칠기로 인하여 다수의 돌기(multi asperity)가 접촉하는 상황에서는 대체로 실제 접촉면적과 수직하중 사이에 비례관계가 나타남이 밝혀졌다 [8,10]. 이러한 현상의 이유를 간단하게 설명하자면, 다수의 돌기가 접촉하는 조건에서는 하중이 증가할 경우 기존의 접촉중인 돌기들의 접촉면적이 증가함과 동시에 끊임없이 새로운 돌기들의 접촉면이 생성되기 때문이다. 실제 우리가 일상에서 접하는 거의 모든 기계요소들의 접촉상황은 단일돌기접촉이 아니라 다수의 돌기가 접촉하는 조건으로 간주할 수 있다. 따라서, 표면의 거칠기나 형상을 특별한 의도를 가지고 가공하지 않는 이상, 대부분의 기계요소는 하중이 증가함에 따라서 접촉면적이 비례하여 증가하는 것이 일반적이다. 이 경우, 응착력에 의한 마찰성분은 접촉면적과 비례하므로 결국 마찰력과 수직하중 사이에 비례관계가 성립하게 된다. 물론 이러한 설명은 응착력에 의한 마찰성분 이외의 것들을 무시한 것이므로 정확하다고 할 수는 없으나, 거시적인 스케일에서 고전 마찰법칙이 잘 맞는 것처럼 보이는 이유를 설명하는 하나의 기준이 될 수 있을 것이다.

한편, 식 (3.4)에서 마찰에 영향을 미치는 요소 중 나머지 하나로 제시된 변형에 의한 마찰성분에 대해 알아보도록 하자. 접촉상황에서의 변형은 마이크로 스케일에서 돌기의 소성변형이나, 그 보다 거시적인 관점에서의 plowing(경우에 따라서는 ploughing이라고도 기재하나 보통 구분없이 사용함)을 고려할 수 있다. Plowing은 접촉하고 있는 두 물질 중 한쪽의 경도가 상대면보다 더 높아서 연질의 면을 경도가 높은 돌기가 파고든 뒤, 상대운동 과정에서 마치 길다란 밭고랑을 내듯 변형을 야기하는 현상을 의미한다. 이러한 plowing 현상이 발생할 때에는 수평방향으로 변형에 저항하는 힘이 발생하며 이 힘은 곧 마찰력으로 작용하게 된다. Plowing 현상은 돌기들뿐만 아니라 마모입자에 의해서도 발생할 수 있고, 그 결과 기계적 걸림현상을 야기하여 마찰력을 상당히 증가시키는 요인이 되기도 한다.

Plowing에 의한 마찰성분을 단순하게 모델링 하기 위해서는 plowing을 일으키는 돌기의 형상을 단순화하여 고려하는 것이 필요한데, 보통 콘(cone)이나 반구(hemi-sphere) 형상으로 간주하는 것이 일반적이다. 그림 3.8을 살펴보면 콘과 반구형태의 돌기가 상대면을 파고들어 밭고랑과 같은 형상의 그루브(groove)를 형성하는 개략도를 확인할 수 있다. 이때, 돌기의 후면은 이미 재료가 변형되었고, 돌기가 진행하는 방향으로는 돌기와 바닥면이 서로 접촉하고 있는 상태이다. 따라서 두 재료의 접촉면은 돌기를 수직방향으로 바라보았을 때 반원형이 된다는 것을 유추할 수 있다. 즉, 수직 방향으로 바라보았을 때, 접촉면적 A_p은 다음과 같다.

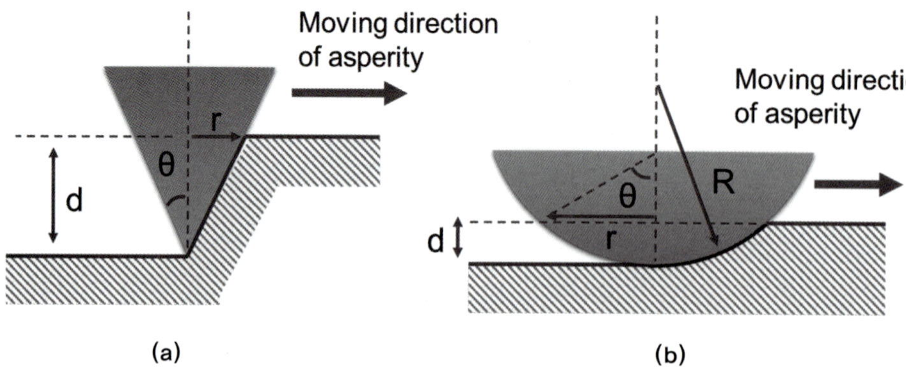

그림 3.8 Plowing 현상을 나타낸 (a) 개략도 콘 형태의 돌기에 의한 plowing (b) 반구형태의 돌기에 의한 plowing

$$A_p = \frac{1}{2}\pi r^2 \tag{3.15}$$

한편, 돌기가 진행하는 방향으로 매 순간 제거하거나 변형시켜야 하는 재료의 면은 콘 형태의 돌기일 경우 삼각형, 반구형태의 돌기일 경우에는 호와 현으로 둘러싸인 활꼴의 형태가 된다. 우선 콘 형태의 돌기를 가정하면 돌기의 진행방향으로의 접촉면적 A_h은

$$A_h = 0.5 \times 2rd = r^2 cot\theta \tag{3.16}$$

소성변형을 일으키는 상황이므로 각 면에 가해지는 압력은 항복응력(yield strength)에 준하는 압력 p라고 가정하면, 이때 수직하중 N과 마찰력 F, 그리고 마찰계수 μ는 다음과 같이 기재할 수 있다.

$$N = pA_p \tag{3.17}$$

$$F = pA_h \tag{3.18}$$

$$\mu = A_h/A_p = 2cot\theta/\pi \tag{3.19}$$

이 식만 놓고 살펴보면, plowing에 의한 마찰성분은 접촉하는 돌기의 각도 θ값이 작을수록 커지게 될 것임을 예상해볼 수 있다. 즉, 날카로운 돌기들이 존재할수록 마찰계수는 증가하고 반대로 뭉특한 돌기들이 존재할 경우에는 마찰계수가 상당히 낮게 나타날 것이다. 이 식에서 마찰계수를 결정짓는 것은 오로지 돌기의 각도이므로 단순히 임의의 각도값인 10°와 80°를 대입해보면, plowing에 의한 마찰계수는 각각 3.61과 0.11로 계산된다.

이번에는 반구형태의 돌기의 경우를 살펴보자. 콘 형태 돌기의 경우와 유사하게 수직방향과 수평방향으로의 접촉면적을 계산해야하는데, 수직방향의 면적은

$$A_p = \frac{1}{2}\pi r^2 \tag{3.20}$$

그리고 수평방향의 면적은

$$A_h = 0.5 \times R^2(2\theta - sin2\theta) \tag{3.21}$$

식을 간단하게 만들기 위해 sin 함수를 테일러 급수로 전개하되, 2번째 항까지만 사용하면

$$sin2\theta = 2\theta - \frac{(2\theta)^3}{3!} + \cdots \tag{3.22}$$

수평방향의 면적 식이 다음과 같이 간단하게 표현될 수 있다.

$$A_h \sim \frac{2}{3} R^2 \theta^3 \tag{3.23}$$

만약 θ가 비교적 작은 값이라고 가정하면 $\sin\theta \sim \theta$로 치환할 수 있는데, $\sin\theta = r/R$ 이므로 수평방향의 면적 식은 다시 다음과 같이 정리될 수 있다.

$$A_h \sim \frac{2}{3} r^3 / R \tag{3.24}$$

콘형태 돌기의 경우와 마찬가지의 요령으로 마찰계수를 구해보면

$$\mu = \frac{A_h}{A_p} = \frac{4}{3} \frac{r}{R\pi} \tag{3.25}$$

반구형태 돌기의 반지름 R이 커지면 마찰계수는 감소하고, 돌기가 깊이 압입하여 r이 커지면 마찰계수는 증가하는 형태의 식임을 알 수 있다.

콘형태 및 반구형태의 돌기가 plowing을 일으키는 상황은 매우 비현실적이며 접촉압력도 단순히 항복강도로 단순화하여 계산한 결과인 만큼, 이러한 식을 정확한 마찰계수를 추정하기 위한 식으로 활용하는 것은 다소 부적합하다고 할 수 있으나, plowing에 의한 마찰이 어떠한 요소에 의하여 영향을 받는지 이해하기 위한 통찰을 제공한다는 점에서는 그 의의를 찾을 수 있다. Plowing에 의한 표면 변형으로 야기되는 마찰성분을 최소화하기 위해서는 우선 표면거칠기를 가급적 감소하는 것이 중요하며, 접촉하는 두 물질 중 어느 한쪽이 지나치게 기계적 강도가 낮아 변형이 쉽게 일어나도록 하지 않는 것이 필요하다. 또한 plowing 현상은 돌기 외에도 미모입자에 의해서 일어날 수 있으므로 마모입자를 제거할 수 있는 설계가 도입될 필요가 있다.

3.2.2 마찰 현상에 영향을 미치는 요인

마찰에 영향을 미치는 요소는 수직하중, 재료의 기계적 물성, 환경(온도, 습도), 상대운동 속도 등 매우 다양하다. 이러한 요소가 영향을 미치는 양상은 항상 일정하지 않으며 서로 다른 요소의 상호작용에 의하여 시스템마다 다르게 나타날 가능성이 매우 높다. 각각의 요소가 마찰에 어떠한 영향을 미칠 수 있는지 살펴보도록 한다.

(1) 수직하중

고전 마찰이론에 따르면 수직하중과 마찰력은 서로 비례관계에 놓여있는 요소들이다. 따라서 수직하중이 변화한다고 해도, 마찰계수는 항상 일정해야 한다. 그러나, 실제 현상은 이와 매우 다르며 심지어 상황에 따라 경향이 크게 달라진다(그림 3.9). 마찰계수가 하중에 무관하게 일정하게 나타나는 경우가 있는가 하면, 하중이 증가함에 따라 마찰계수도 증가하는 경우도 있으며, 반대로 하중이 증가할 때 마찰계수가 감소하는 경우도 종종 나타난다. 예를 들어 공기중에서 구리가 서로 접촉하여 상대운동하는 경우를 가정해보자. 구리는 공기에 노출될 경우 쉽게 산화막을 형성하는데, 구리산화막은 대체로 낮은 전단강도를 가져 마찰을 낮추는 효과를 갖는다. 그러나 하중이 증가할 경우, 산화막이 쉽게 파괴되어 산화막에 의해 제공되던 마찰저감효과가 더 이상 나타나지 않으므로 마찰이 증가하는 현상이 나타나게 된다(그림 3.9(b)) [11]. 반면, 수직하중이 증가함에 따라 마찰계수가 감소하는 현상도 나타날 수 있다. 이러한 현상은 응착력이 크게 작용하거나 접촉하는 돌기의 개수가 하중에 따라 크게 변화하지 않는 경우, 혹은 증가된 하중조건에서 마찰 및 마모현상이 표면거칠기를 변화시킬 경우 등의 상황에서 나타날 수 있다 [12].

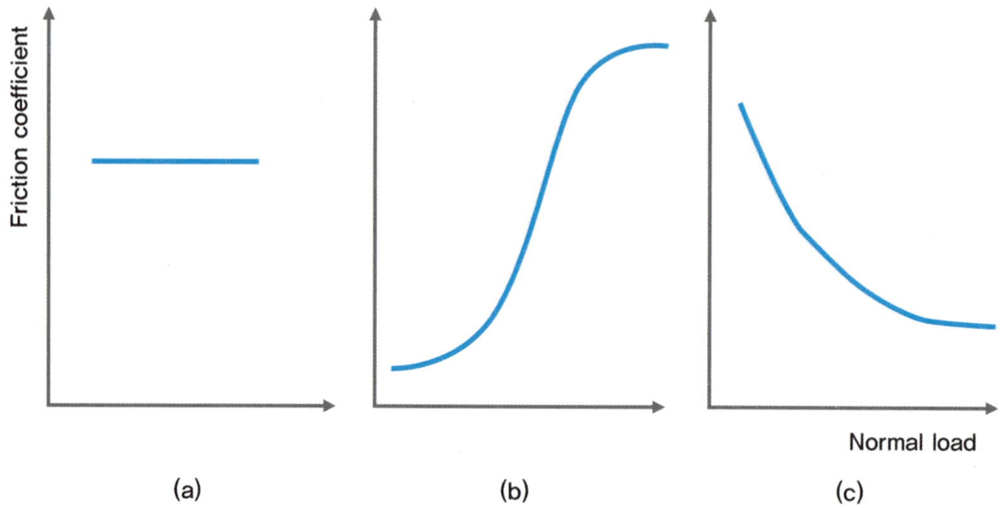

그림 3.9 **수직하중 변화에 따른 마찰계수의 변화**

(2) 상대운동속도

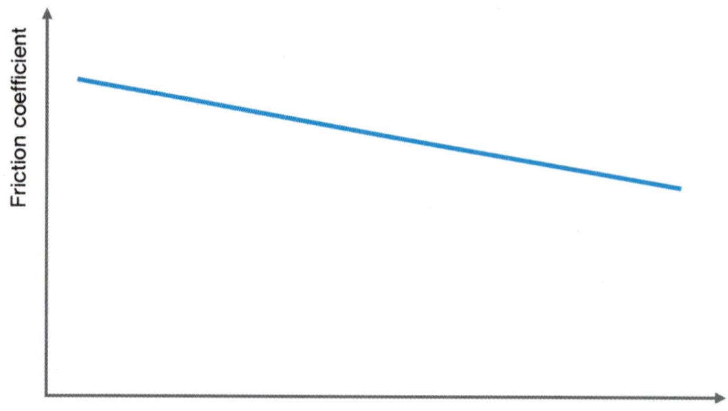

그림 3.10 **상대운동 속도와 마찰계수의 상관관계 개략도**

고전 마찰이론에서는 상대운동 속도와 마찰력은 무관하다고 언급하였으나, 실제로는 속도에 의해 마찰계수가 달라지는 현상이 나타난다. 다만, 속도변화의 범위가 상당히 넓을 때 관찰할 수 있는 현상이다(그림 3.10). 대개는 상대운동 속도가 증가할 때, 마찰계수가 감소하는 경향을 나타낸다. 상당히 많은 연구에서 이러한 경향을 보고한 바 있는데, 대부분 속도변화의 범위가 매우 넓어 log 스케일로 표현한 것이 대부분이다. 즉, 상대운동 속도가 작게는 수십배에서 크게는 수만배까지 달라질 때, 마찰계수의 변화는 크지 않으나 (수십 % 이하), 마찰력과 완전히 무관하지는 않음이 수많은 연구를 통해 입증되었다. 상대운동속도와 마찰사이의 상관관계에 대한 설명은 다양하지만, 그 중에서 널리 인용되는 설명을 살펴보면 다음과 같다. 상대운동속도가 증가할 경우, 전단변형률이 높아지고, 상당수의 재료가 높은 변형률 조건에서 기계적 강도가 증가하는 경향을 고려할 때, 높은 상대운동속도는 접촉면의 기계적 강도를 높이는 작용을 하게 된다. 재료의 기계적 강도가 증가할 경우, 동일한 수직하중에 대해서 변형이 적게 일어나므로 실제 접촉면적이 감소하게 되고 이는 곧 마찰의 감소로 이어지게 된다.

반대로 상대운동속도가 증가함에 따라 마찰력 또한 증가하는 경우도 보고되고 있는데, 높은 속도에 의한 재료의 점성저항으로 에너지가 소산되어 마찰이 증가하거나 열적 거동 및 기계적 공진에 의한 것이라고 설명하기도 한다 [13,14].

(3) 표면 거칠기

표면 거칠기도 마찰에 영향을 크게 미치는 요소 중 하나로 잘 알려져 있다. 표면 거칠기는 실제 접촉면적과 표면의 변형 모두에 직접적으로 연관되어 있는데, 예를 들어 표면거칠기가 매우 작은 경우에는 실제 접촉면적이 매우 커지게 된다. 그로 인하여 응착력에 의한 마찰이 증가하는 현상이 일어날 수 있다 (그림 3.11 (a)). 반대로 표면거칠기가 커지면 실제 접촉면적은 매우 작아지지만, 반대로 표면돌기의 기계적 걸림현상 (mechanical interlocking)으로 인한 표면 및 돌기의 변형과 plowing 현상에 의해 마찰이 증가할 수 있다 (그림 3.11 (b)). 따라서 표면거칠기를 적절하게 관리해야만 마찰을 원하는 수준으로 제어할 수 있다. 그림 3.12를 살펴보면 표면거칠기와 마찰계수의 관계를 대략적으로 나타내고 있는데, 거칠기가 지나치게 작은 경우에는 응착력에 의한 마찰의 증가로 전체적인 마찰계수가 크게 나타나고, 반대로 거칠기가 매우 큰 경우에는 변형에 의한 마찰 증가현상이 나타나며, 적당한 수준의 거칠기 조건일 때 마찰이 낮은 모습을 확인할 수 있다.

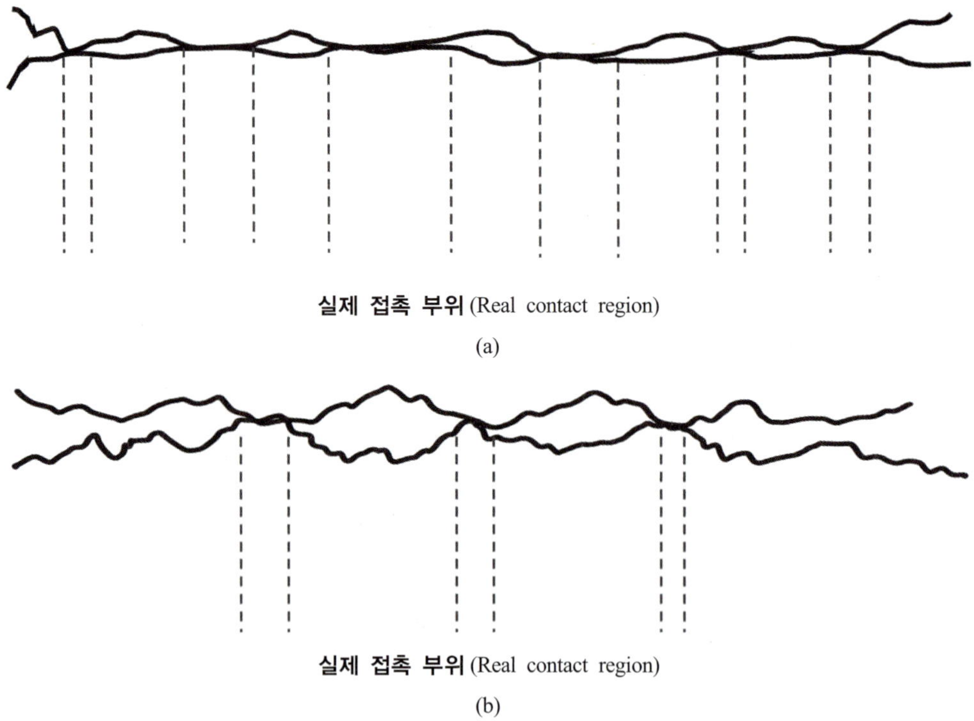

그림 3.11 **표면거칠기에 따라 달라지는 실제 접촉면적의 변화**
(a) 표면거칠기가 작은 경우 (b) 표면거칠기가 큰 경우

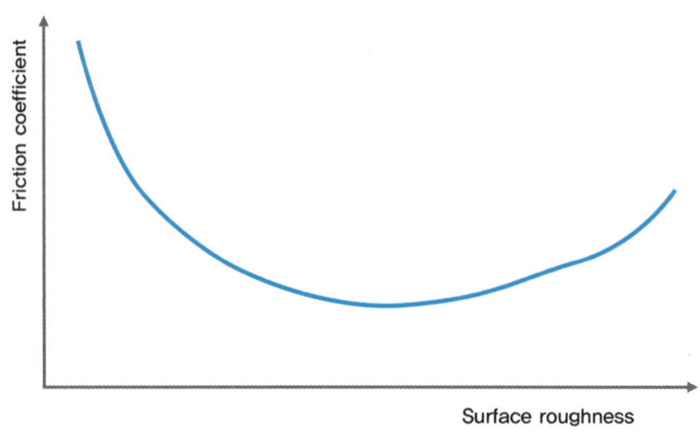

그림 3.12 **표면 거칠기와 마찰계수의 상관관계 개략도**

(4) 습도

재료에 따라서는 습도 역시 마찰에 영향을 미치는 요인으로 작용한다. 이황화몰리브덴(MoS_2)은 고체윤활제로 잘 알려져 있는 저마찰 소재인데, 일반적인 대기환경보다는 진공

이나 비활성 가스에서 마찰저감 효과가 더 우수한 것으로 알려져 있다. 특히 습도가 높은 공기중에서는 마찰저감 효과가 저하되는데, 이는 산화에 의해 이황화몰리브덴의 구조가 바뀌기 때문이다. 산화가 일어날 경우 MoS_2에서 MoO_3로 구조가 바뀌게 되어 마찰저감 효과가 사라지게 된다. 이러한 경향이 그림 3.13에 잘 나타나 있다.

반대로 흑연의 경우 상대습도가 증가할 때 마찰이 저감된다는 사실이 많은 연구를 통해 발표된 바 있는데, 이는 흑연의 dangling bond가 물분자와의 결합을 토대로 OH기 혹은 H기로 인해 비활성화 되기 때문으로 알려져 있다 [15].

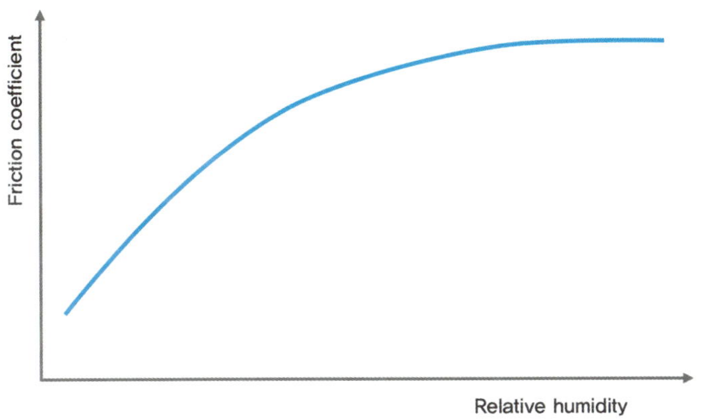

그림 3.13 **습도가 마찰계수에 미치는 영향의 개략도**

(5) 마모입자

마모입자 역시 마찰에 직접적으로 영향을 미치는 요인 중 하나이다. 마찰이 일어나면 필연적으로 마모 역시 진행되는데, 마모입자가 발생하여 접촉면 사이에 개입될 경우 기계적 걸림현상에 의해 마찰이 증가하게 된다. 그러나 마모입자에 의한 마찰력의 증가는 비가역적인 것은 아니며, 마모입자를 제거할 경우 일시적으로 마찰이 저감하는 경향은 많은 연구를 통해 밝혀진 바 있다. 그림 3.14를 살펴보면 시간이 지남에 따라 마모입자가 발생하여 마찰계수가 증가하는 모습을 확인할 수 있다. 특정 시점에서 마모입자를 제거하자 마찰계수가 초기상태에 가깝게 감소하였다가 다시 시간이 흐르면서 마모입자가 생성되어 마찰계수가 증가하는 모습을 나타내고 있다 [16].

다르게 생각하면, 마찰력을 저감시키기 위해서는 끊임없이 발생하는 마모입자를 접촉면에서 제거하는 전략이 필요하다는 것을 알 수 있다.

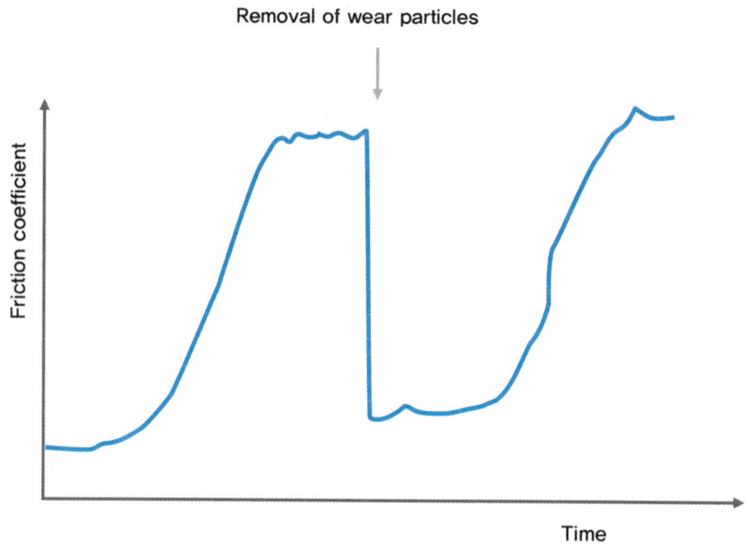

그림 3.14 마모입자의 발생과 제거가 마찰계수에 미치는 영향의 개략도

(6) 재료의 결정구조

재료의 종류와 다양한 조건에 따라 재료의 결정구조가 달라지게 되는데, 예를 들어 탄소를 포함한 철합금의 경우 상온에서는 체심입방격자구조를 이루지만, 온도가 올라가면 오스테나이트(austenite)라고 불리는 상으로 상변화가 일어나면서 면심입방격자로 결정구조가 변화하게 된다. 오스테나이트 상태의 철합금을 급냉시키면 무확산 상변화에 의하여 체심정방구조(body centered tetragonal)인 마르텐사이트로 변화하게 된다. 이러한 상변화가 일어날 때 철합금은 조성의 변화는 없지만 기계적, 화학적 성질이 크게 달라지게 된다. 예를 들어 마르텐사이트는 높은 경도를 가지므로 페라이트구조의 철합금에 비하여 월등한 내마모 특성을 나타낼 수 있다.

앞서 언급하였듯, 면심입방격자와 육방조밀구조는 결정구조의 밀도가 동일한 유사한 배열이지만 배열의 순서가 일부 다른 차이점을 가지고 있는데, 바로 이 배열의 차이로 인하여 마찰 및 마모특성이 달라지기도 한다. 대체로 면심입방격자는 슬립계(slip system)의 개수가 육방조밀구조에 비해 더 많아 쉽게 소성변형을 일으키는 특성을 가지고 있는데, 이로 인하여 육방조밀구조를 지닌 재료가 면심입방격자구조에 비해 내마모특성이 더 좋은 경우가 많다 [17].

또 다른 예시로는 다이아몬드와 흑연을 들 수 있다. 다이아몬드와 흑연은 모두 탄소로 구성된 물질이지만, 결정구조가 다른 동소체(allotrope)이다. 동일한 원소로 구성된 물질

임에도 두 재료는 전혀 다른 기계적 성질을 보여주는데, 주된 원인은 결정구조의 차이이다. 다이아몬드는 탄소가 4개의 이웃 탄소와 입체적으로 공유결합하는 사면체 구조의 연속된 형태를 가지며 강한 공유결합에 의하여 매우 우수한 기계적 강도를 가진다. 반면, 흑연은 탄소가 3개의 이웃탄소와 평면적으로 결합하여 육각형의 판상구조를 지니는데, 흑연의 층과 층 사이의 결합은 약한 반데르발스 결합으로 구성되어 있어 쉽게 전단되거나 분리되는 특징을 나타낸다. 이로 인하여 흑연은 고체윤활제(solid lubricant)로 종종 사용되곤 한다.

3.2.3 스틱슬립(Stick-slip)현상

스틱슬립 현상은 두 물체가 상대운동할 때, 물체를 이동시키기 위해 필요한 마찰력이 일정하지 않고 이동거리 혹은 시간에 따라 주기적으로 변화하여 물체의 거동이 불연속적으로 일어나는 현상을 의미한다(그림 3.15). Stick-slip이라는 용어는 Bowden과 Leben에 의해 제안되었다. 이 용어는 현상의 양상을 그대로 나타낸 것으로, 후술할 어떠한 이유로 인하여 물체가 상대운동하지 못하고 정지상태로 유지하는 'stick phase', 그리고 일정 조건에 의하여 상대운동하는 'slip phase'를 나타내는 것이다. Stick phase는 물체가 움직이지 못하고 정지한 상태이므로, 이 구간에서는 물체를 당기는 힘이 정지마찰력을 넘어서지 못함을 의미한다. 따라서 마찰력(엄밀히 말하면 당기는 힘)이 정지마찰력에 도달할 때까지 지속적으로 증가하게 된다. 마찰력이 정지마찰력에 도달하면 물체는 순간적으로 움직이기 시작하며 이 구간을 slip phase라고 부르는데, 이 구간동안 마찰력은 감소하고 종국에는 물체는 다시 정지상태에 돌입하게 된다. 이렇게 stick과 slip을 반복하는 현상을 스틱슬립이라고 부르며, 대체로 마찰력이 큰 경우나 물체를 상대운동시키는 기계요소의 강성이 낮은 경우에 이러한 현상이 일어나기 쉽다.

스틱슬립 거동은 대개 기계시스템의 진동을 유발하고, 진동으로 인한 소음이나 의도치 않은 작동상태를 야기하므로 방지해야만 한다. 이를 위해서는 기계요소의 강성을 높이거나, 감쇠특성을 개선하고, 윤활막의 적용을 통해 정지마찰과 운동마찰의 차이를 저감하는 등의 방법을 적용할 수 있다.

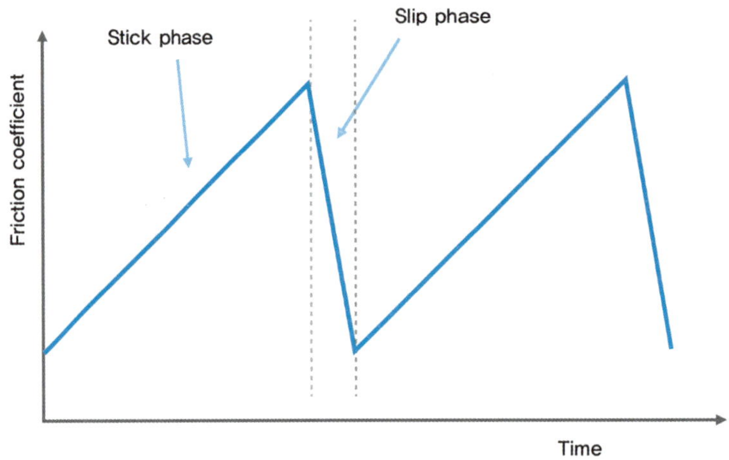

그림 3.15 **Stick-slip 현상이 일어날 때 마찰력의 변화 개략도**

3.3 마찰/마모 시험장치

마찰 및 마모를 측정하기 위한 시험장치를 통칭 트라이보미터 (tribometer)라고 부른다. 어떠한 시스템의 트라이볼로지 특성을 측정하기 위한 가장 기본적인 시험장치이며, 시험하고자 하는 대상 시스템의 특성에 따라 세심한 기준을 가지고 선정해야 한다 [18]. 예를 들어, 자동차의 브레이크에 대한 연구를 수행한다고 가정하면, 회전하는 바퀴에 마찰력을 인가하는 시스템이므로 왕복운동 방식의 트라이보미터보다는, 회전방식의 트라이보미터를 선정하는 것이 실제 시스템의 특성을 파악하는 데에 있어 합리적이다. 또 다른 예로, 우주공간에서 사용되는 기계요소를 시험하기 위해서는 진공환경을 조성할 수 있는 트라이보미터를 선정해야한다. 만약, 그러한 환경조성을 할 수 없는 트라이보미터를 사용한다면 대기환경이 마찰면과 상호작용하므로 우주공간에서 일어나는 현상과는 동떨어진 결과를 도출할 가능성이 매우 높다.

3.3.1 Tribometer의 종류

트라이보미터는 실험실 수준에서 작동하는 벤치탑 장비부터, 크게는 산업현장에서 활용하는 기기를 일부 수정하여 트라이볼로지적 특성을 측정할 수 있도록 하는 것에 이르기까지 그 종류가 매우 다양하다. 거의 대부분의 트라이보미터는 크기가 상대적으로 작은 실험실 수준의 장비들이다. 1970년대 미국 트라이볼로지 학회에서 243 종류의 트라이보미터가 존재한다고 발표한 전례가 있으니, 그로부터 수십년이 지난 지금 트라이보미터의 종류는 훨씬 다양할 것이라고 예측해볼 수 있다. 물론 각기 다른 설계가 트라이보미터의 근본적인 메커니즘의 차이를 의미하는 것은 아니므로, 수많은 종류의 트라이보미터 중에서 실질적으로 유의미한 설계의 차이는 많지 않다고도 할 수 있다. 그럼에도 불구하고 마찰 및 마모현상의 복잡성과 시스템 의존성은 다양한 형태의 시험장치에 대한 요구로 이어진다고 할 수 있다.

가장 대표적인 트라이보미터로는, 윤활유의 시험에 활용되는 4-볼 시험기(4-ball tester)를 예로 들 수 있다. 4볼 시험기는 그림 3.16(a)와 같이 3개의 볼을 삼각형의 형태로 배치하여 컨테이너에 담고 나머지 1개의 볼을 그 위에 올려 체결한 뒤, 수직하중을 인가한 채로 회전시킴으로써 상단의 1개의 볼과 하단의 3개의 볼이 상대운동하도록 한다. 만약 윤활이 적절하게 이루어진다면, 상단의 볼과 하단의 볼이 접촉하는 3개의 지점에 마모가 매우 적게 나타날 것이며, 반대로 윤활이 부적절 하다면 3개 지점에 상대적으로 커다란 마모가 발생하게 된다. 이때 마모면의 크기를 토대로 윤활성능을 상대적으로 비교할 수 있는 장치가 4볼 시험기이다. 4볼 시험기는 ASTM 규격(ASTM D 2783 등)이 제시되어 있으므로 규정된 크기의 볼(지름 12.7 mm)을 사용하고, 규정된 회전속도를 준수하여 시험을 수행한다.

또 다른 대표적 트라이보미터로는, 핀-온-디스크 시험기(pin-on-disc tribometer)가 있다. 가장 널리 쓰이는 시험장치 중 하나이며, 그림 3.16(b)와 같이 핀(혹은 볼)을 디스크와 중심부로부터 일정 거리만큼 떨어지도록 하여 접촉시키고, 핀에 수직하중을 인가한 채 디스크를 회전시켜 핀과 디스크 사이에 마찰 및 마모가 발생하도록 한다.

왕복동 마찰시험기(pin-on-reciprocator tribometer) 역시 널리 쓰이는 시험장치이다. 그림 3.17에서 보는 바와 같이 선형으로 움직이는 액츄에이터를 이용하여 시편이나 볼을 왕복운동시켜 마찰을 일으키는 구조로 이루어져 있다. 핀-온-디스크 마찰시험기와 비교하면, 운동방향이 지속적으로 역전되는 특징이 있어 검출신호 역시 매 사이클 진동하는 형태로 획득된다. 이러한 특징은 마찰력을 계산하기 위한 추가적인 프로세스가 요구됨을 의미한다. 그림 3.18은 왕복동 마찰시험기로부터 획득한 마찰력 신호의 예제이며, 마찰력 0을 중심으로 양수와 음수를 반복적으로 오가는 마찰력이 얻어짐을 알 수 있다. 마찰력 분석을 위해서는 음의 마찰력을 전부 양수로 변환해 주어야 한다. 왕복동 마찰시험기로부터 획득되는 마찰신호를 시간 대신 위치의 절대좌표 기준으로 표현하면 friction loop를 구성할 수 있는데, 이것을 토대로 위치에 따른 마찰의 변화 거동을 보다 편리하게 분석할 수 있다.

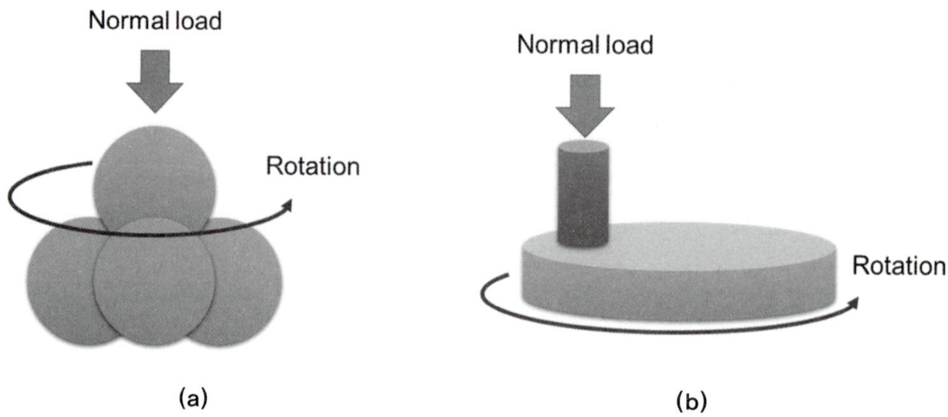

그림 3.16 대표적 트라이보미터의 개략도 (a) 4볼 시험기, (b) pin-on-disk 타입의 시험기

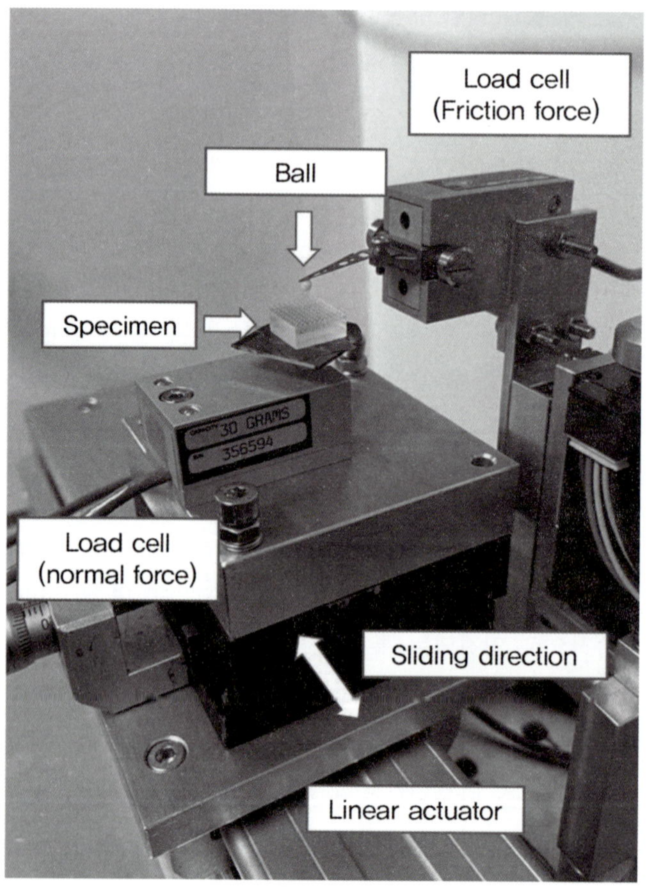

그림 3.17 왕복운동 마찰시험장치의 사진

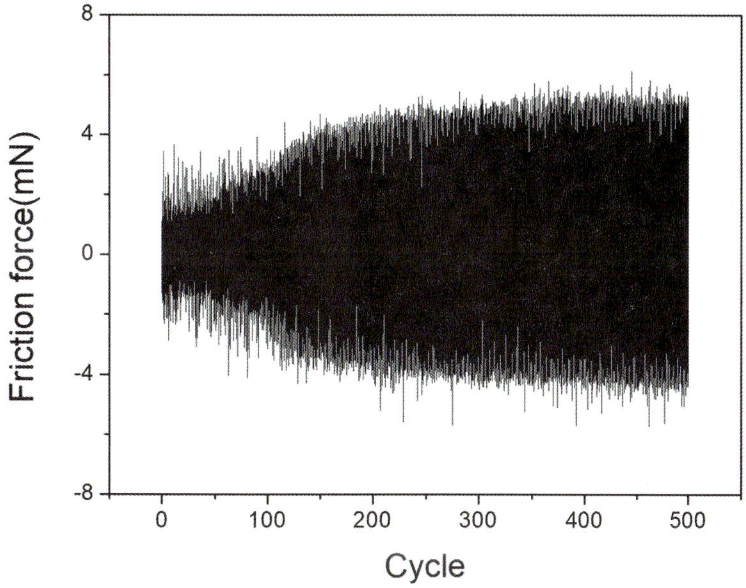

그림 3.18 왕복동 마찰시험기로부터 획득한 마찰신호의 예

3.3.2 마찰측정 원리

이와 같은 트라이보미터에서는 마찰력을 측정하기 위해서, 다양한 형태의 센서를 활용한다. 대표적으로는 압전소자(piezoelectric material)를 활용한 센서와, 스트레인 게이지(strain gauge)를 활용한 센서가 있다. 압전소자는 압력이 가해질 때 전하를 방출하는 특성을 바탕으로 하중을 전기신호로 변환할 수 있다. 이 전기신호를 교정작업(calibration)을 바탕으로 하중값으로 변환 기록함으로써, 마찰력을 획득할 수 있게 된다. 압전소자는 높은 주파수로 신호를 측정할 수 있으므로, 마찰력의 빠른 변화를 추종할 수 있고 높은 민감도로 측정을 할 수 있다는 장점을 지니고 있다. 그러나 가격이 매우 비싸고 온도나 진동에 취약하다는 단점 때문에 널리 사용되지는 않는다.

또 하나의 센서로는 스트레인 게이지를 이용한 전통적인 로드셀(loadcell)이다. 압전소자에 비해서 상대적으로 매우 저렴하며 로드셀의 디자인에 따라 매우 넓은 범위의 마찰력 측정이 가능하므로 일반적인 용도로 널리 사용된다. 스트레인 게이지는 인장과 압축에 따라 저항이 변화하는 소자이다. 보통, 보(beam)와 같은 부재에 부착하여 사용한다. 보에 하중이 가해질 때 보의 굽힘현상이 일어나고, 그로 인하여 스트레인 게이지는 인장하거나, 압축하는 거동을 겪게 된다. 이로 인하여 스트레인 게이지의 저항이 변화하게 되는데, 스트레인 게이지에 전류를 흘려 저항 변화에 의한 신호를 획득함으로써 하중의 크기를 측정할 수 있다. 대개 4개의 스트레인 게이지를 활용하는 풀 브리지 (full bridge) 회로를 널리 이용하는데, 이렇게 풀 브리지 회로를 구성하게 되면 온도변화와 같은 환경 요인을 일부 보상할 수 있다는 장점이 있다.

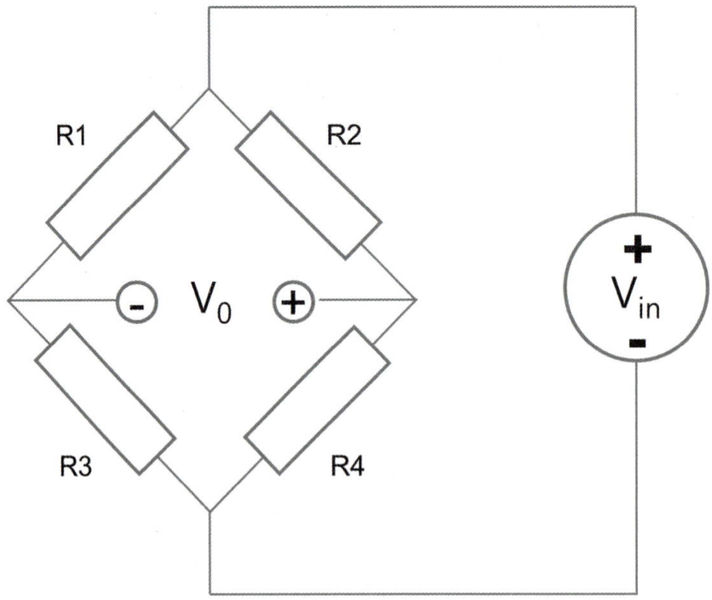

그림 3.19 **풀브리지 회로의 개략도**

참고문헌

[1] Liu, Y., Szlufarska, I., "Chemical origins of frictional aging", Phys. Rev. Lett., Vol. 109, pp. 186102, 2012.

[2] Li, Q., Tullis, T. E., Goldsby, D., Carpick, R. W., "Frictional ageing from interfacial bonding and the origins of rate and state friction", Nature, Vol. 480, pp. 233－236, 2011.

[3] McFadden, C. F., Gellman, A. J., "Effect of surface contamination on the UHV tribological behavior of the Cu (111)/Cu (111) interface", Tribol. Lett., Vol. 1, pp. 201－210, 1995.

[4] Ohnishi, S., Stewart, A., "Humidity dependence of interfacial friction between mica surfaces", Langmuir, Vol. 18, pp. 6140－6146, 2002.

[5] Tabor, D., "The area of contact between stationary and between moving surfaces", 1939.

[6] Dong, Y., Li, Q., Martini, A., "Molecular dynamics simulation of atomic friction: A review and guide", J. Vac. Sci. Technol. Vac. Surf. Films, Vol. 31, pp. 030801, 2013.

[7] Hutchings, I., Shipway, P., Tribology: friction and wear of engineering materials Butterworth-Heinemann, 2017,

[8] Mo, Y., Turner, K. T., Szlufarska, I., "Friction laws at the nanoscale", Nature, Vol. 457, pp. 1116－1119, 2009.

[9] Matsuda, K., Hashimoto, D., Nakamura, K., "Real contact area and friction property of rubber with two-dimensional regular wavy surface", Tribol. Int., Vol. 93, pp. 523－529, 2016.

[10] Greenwood, J. A., Tripp, J. H., "The elastic contact of rough spheres", 1967.

[11] Bhushan, B., Principles and applications of tribology John Wiley & Sons, 1999,

[12] Maegawa, S., Itoigawa, F., Nakamura, T., "Effect of normal load on friction coefficient for sliding contact between rough rubber surface and rigid smooth plane", Tribol. Int., Vol. 92, pp. 335－343, 2015.

[13] Ptak, F., Almeida, C., Prioli, R., "Velocity-dependent friction enhances tribomechanical differences between monolayer and multilayer graphene", Sci. Rep., Vol. 9, pp. 1 – 9, 2019.

[14] Zwörner, O., Hölscher, H., Schwarz, U., Wiesendanger, R., "The velocity dependence of frictional forces in point-contact friction.", Appl. Phys. Mater. Sci. Process., Vol. 66, pp. S263 – S267, 1998.

[15] Chen, Z., He, X., Xiao, C., Kim, S. H., "Effect of humidity on friction and wear— A critical review", Lubricants, Vol. 6, pp. 74, 2018.

[16] Hwang, D., Kim, D., Lee, S., "Influence of wear particle interaction in the sliding interface on friction of metals", Wear, Vol. 225, pp. 427 – 439, 1999.

[17] Cabrol, E., Boher, C., Vidal, V., Rezai-Aria, F., Touratier, F., "A correlation between tribological behavior and crystal structure of cobalt-based hardfacings", Wear, Vol. 426, pp. 996 – 1007, 2019.

[18] Stachowiak, G., Batchelor, A. W., Experimental methods in tribology Elsevier, 2004,

4. 마모 이론 및 현상

4.1 마모 이론 (Wear theory)

4.1.1 마모의 정의 및 현상

마모 (wear)란 둘 이상의 물체들 사이에서 반복적인 접촉이나 상대 미끄럼 운동이 작용할 때, 접촉 표면의 한 쪽 또는 양 쪽이 손상되는 것을 의미한다. 대부분 마모는 표면 돌기 (surface asperity)들의 상호작용에 의해 발생된다. 접촉 초기에는 접촉되어 맞닿아 있는 표면의 돌기들이 탄성영역 (elastic region)에서 변형이 되고, 탄성변형의 한계를 넘어서면 소성변형 (plastic deformation)이 발생하면서 상대적으로 취약한 부분부터 파손이 되면서 마모입자 (wear particle)로 떨어져 나오거나 상대 접촉 표면으로 전이가 되는 현상이 발생한다 [1]. 마모입자가 발생되어 표면에 남아있거나 한 쪽 표면에서 다른 쪽 표면으로 마모된 부위가 들러붙어 전이가 되기 때문에 접촉면에서의 전체 무게/부피의 변화는 없다고 볼 수 있다.

마모는 물질의 고유한 특성이 아니라 접촉조건과 주변환경의 영향을 받는 가변적인 특성이다. 즉, 동일한 물질들에 대해서도 두 물질의 접촉면 상태와 접촉 조건 및 구동 조건에 따라 접촉면에서의 마모 현상이 다르게 나타날 수 있다. 또한, 금속, 세라믹, 고분자 및 복합소재에 따라 마모 현상이 다르게 나타나며 물질의 종류에 따라 나타나는 마모의 형태가 매우 다르다. 마모의 정도는 보통 접촉 조건이 가혹해질수록 증가하고, 마모가 심화되면서 마찰력이 크게 증가한다. 하지만, 마모의 경향성은 항상 일정하게 발생되는 것이 아니라 접촉면의 상태와 조건에 따라 다르게 나타나기도 한다. 이와 같이 마모현상은 매우 복잡하며 예측하기 어려운 현상이기 때문에 일정한 실험 조건하에서 수행된 실험을 통해 규명될 필요가 있다.

마모 현상이 발생되는 형태에 따라 다양한 마모 메커니즘 (wear mechanism)들로 분류할 수 있다. 대표적인 마모 메커니즘으로는 응착 마모 (adhesive wear), 연삭 마모 (abrasive wear), 피로 마모 (fatigue wear), 침식 마모 (erosive wear) 및 부식 마모 (corrosive wear) 등이 있으며, 이 외에도 기타 마모 메커니즘들로 구분하여 마모 현상을 설명하고 있다. 이러한 마모 메커니즘들에 대해서는 '4.3절 마모 메커니즘'에서 자세하게 설명되어 있다.

4.1.2 마모 시험 방법

재료의 마모 특성을 평가하는 마모시험기 (wear tester)는 구동 방식에 따라 모터의 회전운동을 이용하는 pin-on-disk 방식과 직선 왕복운동인 pin-on-reciprocating 방식으로 구분된다 [2-5]. 그림 4.1과 같이, pin-on-disk 방식은 보통 tip이 시편 표면에 접촉하여 수직하중 (normal load)이 가해진 후 시편이 놓인 스테이지가 회전한다. 이러한 회전 운동에 의해 tip과 시편은 반대 방향으로 미끄러지는 상대운동을 하게 되며, 시편의 표면에는 tip이 미끄러져 지나간 자국이 원형 형태로 나타난다. 회전 미끄럼 운동이 반복됨에 따라 시편 표면에서는 마모현상이 발생되어 마모트랙 (wear track)이 나타난다. 이때, 상대 tip에도 마모가 발생되거나 시편에서 떨어져 나온 마모입자들이 들러붙게 된다. 시편의 마모현상을 분석하기 위해 마모시험을 하는 것이기 때문에 보통 시편 재질보다 큰 강도의 재질을 tip으로 사용한다. 그림 4.2와 같이, pin-on-reciprocating 방식은 보통 시편이 올려져 있는 스테이지가 직선으로 왕복운동을 하면서 tip에 의해 시편의 표면을 마모시키는 것이다. 이처럼 두 구동 방식들의 가장 큰 차이는 회전 운동과 직선 운동이라는 것이고, 1 cycle의 미끄럼 운동을 하는 동안 pin-on-disk 방식은 tip이 시편의 표면 위를 1번 지나가고, pin-on-reciprocating 방식은 2번 지나가게 된다. 또한, pin-on-disk 방식은 원형의 마모트랙이 생기는 반면, pin-on-reciprocating 방식은 직선 형태의 마모트랙이 생기기 때문에 하나의 시편 내에 실험을 여러 번 반복하는데 유리하다. 이러한 실험 장치들에 주로 사용되는 tip은 구형 볼 (spherical ball)과 끝이 평평한 실린더 형태이며, 실험 조건에 맞게 접촉압력을 고려하여 재질과 직경을 정하여 실험을 수행한다.

마모 시험은 움직임 원리에 따라 미끄럼 운동과 구름 운동으로 구분된다. 앞에서 설명한 pin-on-disk/reciprocating 방식들은 미끄럼 운동 원리로 작동되는 것이고, 구형이나 실린더 형태의 재료들은 구름 운동 원리로 작동된다. 실제 장치에서 접촉 부위 부품들의 구동 원리에 따라 마모 시험의 방법을 정하게 된다. 즉, 베어링이나 축과 같은 기계 부품들의 마모 현상을 모사하기 위해서 구름 운동 원리로 마모 시험을 수행한다. 하지만, 구름 운동 원리로 마모 시험을 수행할 경우, 매 시험마다 상대적으로 큰 형상의 시편들이 사용되는 단점이 있다. 그림 4.3과 그림 4.4는 대표적인 구름 운동 원리로 작동되는 마모 시험들의 개략도를 나타낸다. 디스크나 실린더 형태의 경우에는 접촉부분이 초기에는 선 접촉 상태이고, 수직하중을 가한 후 서로 반대 방향으로 회전시키며 마모 현상을 관찰하게 된다. 볼 형태의 경우에는 접촉부분이 초기에는 점 접촉 상태이고, 수직하중을 가한 후 각 볼들을 회전시켜 구름운동을 하도록 하여 마모 현상을 유발시킨다.

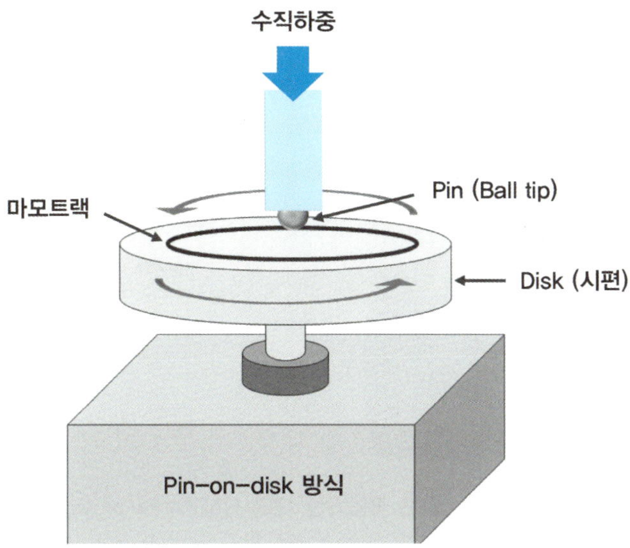

그림 4.1 Pin-on-disk 방식 마모시험기

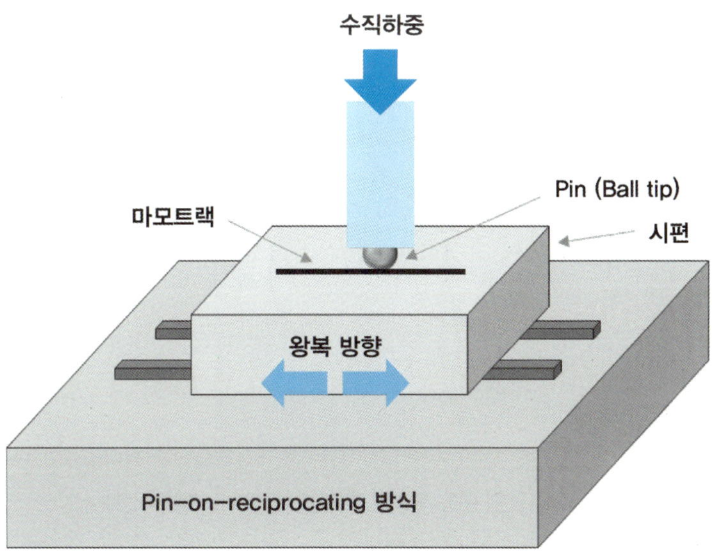

그림 4.2 Pin-on-reciprocating 방식 마모시험기

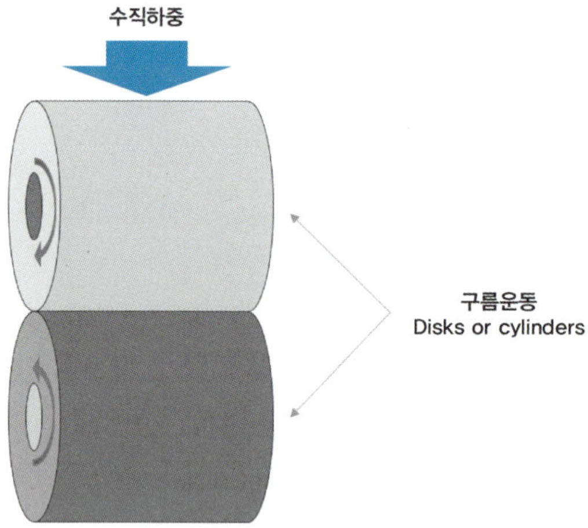

그림 4.3 **구름 운동 원리로 작동되는 마모 시험 (Disks or cylinders)**

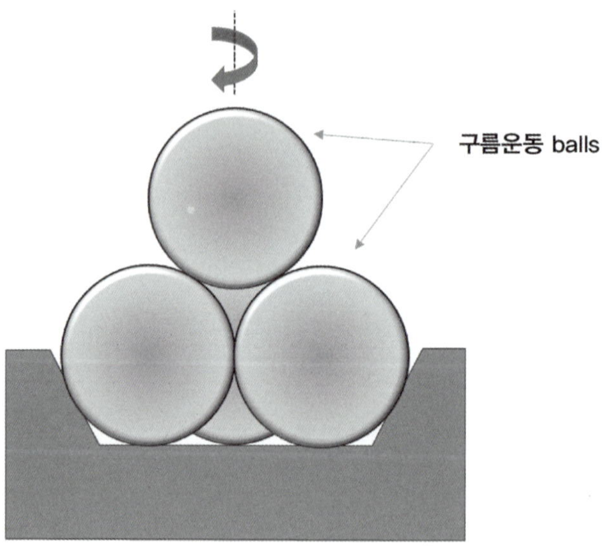

그림 4.4 **구름 운동 원리로 작동되는 마모 시험 (4 balls)**

4.1.3 마모 공식 (마모계수, 마모율)

마모 시험 후, 시편 표면에 생긴 마모 트랙을 분석하여 마모된 정도를 정량적으로 구할 수 있다. 대표적으로 Archard에 의해 제안된 마모계수 (wear coefficient) 공식이 활용되고 있다 [6,7]. 마모계수 공식을 유도한 마모 모델에서는 점착마모 (adhesive wear) 현상으로 간주하며 미끄럼 접촉 시 표면 돌기들이 완전히 소성변형이 된다고 가정한다. 그림 4.5와 같이, 초기 접촉면적은 $\pi\alpha^2$와와 동일한 접촉 영역을 갖는 원형이며, 여기서 "a"는 그 원형의 반경이다. 이 국부적인 원형 접촉면적과 그 원형의 반경의 크기는 Hertzian 접촉 이론을 통해 구할 수 있다 [8]. 마모계수(k)의 공식은 식 (4.1)과 같으며, 여기서, V는 마모 부피(wear volume), N는 시편의 경도(hardness of specimen), L은 수직하중(normal load), D는 미끄럼 거리(sliding distance)를 의미한다. 마모 부피는 시편의 표면과 파손된 부위의 높이 차이(단차)를 측정할 수 있는 공초점현미경이나 profiler를 통해 구할 수 있다. 이 식에 의하면, 마모계수는 시편의 경도와 마모 부피의 크기에 비례하고 수직하중과 미끄럼 거리에 반비례한다. 마모계수의 크기가 작을수록 내마모성이 우수함을 의미하는 것이다. 즉, 시편의 경도는 작지만 수직하중과 미끄럼 거리가 증가함에도 마모 부피가 작은 경우에 마모계수의 값이 작아지는 것이며 내마모성이 우수하다는 것을 의미한다. 반대로, 수직하중과 미끄럼 거리는 작고, 시편의 경도와 마모의 부피가 큰 경우에는 마모계수가 증가하게 되며, 이것은 내마모성이 약한 것을 의미한다.

$$k = \frac{V \cdot H}{L \cdot D} \tag{4.1}$$

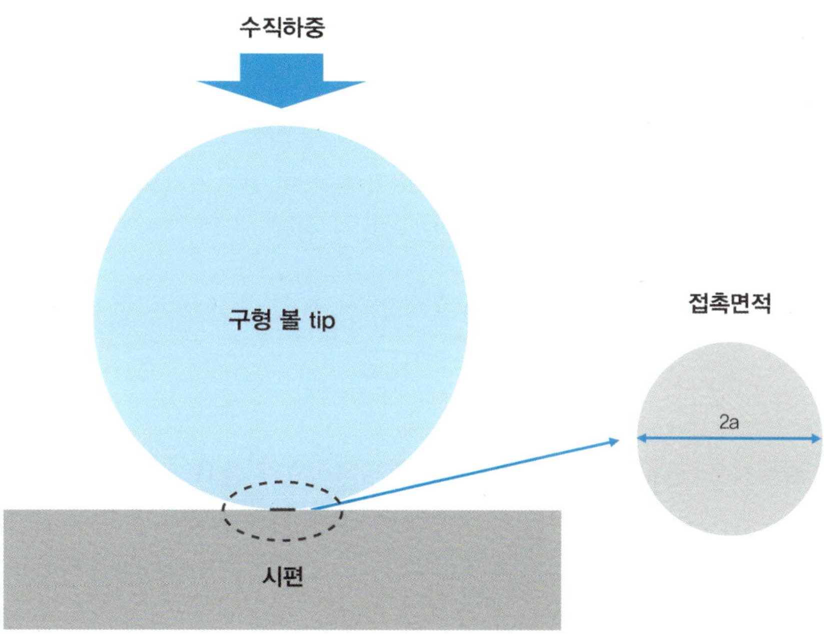

그림 4.5 5 Hertzian 접촉 이론에 기반한 접촉면적의 모식도

마모계수를 구하는 공식을 활용하기 위해서는 시편의 경도를 알아야 하며, 점착마모 현상에 의해 발생된 마모를 정량적으로 비교할 때에만 사용될 수 있는 것으로 알려져 있다. 특히, 미끄럼 거리를 구할 때에는 그림 4.5에 보여지는 접촉면적의 직경 크기인 2a를 이용해야 하기 때문에 Hertzian 접촉 이론 공식을 활용해야 한다. 이 공식을 활용하기 위해서는 시편과 tip의 탄성계수(elastic modulus)와 포와송 비(Poisson's ratio)를 알아야 한다. 이론적인 공식을 이용하고 시편과 tip의 기계적 물성 값을 확보해야 마모계수를 구할 수 있기 때문에 실제 마모의 정도를 비교하는데 제한이 있는 경우가 있다.

마모된 정도를 정량적으로 비교할 수 있는 다른 방법은 마모율(wear rate) 공식을 활용하는 것이다 [9]. 선행연구들에서 다양한 형식의 마모율 공식들이 소개되었으며, 식 (4.2)는 마모율(W.R.)을 구하는 대표적인 공식을 나타낸다. 이 공식은 마모 부피를 구하여 마모율을 산출하는 식으로써, 여기서, V는 마모 부피(wear volume), L은 수직하중(normal load), D는 미끄럼 거리(sliding distance)를 의미한다. 이 식에 의하면, 마모율의 크기는 시편의 마모 부피에 비례하고 수직하중과 미끄럼 거리에 반비례한다. 즉, 같은 실험 조건하에서 발생된 마모 부피가 작을수록 마모율의 값은 작게 나타나며, 이것은 내마모성이 우수함을 의미한다. 마모 부피의 크기가 같은 경우에는 실험에서 가해준 수직하중이 클수록, 미끄럼 거리가 늘어날수록 마모율이 작아진다. 보통 실험 조건에 따라 발생되는 마모의 정도가 달라지며, 실험 조건이 가혹해질수록 마모 부피가 증가하는 경향이 나타낸다. 하지만, 시편, 실험조건 및 주변 환경에 따라 발생되는 마모 부피의 변화 경향이 항상 일정한 것은 아니다. 따라서, 서로 다른 종류의 시편들과 실험 조건에 따라 마모의 정도(내마모성 등)를 비교하기 위해서는 마모 부피, 수직하중, 미끄럼 거리로 구성된 마모율 공식을 통해 마모율을 구하여 상대적으로 비교할 필요가 있다.

$$W.R. = \frac{V}{L \cdot D} \tag{4.2}$$

마모율 공식에서 수직하중과 미끄럼 거리는 마모시험의 조건이고 마모 부피는 마모시험의 결과로 나타나는 것이다. 따라서, 마모율을 통해 마모의 정도를 평가하는데 중요한 인자는 마모 부피라고 할 수 있다. 마모 부피는 마모트랙의 형상을 분석하여 시편의 표면에서 파손되어 나간 부분의 부피를 구하는 것이다. 하지만, 시편의 내부 구조와 형상이 균일하지 않고 복잡한 경우나 공초점현미경과 profiler를 통해 마모 부피를 측정하기 어려운 경우에는 마모시험 전후의 시편 무게를 각각 측정하여 그 무게 차이를 구하여 마모된 정도를 비교하기도 한다. 마모 시험에 의해 발생된 마모입자들을 세척을 통해 모두 제거한 후에 측정한 시편의 무게에서 마모시험 전에 미리 측정한 시편의 무게를 빼주면 마모시험에 의해 떨어져나간 부분의 마모량을 무게의 단위로 구할 수 있다. 마모의 정도를 상대적으로 비교하기 위한 마모율 공식에는 약간의 차이가 있기는 하지만, 주로 식 (4.1)에서 마모 부피 대신 마모된 무게를 대입하여 구할 수 있다. 즉, 수직하중과 미끄럼 거리는 마모시험의 조건으로써 실험의 변수로 통제가 가능하며, 상대 미끄럼 운동에 의해 발생되는 마모의 정도는 시편에서 떨어져 나간 부분들의 무게에 의존하게 되는 것이다. 같은 실험 조건 하에서 마모된 부분의 무게가 작을수록 마모율의 값은 작게 나타나며, 이것은 내마모성이 우수함을 의미한다.

4.2 마모 특성 [10]

마모 특성은 일반적으로 마모계수 또는 마모율과 같은 정량화된 값으로 비교된다. 마모의 정도를 표현하는 방법에는 다양한 식들이 있으며 일반적으로 일정한 경향성을 나타내지 않는다. 즉, 마모의 발달 과정은 매우 복잡하며 미끄럼 운동 초기에는 마모의 정도가 미미하지만 접촉 미끄럼 운동이 반복됨에 따라 나중에 크게 증가될 수 있고, 반대로 미끄럼 운동 초기에 마모가 크게 발생되지만 나중에 마모의 발생 정도가 줄어드는 경향을 나타낼 수도 있다. 보통 마모시험에서 미끄럼 거리가 증가함에 따라 마모의 발생 정도가 증가하게 된다. 마모 메커니즘은 미끄럼 거리에 따라 다른 마모 메커니즘으로 전환되어 마모의 발생 정도가 달라질 수도 있다. 그림 4.6에서 보듯이, 마모의 정도가 변화하는 초기 기간을 런인(run-in) 또는 길들이기(break-in) 기간이라고 하며, 발생되는 마모 부피의 변화는 표면 조건에 따라 달라진다. 미끄럼 거리가 증가하는 동안 표면 거칠기는 소성변형에 의해 정상 상태(steady-state)로 변경된다. 표면의 초기 상태는 미끄럼 거리에 따른 접촉면의 상태 변화와 그 정도에 영향을 미친다. 정상 상태 미끄럼 구간(1,2)를 지나면서 접촉면에서의 마모 부피는 증가하고 최종적으로 파손발생 단계로 넘어가며, 시편 종류와 시험 조건에 따라 마모 부피의 증가 정도가 다르게 나타난다. 즉, 마모 부피가 중요한 인자로 영향을 미치는 마모율은 상대면 또는 상대 재료(또는 재료 쌍), 표면 상태 및 시험 조건에 따라 달라진다. 따라서, 마모율과 같은 마모의 정도를 정량적인 수치로 나타내는 값들은 재료의 절대적인 고유 성질을 의미하는 것이 아니라 서로 다른 시편들 간의 상대 비교를 위한 비교 수치로 활용될 수 있는 것이다. 이처럼, 서로 다른 시편들의 마모율을 상대 비교하는 경우 마모시험이 반드시 필요하며, 실험의 조건들이 일정하게 정립이 되어야 한다.

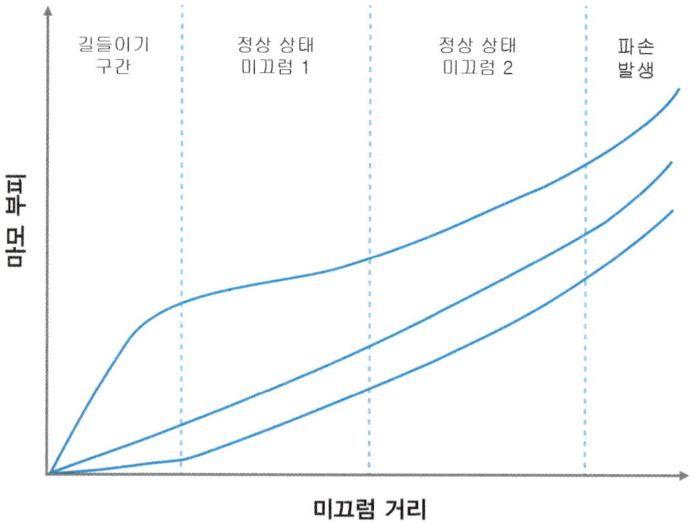

그림 4.6 **미끄럼 거리에 따른 마모 부피의 변화(길들이기, 정적 상태 미끄럼, 파손 발생 영역)**

4.2.1 금속과 합금의 마모 특성 [11,12]

금속과 합금의 접촉 미끄럼 운동에서는 고체 재료 간의 높은 점착 특성이 나타나며, 그 결과로 높은 마찰 및 마모가 발생한다. 고진공 환경에서 깨끗한 금속 표면들 간의 접촉에 의한 마모율은 보통 매우 높게 나타난다. 약간의 표면 오염은 접촉을 완화하거나 화학 피막을 형성하여 점착력을 감소시켜 마찰과 마모가 줄여준다. 기계적 강도가 약한 편인 연한 금속들의 경우, 두 금속들 간의 접촉면적이 크게 형성되어 작은 하중 조건에서도 높은 마모율이 발생된다. 금속 원소들 중에 코발트(Co), 크롬(Cr), 몰리브덴(Mo) 등은 낮은 마찰과 마모 특성을 나타내기 때문에 절상 합금을 만드는데 주로 들이기는 원소들이다. 일반적으로 단일 원소로 구성된 금속에 비하여 합금에 대한 마모의 정도가 더 낮게 나타난다.

금속과 금속 간의 마모 실험에서는 접촉압력이 높은 편이기 때문에 한 번의 미끄럼 사이클 후에도 골링(galling)이나 눌러붙음(seizure) 현상과 같은 치명적인 마모가 발생할 수 있다. 골링은 한 표면의 일부가 다른 표면에 붙어 벗겨지는 현상이고, 눌러붙음은 돌기의 국부적인 용착이 심화되어 표면에 붙어서 상대적으로 약한 부분이 떨어져 나오는 현상을 의미한다. 동일한 금속들 간의 접촉이 다른 금속들 간의 접촉보다 골링 현상에 취약하다. 일반적으로 코발트 기반의 합금들은 골링 현상에 대한 저항성이 높다. 반면, 니켈 (Ni) 기반의 합금은 니켈의 함유량이 증가할수록 골링 저항력이 줄어드는 것으로 알려져 있다.

윤활이 되지 않은 조건에서 금속 쌍이 서로 접촉하여 미끄러지는 동안 각 돌기의 접점에서 발생되는 마찰열에 의해 수 마이크로미터 두께의 산화막을 형성시키는 열 산화 현상이 발생한다. 산화는 일종의 부식과 같은 현상이지만, 금속의 표면을 보호하는 이로운 현상이다. 두꺼운 산화 피막은 계면의 전단강도를 감소시켜 소성변형으로 인한 마모를 억제한다. 불활성 분위기 속에서 산화피막이 형성되지 않은 금속 쌍보다 산화피막이 형성된 금속 쌍에서의 마모율이 수십에서 수 백배 감소되는 경향이 있다. 이와 같이, 금속 표면의 산화막은 마모의 정도를 줄여주며, 심각한 파손을 막을 수 있다. 낮은 주변 온도에서 마찰열로 인해 표면돌기들 간의 접점에서 산화가 발생한다. 높은 주변 온도에서는 전체 금속표면에 산화가 발생하여 마모 특성에 영향을 미친다. 미끄럼 운동이 진행됨에 따라 산화막이 형성되었다가 파손되어 떨어져 나가기도 하고 다시 마찰열과 주변 환경에 따라 산화막이 형성되기도 한다. 이러한 과정을 거치면서 마모되어 떨어져 나오는 산화된 마모입자들이 증가하게 되고 이 마모입자들에 의해 표면을 파고드는 마모 현상이 발생되기도 한다. 즉, 초기 마모 단계에서는 두 금속 간의 점착 특성이 커서 용착되어 골링이나 눌러붙음 현상이 발생되지만, 마모시험이 지속됨에 따라 산화막이 형성되고 떨어져 나온 마모입자들이 연마제와 같은 역할을 하며 표면을 갈아내는 마모 현상을 일으키는 것이다. 이처럼 금속 간의 접촉에서는 용착에 의한 골링이나 눌러붙음 현상이 지배적인 마모 현상으로 나타나지만, 마모가 지속됨에 따라 연삭 마모 현상도 나타나게 되는 것이다.

금속 및 합금 간의 마모 시험에서 단 하나의 마모 메커니즘만 나타나지 않고, 마모의 진행과정에서 여러 마모 메커니즘이 나타난다. 미끄럼 운동의 구동 조건이 변함에 따라 나타나는 주요 마모 메커니즘이 달라진다. 마모 현상을 일으키는 지배적인 마모 메커니즘은 수직하중과 미끄럼 속도가 변함에 따라 발생되며, 이로 인해 마모율이 달라진다. 상호 접촉한 두 금속의 기계적 강도와 계면 점착력에 기반하여 주요 마모 메커니즘이 나타난다. 수직하중이 증가하면 접촉압력이 높아져서 물리적인 손상이 발생된다. 수직하중과 미끄럼 속도가 둘 다 증가하면 접촉면에서의 마찰열이 발생된다. 높은 마찰열이 발생되면 접촉 표면에서는 화학 반응이 일어나고 주로 산화막이 형성된다. 높은 열에 의해 접촉 표면의 기계적 강도가 약화되고 내부 마이크로 구조에 변화가 생기게 된다. 높은 하중과 빠른 미끄럼 속도 조건에서는 접촉 표면이 국부적으로 용융될 수도 있다. 이와 같이, 두 금속 간의 접촉면에서는 재료 자체의 특성뿐만 아니라 실험 조건에 따라서도 다른 마모 현상이 나타날 수 있는 것이다.

4.2.2 세라믹의 마모 특성 [13]

세라믹은 보통 고유 금속보다 기계적 강도가 크고 온도가 증가함에 따라 기계적 강도가 크게 감소하지 않으며 산화가 유발되지 않는다. 따라서, 세라믹 소재들은 고하중, 고속도, 고온 및 부식 환경과 같은 극한 환경의 응용분야에 주로 활용된다. 세라믹의 높은 강도로 인해 두 세라믹 소재 간의 접촉면적이 작아 주로 마찰과 마모의 발생 정도가 작다. 고진공이나 산소가 없는 환경에서 깨끗한 금속들 간의 접촉 미끄럼 운동에서 발생되는 마찰 및 마모의 정도보다 훨씬 적게 발생된다. 세라믹은 금속보다 소성변형의 정도가 제한적이며 취성의 특성을 가지고 있다. 따라서, 세라믹은 균열과 같은 파손 문제가 주로 발생된다. 세라믹 소재는 주변 환경(기체 또는 액체)에 따라 마찰과 마모의 정도가 증가되거나 감소될 수 있다. 세라믹 표면이 화학물질과 반응을 하여 성분 구성이 달라져서 마모의 발생이 심화될 수 있다. 대표적인 예로는 화학·기계적 연마(chemical mechanical polishing) 공정이 있으며, 기계적인 방식으로 세라믹을 연마할 때, 표면이 잘 연마되도록 화학물질을 첨가시켜주는 것이다. Silicon carbide (SiC), silicon nitride (Si_3N_4), titanium carbide (TiC), titanium nitride (TiN) 등 산소 원소가 포함되어 있지 않은 세라믹 소재들은 접촉 미끄럼 운동에 의해 표면에 산화층이 형성될 수 있다. 주변 공기 중의 산소나 수분과 반응하여 산화막이 형성되는 것이다. 세라믹 소재의 표면에 형성된 산화막에 의해 마찰 및 마모 특성이 향상되기도 하고 악화되기도 한다. 또한, alumina와 zirconia 등 산화된 세라믹 소재의 경우, 주변의 수분에 의해 마찰과 마모의 발생이 증가하는 것으로 알려져 있다. 이것은 수분에 의해 금속 성분과 산화막 사이의 결합이 약해지고, 그로 인해 균열이 발생되기 때문인 것으로 파악된다.

금속의 연성 특성이 단점으로 작용하는 분야에서는 고강도의 세라믹 소재로 대체하는 경우가 많이 있다. 고유 금속에 비하여 세라믹 소재는 무게도 가벼워 기계 및 부품의 경량화를 위해서도 자주 활용이 된다. 세라믹 소재는 금속 원소에 산소나 다른 원소가 첨가된 것으로써, 산소가 포함된 대표적인 세라믹 소재는 금속 알루미늄(Al)을 산화시킨

알루미나 (alumina, Al_2O_3)로써 강도 및 내마모성이 우수하며 내열성 및 내화학성도 가지는 소재이고, 지르코니아 (zirconia, ZrO_2)는 금속 지르코늄 (Zr)이 산화된 것으로 강도 및 인성이 크고 내마모성과 내식성이 우수한 소재이다. 이 외에도 산소가 포함되지 않은 세라믹 소재에는 대표적으로 탄화규소 (silicon carbide, SiC), 질화규소 (silicon nitride, Si_3N_4) 및 질화알루미늄 (aluminum nitride, AlN) 등이 있다. 탄화규소는 알루미나와 질화규소보다 높은 경도를 가지며, 습식 환경에서 높은 내마모성을 나타내고 고온 환경에서도 높은 강도와 내식성을 나타낸다. 질화규소도 고온에서 강도가 우수하며 낮은 열팽창계수로 인해 열충격에 강하고, 우수한 내마모성과 내식성을 가진다. 하지만, 세라믹 소재는 취성 특성이 강하여 충격에 약하기 때문에 이에 대한 보완이 필요한 실정이다.

4.2.3 고분자의 마모 특성 [14]

기계 장치/부품의 소재를 고분자 소재로 대체하려는 움직임이 산업 전반에서 이루어지고 있다. 고분자 소재를 통해 제품의 경량화, 가공 편의성, 화학 안정성 및 윤활 특성 등의 장점을 확보할 수 있기 때문에 다양한 고분자 소재들이 적용되고 있다. 특히, 접촉이 발생하는 부위에 적용되는 고분자 소재들 간에는 마찰 및 마모 문제가 발생하게 된다. 고분자 소재는 주로 점착, 연삭 및 피로 마모를 일으킨다. 고분자 소재와 접촉하는 상대 표면이 매끄러운 경우에는 접촉하는 두 면 사이에 점착력이 강해져 점착마모 현상이 나타난다. 반대로, 상대 표면이 거친 경우에는 고분자 표면이 갈려 나가는 연삭 마모 현상이 주로 발생된다. 점착 또는 연삭 마모현상에 의해 발생되는 마모입자들은 상대면에 들러붙게 된다. 열경화성 플라스틱과 같은 단단한 고분자의 경우에는 주로 피로마모 현상이 발생된다. 고분자 표면의 돌기들이 변형이 되어 어느 한계를 넘어서면 피로에 의한 균열이 발생되고, 더욱 심화되면 마모입자들이 발생되는 것이다. 고분자는 압력과 온도에 민감하게 반응한다. 이에, 고분자 소재는 금속과 세라믹 소재들보다 하중 및 온도 조건이 경미한 분야에 사용된다. 고분자 소재는 금속 소재에서 쉽게 발생되는 부식 문제가 덜한 편이지만, 주변 공기 및 수분과 반응하거나 시간이 지남에 따라 기계적 특성이 약화되는 단점이 있다.

4.3 마모 메커니즘 (Wear mechanism) [15]

상대 미끄럼 운동을 하는 두 물체 사이에서 상대적으로 약한 표면이 파손되는 현상을 마모 (wear)라고 한다. 접촉면에서 물리적, 화학적으로 다양한 형태의 마모가 발생한다. 마모의 요인이나 형태에 따라 응착 마모, 연삭 마모, 피로 마모, 부식 마모, 침식 마모, 미동 마모 등 다양한 마모 메커니즘으로 분류할 수 있다.

4.3.1 응착 마모 (Adhesive wear) [16]

두 물체의 접촉 표면에 산화막, 유막 및 기타 오염 물질이 없다고 가정하면, 접촉하고 있는 두 표면의 원자들간의 인력에 의해 들러붙게 되고 큰 마찰력을 유발시킨다. 전단강도가 작은 물질의 표면에서는 접촉에 의해 유발되는 원자들간의 인력에 의해 전단 방향의 마찰력이 작용할 때 작은 입자들이 떨어져 나오게 된다. 이러한 입자들을 마모입자라고 하며, 이러한 마모 현상을 응착 마모라고 한다.

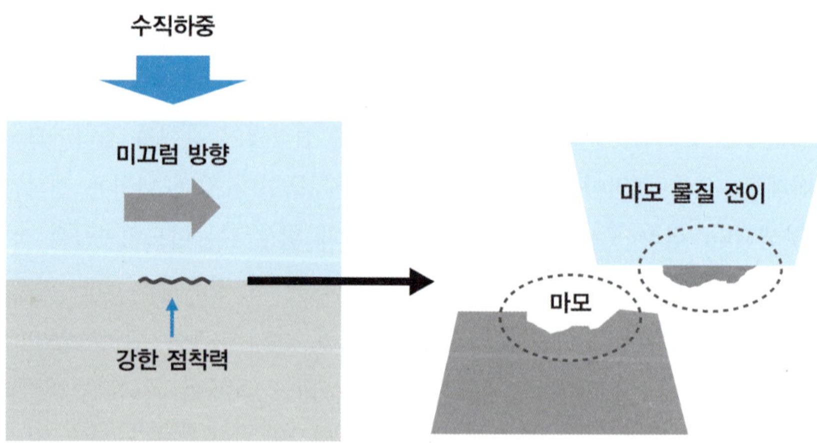

그림 4.7 **미끄럼 거리에 따른 마모 부피의 변화 (길들이기, 정적 상태 미끄럼, 파손 발생 영역)**

상대 미끄럼 운동을 하고 있는 두 물체 사이의 접촉면에서는 접촉압력과 마찰응력이 동시에 발생하며, 이러한 응력들에 의해, 표면의 돌기들이 소성변형을 하게 되며, 실제 접촉 면적이 증가된다. 접촉한 돌기들이 응착되어 결합된 상태에서 마찰에 의한 전단력에 의해 접촉된 면이나 그 하부 부분이 모재로부터 떨어져 나가는 현상이 응착 마모인 것이다. 두 물체의 접촉 표면에 산화층, 유막 및 오염 물질이 있는 경우, 돌기들 사이의 응착현상을 막아주고 가해진 수직하중이 상대 표면으로 직접 전달되지 않는다. 이 경우, 접촉 조건이 달라져서 실제 접촉 면적의 형성이 달라지게 된다. 이러한 변화는 마찰 및 마모 특성에 영향을 미치게 된다.

그림 4.7은 응착 마모 메커니즘의 모식도를 나타낸다. 두 물체의 접촉 표면 사이의 응착력이 표면의 전단강도보다 클 때, 표면의 돌기들부터 떨어져 나오며, 상대 접촉면에 들러붙게 된다. 보통 같은 종류의 물질들 사이의 응착 효과가 크다. 따라서, 상대 접촉 표면에 전이된 물질 성분과 모재의 성분이 같기 때문에 응착 마모 현상은 가속화된다. 돌기들 간의 접촉 부분에서는 소성변형에 의한 경화현상이 발생하여 모재보다 접촉 부분의 결합 강도가 증가하고 이로 인해 약한 부분에서 파단이 발생된다.

4.3.2 연삭 마모 (Abrasive wear) [17]

두 물체가 접촉하여 미끄럼 운동을 할 때, 상대적으로 강한 표면이 약한 표면을 파고들거나 긁어내는 작용을 하게 된 경우 마모입자들이 발생되는데, 이를 연삭 마모 (abrasive wear)라고 한다.

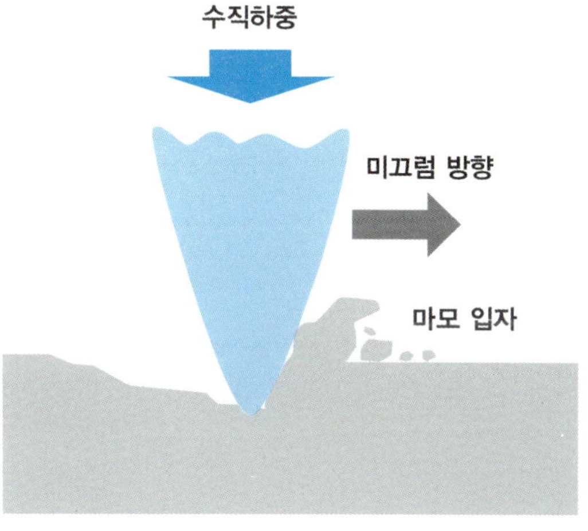

그림 4.8 연삭 마모 메커니즘의 모식도

이때 떨어져 나온 마모입자 또는 다른 불순물들이 두 접촉면에서 상대적으로 약한 표면을 계속 파고들어가며 연삭 작용을 유발시킨다. 대표적인 연삭 마모를 나타내는 것은 plowing 효과가 있으며, 이는 땅을 쟁기질하듯이, 단단한 표면에 의해 상대적으로 연한 소재의 표면이 긁혀나가서 깊게 파인 홈 자국을 나타내는 현상이다. 이와 같은 연삭 마모는 표면이 절삭되는 것과 같은 현상을 말한다. 취성 특성을 가진 세라믹과 같은 물질들에서는 표면 돌기의 소성변형 정도가 적지만, 균열이 발생되어 표면으로부터 작은 입자들의 형태로 떨어져 나오는 현상도 연삭 마모의 한 종류로 볼 수 있다. 그림 4.8은 연삭 마모 메커니즘을 보여주며, 날카로운 tip이나 tip 표면의 돌기들에 의해 상대 표면이 갈려나가면서 마모입자들이 발생한다.

4.3.3 피로 마모(Fatigue wear) [18]

두 물체 사이의 미끄럼 운동이 반복됨에 따라 접촉 표면에는 마찰력에 의한 피로와 수직하중에 의한 피로를 동시에 경험하게 된다. 특히, 이때 접촉표면에 반복적인 하중이 작용하면 취약한 표면의 일부가 떨어져 나가는데, 이를 피로 마모라고 한다. 앞서 설명한 응착 마모와 연삭 마모 현상은 두 물체의 표면이 직접 접촉했을 때 발생하는 마모 메커니즘이기 때문에, 두 표면이 접촉하지 않고 떨어져 있을 경우에는 응착 마모와 연삭 마모 현상이 발생하지 않는다. 즉, 베어링과 같이 구름 운동을 하는 기계요소에서는 두 물체의 직접적인 접촉도 발생되지만, 본격적으로 구동할 때에는 두 물체간의 접촉이 분리되고 두 표면 사이에 윤활막이 형성된다. 이러한 윤활막을 통해 응력이 전달되며 반복적인 구름운동에 의해 표면에서는 전단응력이 발생한다. 그림 4.9와 같이 장시간 구름운동이 진행된 후 표면에서는 작은 균열이 발생되기 시작하고, 균열이 성장하게 되면 표면으로부터 덩어리째 떨어져 나오게 된다. 이와 같이 피로 마모에 의해 발생된 마모입자는

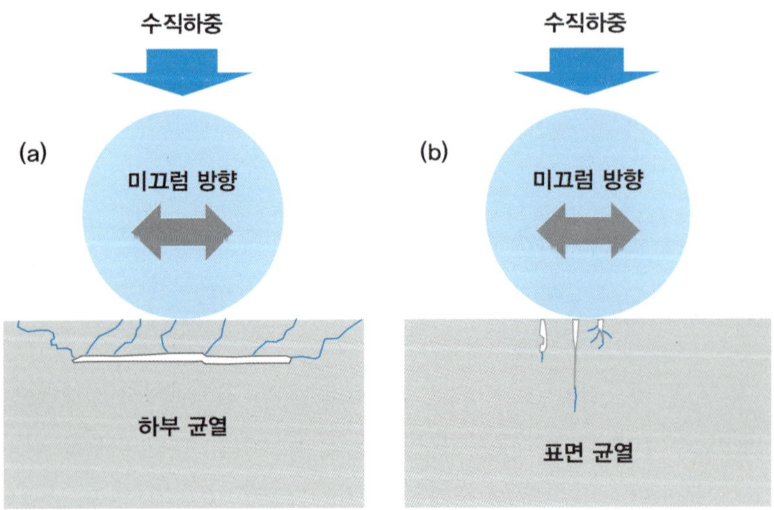

그림 4.9 피로 마모 메커니즘의 모식도. (a) 하부 균열, (b) 표면 균열

덩어리째로 뜯겨져 나오기 때문에, 다른 마모 메커니즘에 의해 발생되는 마모입자보다 상대적으로 크다. 이와 유사한 원리로 표면이나 코팅이 벗겨지는 현상을 박리 (delamination) 현상이 발생하는 경우도 있다.

4.3.4 부식 마모 (Corrosive wear) [19]

두 물체들 사이의 접촉면에는 대기 중의 가스나 수분 또는 윤활제에 의해 표면의 국부적인 부분에 화학반응을 일으켜 화합물이 형성된다. 이와 같이 접촉 표면이 산화나 부식되어 기계적인 특성에 변화가 생기고, 지속적인 접촉에 의해 상대적으로 취약한 부분부터 서서히 떨어져 나가는 마모 현상이 발생한다. 이러한 마모 현상을 부식 마모 메커니즘이라고 한다. 부식 마모 메커니즘 과정은 먼저 표면에 침식 현상이 발생하고 주변 환경에 의한 화학 반응에 의해 점착막이 형성된다. 이러한 점착막이 반복적인 접촉에 의해 손상되면서 벗겨져 나감으로써 초기 표면을 들어낸다. 지속적인 미끄럼 운동에 의해 다시 침식되고 점착막이 형성된 후 벗겨지는 과정이 반복된다. 이때 생겨난 침식물은 모재의 표면보다 단단하며 취성이 증가된다. 보통 부식 마모 현상은 표면을 깨끗이 하고 윤활제를 도포하거나 코팅 및 표면처리를 통해 방지할 수 있다.

4.3.5 침식 마모 (Erosive wear) [20]

작은 입자들이 물체의 표면에 오랜 시간 동안 충돌하여 표면의 일부가 손상되는 현상을 침식 마모라고 한다. 즉, 공기나 액체 (윤활제) 중의 입자나 불순물들이 지속적으로 물체의 표면에 부딪혀서 표면의 일부가 떨어져 나가게 된다. 또한 공기나 액체에 의해서도

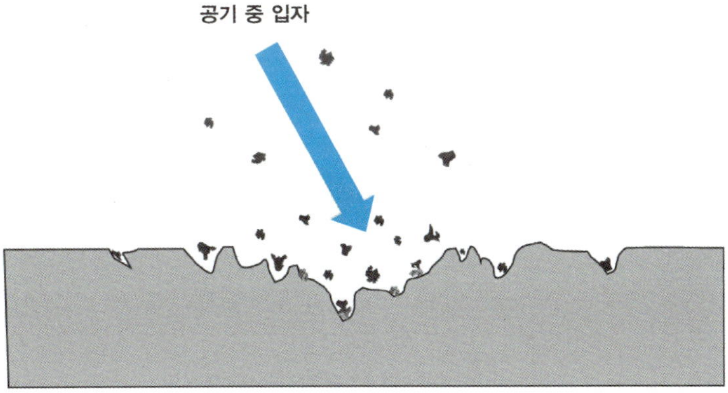

그림 4.10 침식 마모 메커니즘의 모식도

유체 마찰 현상에 의해 침식 마모가 발생되기도 한다. 표면에 충돌하는 입자의 크기, 형상, 재질, 밀도 및 충돌속도 등 다양한 변수들에 따라 발생되는 침식 마모의 형태와 정도가 달라지게 된다. 대표적인 예로는 사막 지대와 같이 모래 바람이 자주 부는 지역에서 주변에 있는 집이나 자동차의 표면에 모래 입자들이 충돌하면서 침식 마모가 발생한다. 또한, 옥상과 같이 야외에 설치되어 있는 태양광 판의 표면에 공기나 빗물 중의 입자들이 지속적으로 충돌하여 침식 마모가 발생된다. 그림 4.10은 침식 마모 메커니즘을 보여준다.

4.3.6 미동 마모 (Fretting wear) [21]

두 물체의 접촉 표면에 작은 진폭의 진동이 지속적으로 발생하여 표면으로부터 미세한 입자들이 떨어져 나오게 되는 현상을 미동 마모라고 한다. 접촉면에 수직하중이 작용된 상태에서 응착 마모, 연삭 마모 및 부식 마모가 동시에 발생하기 한다. 반복적인 진폭에 의해 표면에 발생되는 응력이 증가되고 약한 표면 부위에 균열을 유발시키는 것이다. 이러한 균열은 지속적인 진폭에 의해 확장되면서 결국 완전히 파괴되어 마모입자로 떨어져 나오게 된다. 접촉 표면의 미끄럼 현상을 제거하면 미동 마모를 방지할 수 있다. 그림 4.11은 미동 마모 메커니즘을 나타낸다.

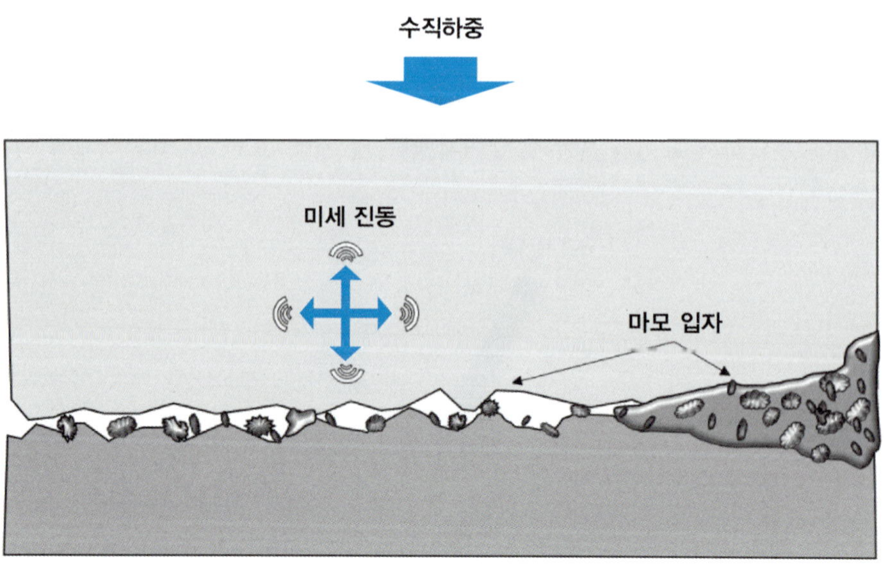

그림 4.11 미동 마모 메커니즘의 모식도

참고문헌

[1] Rigney, D. A., Chen, L. H., Naylor, M. G. S., Rosenfield, A. R., "Wear processes in sliding systems", Wear, Vol.100, pp.195-219, 1984.

[2] Mezrin, A. M., "Determining local wear equation based on friction and wear testing using a pin-on-disk scheme", J. Frict. Wear, Vol.30, pp.242-245, 2009.

[3] Guicciardi, S., Melandri, C., Lucchini, F., de Portu, G., "Determining local wear equation based on friction and wear testing using a pin-on-disk scheme", Wear, Vol.252, pp.1001-1006, 2002.

[4] Sheasby, J. S., Caughlin, T. A., Blahey, A. G., Laycock, K. F., "A reciprocating wear test for evaluating boundary lubrication", Tribol. Int., Vol.23, pp.301-307, 1990.

[5] Penkov, O. V., Khadem, M., Nieto, A., Kim, T. H., Kim, D. E., "Design and construction of a micro-tribotester for precise in-situ wear measurements", Micromachines, Vol.8, pp.103, 2017.

[6] Yang, L. J., "A test methodology for the determination of wear coefficient", Wear, Vol.259, pp.1453-1461, 2005.

[7] Kauzlarich, J. J., Williams, J. A., "Archard wear and component geometry", Proc. Inst. Mech. Eng. Part J.-J. Eng. Tribol., Vol.215, pp.387-403, 2001.

[8] Fischer-Cripps, J. A., "The Hertzian contact surface", J. Mater. Sci., Vol.34, pp.129-137, 1999.

[9] Kraghelsky, I. V., "Calculation of wear rate", J. Basic Eng., Vol.87, pp.785-790, 1965.

[10] Bharat Bhushan, Principles and applications of tribology, 2nd edition, Wiley, 2013.

[11] Eyre, T. S., Maynard, D., "Surface aspects of unlubricated metal-to-metal wear", Wear, Vol.18, pp.301-310, 1971.

[12] Wilson, S., Alpas, A. T., "Wear mechanism maps for metal matrix composites", Wear, Vol.212, pp.41-49, 1997.

[13] Heintze, S., "Wear of ceramic and antagonist-A systematic evaluation of influencing factors in vitro", Dent. Mater., Vol.24, pp.433-449, 2008.

[14] Myshkin, N. K., Petrokovets, M. I., Kovalev, A.V., "Tribology of polymers: Adhesion, friction, wear, and mass-transfer", Tribol. Int., Vol.38, pp.910-921, 2005.

[15] Kato, K., "Classification of wear mechanisms/models", Proc. Inst. Mech. Eng. Part J.-J. Eng. Tribol., Vol.216, pp.349-355, 2002.

[16] Zhao, K., Aghababaei, R., "Adhesive wear law at the single asperity level", J. Mech. Phys. Solids, Vol.143, pp.104069, 2020.

[17] Torrance, A. A., "Modelling abrasive wear", Wear, Vol.258, pp.281-293, 2005.

[18] Sosnovskiy, L. A., Tribo-fatigue: Wear-fatigue damage and its prediction, Springer-Verlag Berlin Heidelberg, 2005.

[19] Shockley, J. M., So, C. R., Strom, M. J., Auyeung, R. C. Y., Horton, D. J., Wahl, K. J., "Direct observation of corrosive wear by in situ scanning probe microscopy", ACS Appl. Mater. Interfaces, Vol.12, pp.23543-23553, 2020.

[20] Olley, R. C., Wilson, R., Bartlett, D., Moazzez, R., "Validation of the basic erosive wear examination", Caries Res., Vol.48, pp.51-56, 2014.

[21] Zhu, M. H., Zhou, Z. R., "On the mechanisms of various fretting wear modes", Tribol. Int., Vol.44, pp.1378-1388, 2011.

5. 베어링

5.1 유체베어링의 종류

5.1.1 종류

회전축의 회전을 지지해 주는 저널 베어링은 하중 방향에 따라 레이디얼 형(반경방향 하중 지지), 쓰러스트(축방향 하중 지지) 형으로 구분할 수 있다. 그림 5.1과 같이 저널 베어링은 미끄럼 표면에서 발생하는 상대 운동으로 하중을 지지하는 동압 베어링, 외부 펌프로부터 윤활유를 공급받아 하중을 지지하는 정압 베어링, 동압과 정압을 모두 활용하는 하이브리드 베어링으로 구분할 수 있다. 본 교과서는 주로 동압 베어링을 다루며, 동압 베어링에는 고정패드 베어링, 피봇에 의해 자유롭게 패드가 기울어지는 틸팅패드 베어링 등이 있다. 대부분의 베어링은 고정패드 베어링에 해당하고, 틸팅패드 베어링은 패드의 개수, 패드의 위치에 대한 외부 하중의 상대적 방향에 따라 구분할 수 있고, 이는 하중이 피봇 중 하나를 통과하는지, 또는 두 패드 사이를 통과하는 지에 따라 다르다.

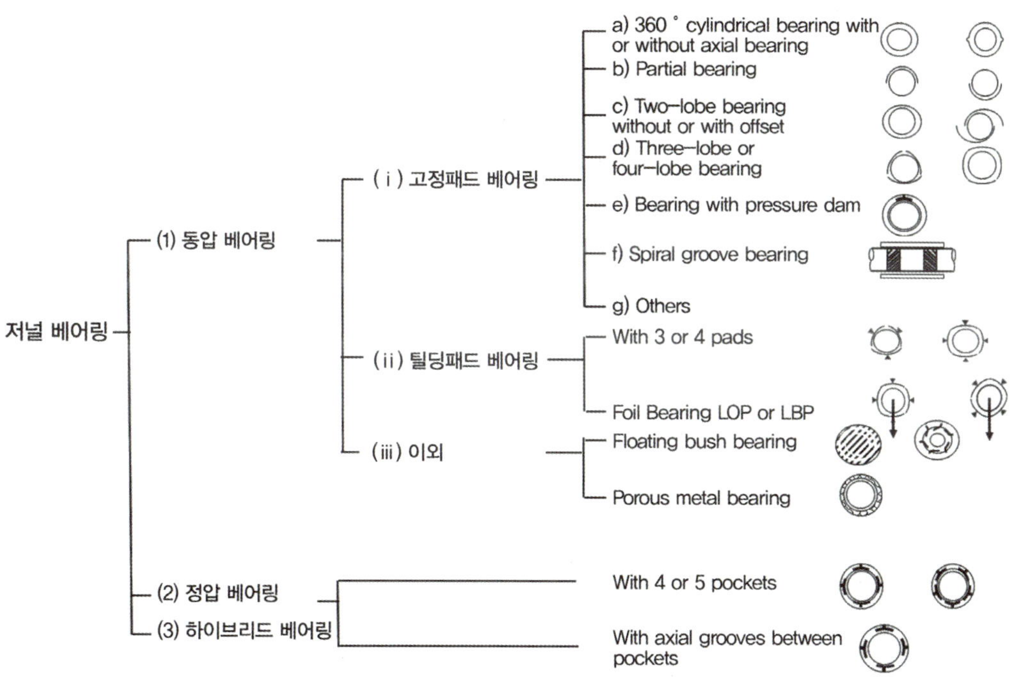

그림 5.1 저널 베어링 종류

5.1.2 주요 치수 및 좌표계

저널 베어링의 미끄럼 표면은 실린더 또는 그 실린더 표면으로 구성된다. 실린더 표면으로 구성된 경우, 그림 5.2와 같이 베어링 표면은 심(shim)으로 함께 놓이게 되며, 그다음 심을 제거 후 조립되게 된다. 그러므로, 아래 주요 치수들이 주로 사용된다.

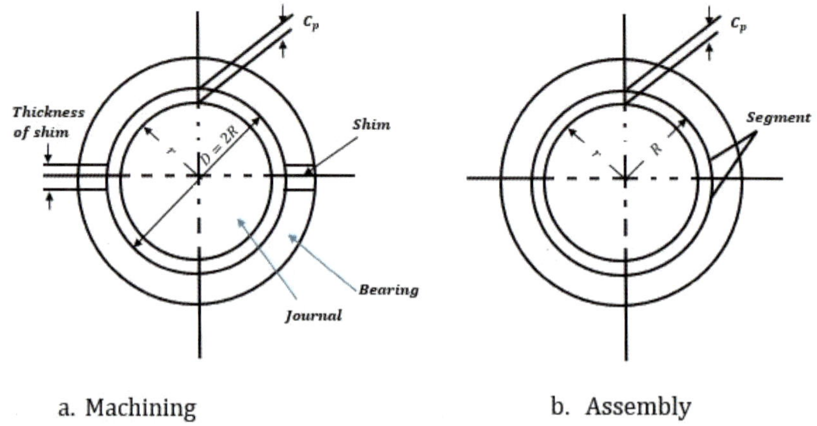

그림 5.2 a.b. 저널 베어링 주요 치수

$D = 2R$:	베어링 내경
R:	베어링의 안쪽 반경 또는 안쪽 실린더 표면의 반지름(m)
r:	저널 반지름(m)
$C_p = R - r$:	가공 간극 , 주로 베어링 간극이라 불림(m)
C_b:	조립 간극, 360° 원통형 베어링에서는 가공 간극과 조립 간극이 일치하고, C 라고 칭한다. $C = C_p = C_b = R - r$
L:	베어링 길이(m)

(5.1)

이러한 주요 치수에서 베어링 특성을 결정하는 아래와 같은 무차원 매개변수를 정의할 수 있다.

L/D	길이 대 직경 비율(length-to-diameter ratio)
$\psi = \frac{C_p}{R}$	간극 비율

(5.2)

기하학적 변수는 필요에 따라 추가적으로 정의되어야 한다. (예를 들면, 패드 수, 각 범위, 오프셋, 패드에 대한 상대적인 하중 방향, 오일 홈의 위치, 크기 및 형상 등)

위에서 언급된 주요 치수들을 이용하여, 저널의 중심이 자유롭게 움직일 수 있는 한정된 공간을 표현할 수 있다. 이러한 공간을 간극원(clearance circle)이라고 하며, 360° 원통형 베어링에서는 반경 C을 가지는 원이 된다. 하지만 그림 5.3과 같이 다른 경우도 있다.

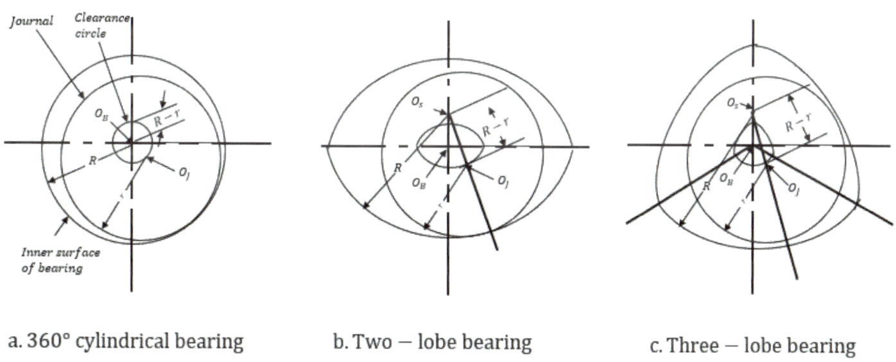

그림 5.3 a-c 저널 베어링의 간극원 및 형상

저널 베어링의 특성을 나타내기 위해 다음과 같은 좌표계를 사용한다. 베어링 중심 O_B를 원점으로 하여 저널 중심점 O_J에 대해 x, y 직각 좌표계를 정의한다. (그림 5.4) 베어링 중심 O_B과 저널 중심 O_J 사이 거리 $e = \overline{O_b O_j}$ 를 편심량이라 하고, 이를 베어링 간극 C_b로 나눈 값을 편심률이라 정의한다. (식 5.3)

$$\varepsilon = \frac{e}{C_b} \tag{5.3}$$

x축과 $\overline{O_B O_J}$가 이루는 각 $\emptyset$를 자세각이라 부른다. 저널 중심의 속도는 $\dot{x}$, $\dot{y}$ 또는

$\dot{e}$, $\dot{\varepsilon}$로 계산할수 있다. 저널은 반 시계 방향으로 일정한 각속도로 회전한다고 가정한다. (식 5.4) 여기서 N은 초당 회전수를 나타낸다. 저널에 작용하는 유막의 힘은 F_x, F_y로 표현된다. 모든 변수(x, y, $\dot{x}$, $\dot{y}$, e, ϕ, $\dot{e}$, $\dot{\phi}$, F_x, F_y)의 양의 방향은 그림 5.4에서 화살표 방향으로 정의된다.

$$\omega = 2\pi N \ \ (\text{rad/s}) \tag{5.4}$$

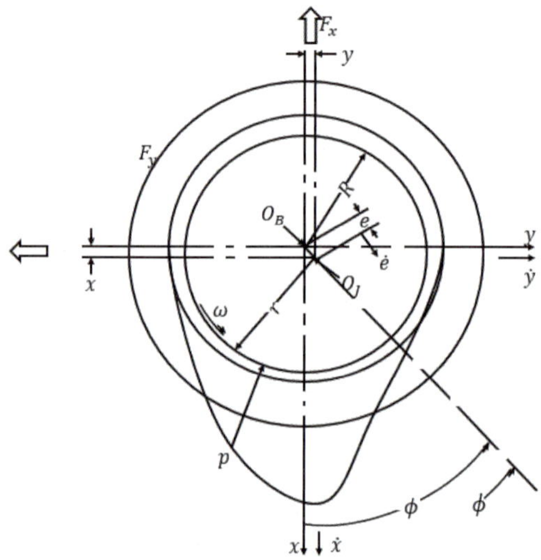

그림 5.4 **저널 베어링 좌표계**

5.2 저널 베어링의 정특성

5.2.1 저널 베어링의 정적 평형 위치

저널 베어링으로 지지되어 있고 일정한 회전 속도 N으로 회전하는 저널은 그림 5.5처럼 일정한 외력 W가 수직으로, 그리고 아래 방향으로 작용한다고 가정할 수 있다.

이 경우 하중이 작용하는 저널의 중심 O_J는 베어링 중심 O_B에서 벗어나 저널과 베어링 표면 사이에 수렴하는 간극 영역이 만들어진다. 윤활유에 작용하는 점성력과 응착력에 의해 유막에 수력학적 압력 p가 형성된다. 이 압력을 wedge 압력이라고 한다.

발산하는 간극 영역에서는 주로 에어레이션에 의해 캐비테이션이 발생하고 이 영역의 압력은 정상 작동 조건에서도 대기압에 가깝다.

압력 p에 의한 합력 P는 외력 W와 평형을 이룬다. 선분 $\overline{O_B O_J}$를 기준으로 압력 분포가 대칭적이기 때문에 저널 중심 O_J는 하중이나 회전 속도가 변하면 수직 방향으로 움직이거나 하중 방향으로 움직이지 않고 그림 5.5와 같이 반원 모양을 따라 움직인다. 주어진 형상 파라미터 $(L/D,\ m_p)$에 따라 편심률 ε와 자세각 ø는 Sommerfeld 수라고 불리는 무차원 변수의 함수이며 아래의 식으로 정의된다.

$$S = \frac{\mu NDL}{\Psi^2 W} \tag{5.5}$$

μ는 윤활유의 절대 점도(Pa · s)이다. 열 방출로 인한 온도 변화가 윤활유 점성에 미치는 영향을 무시할 수 없기 때문에 μ는 적절한 평균값을 사용해야만 한다. 변수 W, N, D, L의 단위는 각각 N, $1/s$, m, m이다. 편심률과 자세각의 값을 결정하고 나면 주어진 베어링 형상에 대해 최소 유막 두께 $h_{\min}$과 그에 해당하는 원주 방향 위치를 구할 수 있다. 예를 들어, 360° 원통형 베어링의 경우 아래 식으로 최소 유막 두께를 계산한다.

$$h_{min} = C(1-\varepsilon)\ \text{(m)} \tag{5.6}$$

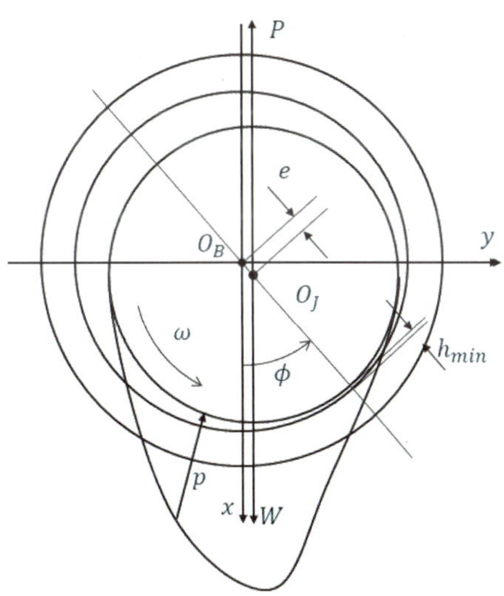

그림 5.5 **저널 베어링의 정적 평형 위치**

5.2.2 저널 베어링의 마찰계수

저널에 작용하는 유막의 접선력은 마찰 토크 $T_J\,(N\ m)$가 된다. $T_J = \widetilde{F}_J r$로 두면, 저널 베어링의 마찰 계수 f_J는 다음과 같이 정의된다.

$$f_J = \frac{\widetilde{F}_J}{W} = \frac{T_J}{rW} \tag{5.7}$$

5.3 저널 베어링의 동특성

5.3.1 동특성계수 정의

앞서 설명한 것과 같이 일반적으로 저널 베어링에서 외력의 방향과 그로 인한 저널 중심의 이동 방향이 일치하지 않기 때문에 저널 베어링으로 지지되는 회전축의 평형 상태는 특정 조건에서 불안정해지고 축의 자려 휘돌림이 발생하기 때문에 이를 억제해야 한다. 저널이 진동하면 쐐기 필름 압력(wedge film pressure)과 추가적으로 압착 필름 압력(squeeze film pressure)이 발생한다. 이 압력들은 유막의 강성과 감쇠력을 증가시켜 휘돌림 시작 속도와 위험 속도, 회전체 시스템의 진폭에 영향을 준다.

저널 베어링으로 지지된 저널의 중심이 간극 원 내를 움직이면 저널에 작용하는 유체력이 달라진다. 유체력의 성분 F_x, F_y는 저널 중심의 좌표 x, y와 속도 성분 $\dot{x}$, $\dot{y}$의 함수로 표현할 수 있다.

$$\begin{aligned} F_x &= F_x(x, y, \dot{x}, \dot{y}) \\ F_y &= F_y(x, y, \dot{x}, \dot{y}) \end{aligned} \ \text{(N)} \tag{5.8}$$

(5.8)의 우변에 있는 함수는 각 변수에 대해 선형적이지 않지만 저널이 정적 평형 위치 근처에서, 무시할 수 있을 정도의 변위와 속도로 진동할 때 1차 테일러 급수를 사용해서 충분한 정확도로 근사할 수 있다.

유체력을 벡터로 표현하면 아래 식과 같고,

$$\boldsymbol{F} = \begin{bmatrix} F_x \\ F_y \end{bmatrix} \ \text{(N)} \tag{5.9}$$

다음과 같은 식을 얻을 수 있다.

$$\boldsymbol{F} = \boldsymbol{F_0} + \Delta\boldsymbol{F} \ \text{(N)} \tag{5.10}$$

$$\Delta\boldsymbol{F} = [\boldsymbol{k}]\begin{bmatrix} \Delta \mathrm{x} \\ \Delta y \end{bmatrix} + [\boldsymbol{c}]\begin{bmatrix} \Delta \dot{x} \\ \Delta \dot{y} \end{bmatrix} \ \text{(N)} \tag{5.11}$$

여기서 아래 첨자 0은 정적 평형 상태를 의미하고 △는 변수의 작은 증분을 의미한다. (k)와 (c)는 2 x 2 행렬이며 아래와 같이 정의된다.

$$[\boldsymbol{k}] = \begin{bmatrix} k_{xx} & k_{xy} \\ k_{yx} & k_{yy} \end{bmatrix} = \begin{bmatrix} \dfrac{\partial F_x}{\partial x} & \dfrac{\partial F_x}{\partial y} \\ \dfrac{\partial F_y}{\partial x} & \dfrac{\partial F_y}{\partial y} \end{bmatrix} \ \text{(N/m)} \tag{5.12}$$

$$[\boldsymbol{c}] = \begin{bmatrix} c_{xx} & c_{xy} \\ c_{yx} & c_{yy} \end{bmatrix} = \begin{bmatrix} \dfrac{\partial F_x}{\partial \dot{x}} & \dfrac{\partial F_x}{\partial \dot{y}} \\ \dfrac{\partial F_y}{\partial \dot{x}} & \dfrac{\partial F_y}{\partial \dot{y}} \end{bmatrix} \ \text{(Ns/m)} \tag{5.13}$$

요소의 첫번째 아래 첨자는 유체력이 작용하는 방향을, 두번째 아래 첨자는 저널 중심의 변위나 속도의 방향을 나타낸다.

k_{ij}는 베어링의 강성 계수이고 c_{ij}는 베어링의 감쇠 계수이다. 이 계수들은 다음과 같이 무차원화 된다.

$$\boldsymbol{K} = \begin{bmatrix} K_{xx} & K_{xy} \\ K_{yx} & K_{yy} \end{bmatrix} = \frac{C_p}{W} \ [\boldsymbol{k}] \tag{5.14}$$

$$\boldsymbol{C} = \begin{bmatrix} C_{xx} & C_{xy} \\ C_{yx} & C_{yy} \end{bmatrix} = \frac{C_p \omega}{W} \ [\boldsymbol{c}] \tag{5.15}$$

유체력의 무차원 계수들은 Sommerfeld 수 또는 주어진 형상 파라미터에 대한 편심률의 함수이다. 이 계수들은 저널 베어링의 유막 계수나 간단하게 저널 베어링의 동특성 계수로 불린다.

5.3.2 계산을 통한 동특성계수 예측

위에서 정의한 저널 베어링의 동특성 계수를 계산하기 위해서는 저널 표면에 작용하는 압력을 적분하여 구한 유체력을 식 (5.12), (5.13)처럼 미분해야 한다. 압력의 분포는 유막 주변부에 경계 조건을 적용한 레이놀즈 방정식을 풀어서 얻을 수 있다. 이 경계 조건은 복잡한 유막의 파열이나 캐비테이션으로 인해 아직 완전히 밝혀지거나 정해지지는 않았다. 일반적으로는 양의 압력 영역 끝에서 압력 구배가 사라진다는 레이놀즈 경계 조건을 사용한다.

5.3.3 실험을 통한 유막계수 결정

식 (5.11)에서 기술된 바와 같이, 식 (5.12), (5.13)으로 정의되는 동특성계수는 정적 평형 위치에 있는 저널의 미소 변위와 이에 해당하는 유체력의 작은 변화를 나타낸다. 따라서 이 계수들은 저널에 정해진 하중이나 운동을 가하고 저널 중심의 운동 또는 유체력의 변화를 측정해서 구할 수 있다. 실험과 측정을 쉽게 하기 위해 저널 중심을 고정시키고 실험할 베어링을 저널에 장착하는 것이 일반적이다. 유체력이 선형적으로 변하거나 식 (5.10), (5.11)이 성립하는 구간에서 실험을 해야 하므로 저널 중심의 진폭은 베어링 간극에 비해 충분히 작게 유지되어야 한다. 하지만, 동시에 저널 중심의 진폭은 충분한 정확도 (1 μm 미만)로 측정되어야 한다. 편심률이 증가하면 유체력이 급격하게 커지므로 편심률이 변할 때 가진력과 정적 하중의 비를 일정하게 유지하는 것이 저널 중심의 진폭을 고정시키는 것보다 바람직하다.

5.3.4 계산값과 실험값과 비교

저널 베어링의 동특성계수 계산값들의 신뢰도는 압력 경계조건, 온도 분포, 베어링의 변형 유무 등 많은 가정에 따라 달라질 수 있다. 또한 실험값들은 매우 작은 진폭을 측정할 때 정밀도와 베어링 지지 및 가진 방법 등에서 개선이 필요한 부분이 존재한다.

5.4 저널 베어링의 무차원계수 활용

Sommerfeld 수는 독립변수로 사용된다. 무차원화 된 동특성계수를 적용하기 전에 해당 값을 식 (5.16), (5.17)에서 얻은 관계식을 이용하여 유차원화 시켜야 한다.

$$k_{i,j} = \frac{W}{C_p} K_{i,j} \tag{5.16}$$

$$c_{i,j} = \frac{W}{C_p \omega} C_{i,j} \tag{5.17}$$

무차원화 예시:

$$N = 200\ ,\ L = 80\ \text{mm}\ ,\ D = 2R = 80\ \text{mm}\ ,\ C_b = 100\ \mu\text{m}\ ,\ C_p = 200\ \mu\text{m},$$

$$W = 1960\ N\ (200\text{kg}_f), T_{in} = 40\ ℃\ , Oil : Turbine\ \ oil\ \ \#90$$

베어링 동특성(유차원 혹은 무차원)을 얻으려면 먼저 열 균형 조건과 유막의 평균 온도를 가능한 한 정확하게 결정해야 한다. 이러한 과정은 매우 복잡하므로 본 교재의 범위를 벗어난다. 그러나 이 예에서는 평균 온도 상승과 유막의 평균 온도를 각각 30도 및 70도로 가정한다. 유막의 평균 점도는 온도-점도 표에서 얻을 수 있다.

좀머펠트 수(Sommerfeld number)는 다음과 같이 계산된다.

$$S = \frac{\mu NLD}{W}\left(\frac{R}{C_p}\right)^2 = 0.244.$$

편심률은 약 0.3이라 주어졌고, 강성과 감쇠 계수는 다음과 같다.

$$K_{xx} \fallingdotseq 6.82 \ , \ k_{xx} = 66.9\,\mathrm{MN/m}\,(6.82 \ \times 10^4\,\mathrm{kg_f/cm})$$

$$K_{yy} \fallingdotseq 4.56 \ , \ k_{xx} = 44.7\,\mathrm{MN/m}\,(4.56 \ \times 10^4\,\mathrm{kg_f/cm})$$

$$C_{xx} \fallingdotseq 7.25 \ , \ c_{xx} = 56.6 \ \mathrm{kN \cdot s/m}\,(57.7 \ \times 10^4 \ \mathrm{kg_f \cdot s/cm})$$

$$C_{yy} \fallingdotseq 5.78 \ , \ c_{xx} = 45.1 \ \mathrm{kN \cdot s/m}\,(46.0 \ \times 10^4\mathrm{kg_f \cdot s/cm})$$

$$k_{xy} = k_{yx} = c_{xy} = c_{yx} = 0$$

5.5 저널 베어링 지배방정식

5.5.1 점성유동

밀도와 비중량과 같은 물성들은 유체의 '무거움'에 대한 척도이다. 하지만 두 유체가 거의 비슷한 밀도를 가지더라도 유동 내에서 서로 다르게 거동할 수 있으므로, 이러한 물성들은 유체가 어떻게 움직이는 지를 표현하기에 충분하지 않다. 따라서, 유체의 '유동성'을 표현하기 위한 추가적인 물성이 필요하다.

그림 5.6과 같이 아주 넓은 2개의 평판 사이에 임의의 유체가 채워져 있다고 해보자. 만약 한쪽 평판에 힘 p가 가해지면 평판은 속도 U를 가지고 연속적으로 움직인다. 두 평판 사이의 유체의 움직임에 대해 자세히 살펴보면 아주 중요한 사실을 파악할 수 있다. 움직이고 있는 평판과 접촉한 유체는 평판의 속도 U와 같은 속도로 움직이며, 움직이지 않는 평판과 접촉한 유체는 속도가 없다. 유체가 움직이는 평판에 가까워질 수록, 속도는 0부터 U까지 증가한다. 속도는 선형적일 수 있으며, 이 경우 $u = Uy/b$로 나타낼 수 있다. 하지만 더 복잡한 유동에서는 속도가 선형적이지 않다. 유체가 고체 표면에 달라붙는 것은 유체 역학에서 아주 중요하며, 이를 점착 조건 (no-slip condition)이다. 액체와 기체 모두 이 조건을 만족한다.

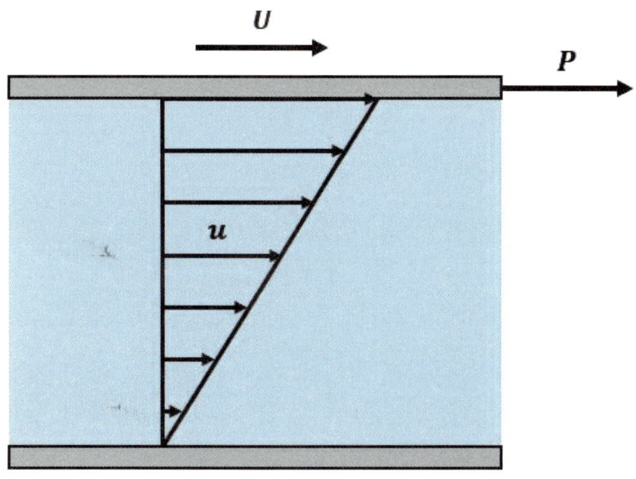

그림 5.6 **평판 사이의 유체**

물, 오일, 공기와 같은 유체에 대해서 전단 응력 τ과 전단 변형률의 시간에 따른 변화율 $\frac{du}{dy}$사이의 관계는 아래와 같이 표현할 수 있다.

$$\tau = \mu \frac{du}{dy} \tag{5.18}$$

여기서, μ는 두 값 사이의 비를 나타내며, 절대 점성 계수(absolute viscosity), 역학적 점성 계수(dynamic viscosity), 혹은 점성 계수(viscosity)라고 불린다. 역학적 점성 계수와 밀도의 비를 동점성 계수(kinematic viscosity)라고 하며 아래와 같이 표현된다.

$$\nu = \frac{\mu}{\rho} \tag{5.19}$$

식 (5.19)로부터 점성 계수의 단위가 SI 단위계로는 $N \cdot s/m^2$임을 알 수 있다. 전단 변형률의 변화율이 전단 응력과 선형적인 관계를 갖는 유체를 뉴턴 유체(Newtonian fluid)라고 한다. 대부분의 일반적인 유체는 뉴턴 유체이다. 관계가 선형적이지 않은 경우 비뉴턴 유체(non-Newtonian fluid)라고 하며 전단 희박 유체(shear thinning fluid), 전단 농후 유체(shear thickening fluid) 등이 있다. 점성 계수는 유체의 종류에 따라 다르며, 특히 온도에 따라 크게 변화한다. 점성 계수에 대한 온도의 영향은 두 개의 경험식을 사용하여 표현할 수 있다. 기체의 경우 Sutherland 식으로 표현할 수 있으며 [1], 절대 온도 T에서의 점성계수를 2개 이상 알고 있을 경우 곡선 접합 방법을 사용하여 실험 상수 C, S를 얻을 수 있다.

$$\mu = \frac{CT^{\frac{3}{2}}}{T+S} \tag{5.20}$$

액체의 경우 Andrade 식을 사용하며 기체와 같은 방법으로 곡선 접합을 통해 실험 상수 D, B를 얻을 수 있다 [2].

$$\mu = De^{B/T} \tag{5.21}$$

5.5.2 레이놀즈 방식

움직이는 두 평면 사이의 얇은 유체 막에 생기는 압력 분포를 얻기 위한 지배방정식은 레이놀즈 방정식으로, 베어링에서 발생하는 유막은 레이놀즈 방정식을 따른다. 이 식은 점성을 가진 운동 유체에 대한 연속 방정식과 운동량 보존으로부터 유도된다. 운동 방정식을 적분하면 압력 구배에 따른 속도를 얻을 수 있다. 레이놀즈 방정식에서 유막은 층류이며 유막 두께 방향으로 압력이 변하지 않는다고 가정한다. 또한 축의 곡률과 유체 관성력이 무시된다.

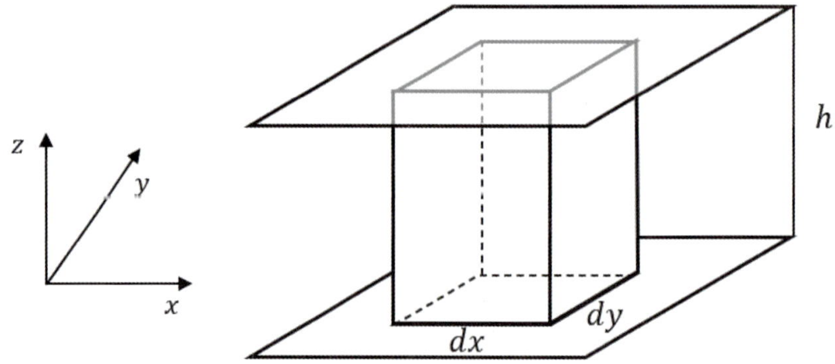

그림 5.7 레이놀즈 방정식의 제어 체적

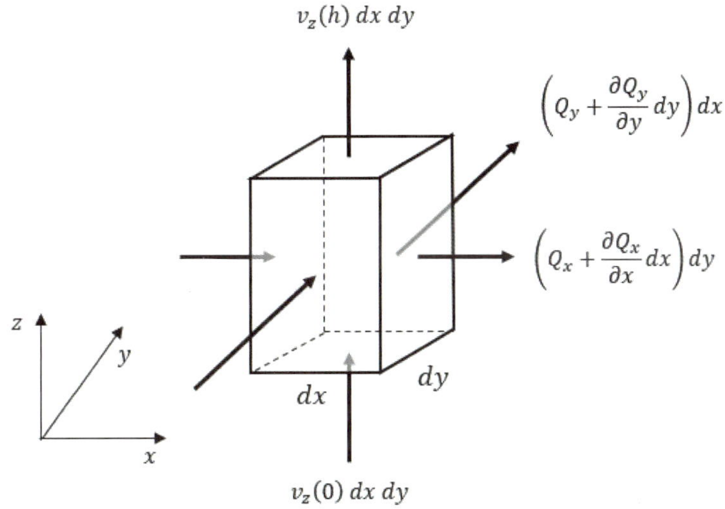

그림 5.8 **제어 체적을 통과하는 유량**

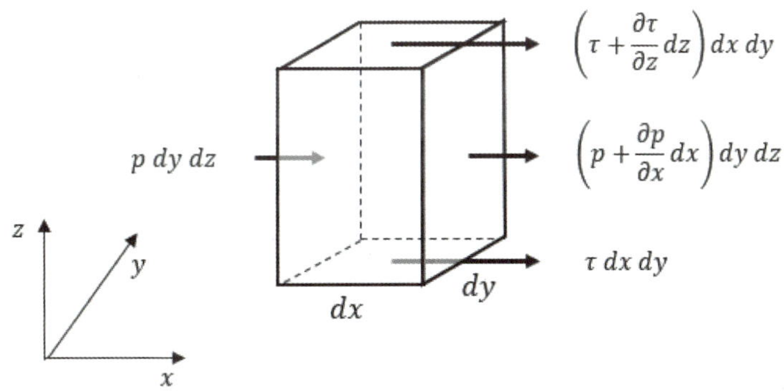

그림 5.9 **제어 체적의 운동량**

그림 5.7에서, 유막의 두께는 h이며 , dx, dy는 제어 체적의 너비와 길이이다. 제어 체적으로 들어가는 유량 Q_x, Q_y와 $x-y$ 평면을 통과하는 유체의 표면 속도 $v_z(0)$, $v_z(h)$는 그림 5.8에 나타나 있다. 연속 방정식은 질량 보존의 법칙으로부터 유도할 수 있다.

$$\frac{\partial}{\partial t}(\rho h) = -\frac{\partial}{\partial x}(\rho Q_x) - \frac{\partial}{\partial y}(\rho Q_y) \tag{5.22}$$

그림 5.9는 제어 체적의 운동량을 도식으로 나타낸 것이다. 유체 압력은 p, 전단 응력은 τ이다. 뉴턴 유체는 식 (5.18)의 특성을 가지고 있다.

제어 체적에 대해 뉴턴의 제2법칙을 적용하고 관성력을 무시하면 다음과 같은 방정식을 얻을 수 있다.

$$x \text{ momentum equation: } \frac{\partial p}{\partial x} = \frac{\partial}{\partial z}\left(\mu \frac{du}{dz}\right) \tag{5.23}$$

$$y \text{ momentum equation: } \frac{\partial p}{\partial y} = \frac{\partial}{\partial z}\left(\mu \frac{dv}{dz}\right) \tag{5.24}$$

$$z \text{ momentum equation: } \frac{\partial p}{\partial y} = 0 \tag{5.25}$$

점성이 일정하다고 하면, 식 (5.23)을 적분하여 유체의 속도를 계산할 수 있다.

$$\frac{\partial u}{\partial z} = \frac{1}{\mu}\frac{\partial p}{\partial x} z + \frac{1}{\mu} C_1 \tag{5.26}$$

$$u = \frac{1}{2\mu}\ \frac{\partial p}{\partial x} z^2 + \frac{1}{\mu} z \cdot C_1 + C_2 \tag{5.27}$$

표면 1, 표면 2에서의 유체 속도는 아래와 같다.

$$u(0) = u_2 = C_2 \tag{5.28}$$

$$u(h) = \frac{1}{2\mu}\ \frac{\partial p}{\partial x} h^2 + \frac{1}{\mu} h \cdot C_1 + C_2 = u_1 \tag{5.29}$$

식 (5.28), (5.29)를 정리하여 상수 C_1, C_2를 얻은 뒤, 식 (5.25)를 z정리하어 방향 위치에 따른 유체의 속도를 알 수 있다.

$$C_2 = u_2 \tag{5.30}$$

$$C_1 = \frac{(u_1 - u_2)\mu}{h} - \frac{h}{2}\ \frac{\partial p}{\partial x} \tag{5.31}$$

$$u(z) = \frac{1}{2\mu}\ \frac{\partial p}{\partial x} z^2 + \frac{1}{\mu} z \left(\frac{(u_1 - u_2)\mu}{h} - \frac{h}{2}\ \frac{\partial p}{\partial x} \right) + u_2 \tag{5.32}$$

$$u(z) = \frac{1}{2\mu}\frac{\partial p}{\partial x}(z^2 - hz) + \frac{u_1 - u_2}{h} z + u_2 \tag{5.33}$$

유량 Q_x는 속도를 z방향으로 적분하여 얻을 수 있다.

$$Q_x = \frac{1}{2\mu}\frac{\partial p}{\partial x}\int_0^h (z^2 - hz)\ dz + \frac{u_1 - u_2}{h}\int_0^h z\ dz + \int_0^h u_2\ dz \tag{5.34}$$

$$Q_x = -\frac{h^3}{12\mu}\frac{\partial p}{\partial x} + \frac{u_1 - u_2}{2} h + u_2 h \tag{5.35}$$

유량 Q_y도 같은 방식으로 구할 수 있다.

$$Q_y = -\frac{h^3}{12\mu}\frac{\partial p}{\partial y} + \frac{v_1 - v_2}{2} h + v_2 h \tag{5.36}$$

얻은 유량을 연속 방정식에 대입하여 정리하면, 아래와 같다.

$$\begin{aligned} \frac{\partial}{\partial t}(\rho h) = -\frac{\partial}{\partial x}\left(\rho(-\frac{h^3}{12\mu}\frac{\partial p}{\partial x} + \frac{u_1 - u_2}{2} h + u_2 h) \right) \\ -\frac{\partial}{\partial y}\left(\rho - \frac{h^3}{12\mu}\frac{\partial p}{\partial y} + \frac{v_1 - v_2}{2} h + v_2 h \right) \end{aligned} \tag{5.37}$$

$$\begin{aligned} \frac{\partial}{\partial t}(\rho h) = \frac{\partial}{\partial x}\left(\frac{\rho h^3}{12\mu}\frac{\partial p}{\partial x} \right) + \frac{\partial}{\partial y}\left(\frac{\rho h^3}{12\mu}\frac{\partial p}{\partial y} \right) - \frac{\partial}{\partial x}\left(\rho h \left(\frac{u_1 - u_2}{2} \right) \right) - \frac{\partial}{\partial y}\left(\rho h \left(\frac{v_1 - v_2}{2} \right) \right) \\ -\ \frac{\partial}{\partial x}(u_2 h) -\ \frac{\partial}{\partial y}(v_2 h) \end{aligned} \tag{5.38}$$

만약, 평판 1이 x방향으로만 속도를 가지며 $u_2 = v_1 = v_2 = 0$이라 하면 식은 아래와 같다.

$$\frac{\partial}{\partial t}(\rho h) + \frac{\partial}{\partial x}\left(\frac{\rho h u_1}{2}\right) = \frac{\partial}{\partial x}\left(\frac{\rho h^3}{12\mu}\frac{\partial p}{\partial x}\right) + \frac{\partial}{\partial y}\left(\frac{\rho h^3}{12\mu}\frac{\partial p}{\partial y}\right) \tag{5.39}$$

식 (5.39)는 레이놀즈 방정식이라 불린다. 식의 오른쪽 항은 압력 구배로 인한 흐름을 나타내는 푸아즐리(Poiseullie)의 항이며, 식의 왼쪽 항은 표면의 z방향 움직임으로 인한 짜내기(squeeze)효과를 의미하는 쿠에테(Couette)항이다.

5.5.3 레이놀즈 방정식의 유한요소 이산화 모델(FDM 또는 FEM)

이 절에서는 레이놀즈 방정식의 유한요소 해를 유도해 볼 것이다. 벡터로 나타낸 비압축성 레이놀즈 방정식과 그 경계조건은 다음과 같다.

$$\begin{aligned} &\frac{\partial h}{\partial t} + \nabla\cdot\left(\frac{hu_1}{2}\right) - \nabla\cdot\left(\frac{h^3}{12\mu}\nabla p\right) = 0 \quad in\ \Omega \\ &p = P^* \qquad\qquad on\ S_p \\ &q = q^* \qquad\qquad on\ S_q \end{aligned} \tag{5.40}$$

이산화 된 해석 영역은 그림 5.10에 나타냈다. 경계는 두 영역으로 나누어 표현할 수 있는데, 압력이 주어진 경계는 S_p, 유량이 주어진 경계는 S_q이며 두 영역은 교집합이 없다.

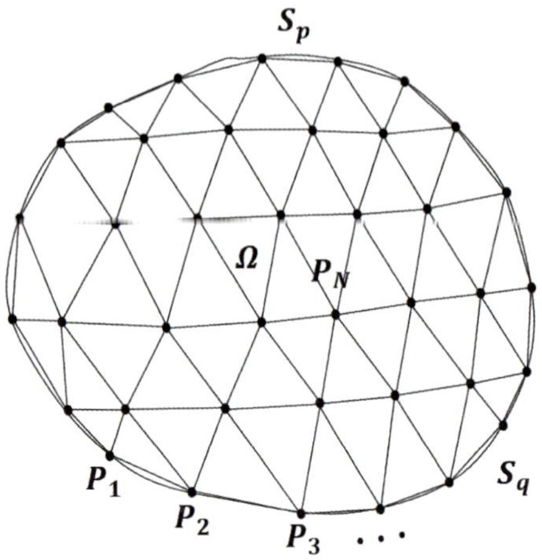

그림 5.10 이산화 된 해석 영역

비압축성 레이놀즈 방정식의 범함수는 변분법을 통해 구할 수 있으며 식 (5.41)과 같다. 유한 요소법은 그림 5.10에서와 같이 해석 영역을 유한개의 요소로 나누어 압력 분포를 계산한다.

$$J_p = \int_{\Omega} \left[\left(\frac{h^3}{24\mu}\nabla p - \frac{hu_1}{2}\right)\nabla p + \frac{\partial h}{\partial t}p\right]d\Omega + \int_{S_q} q \cdot \hat{n}PdS \tag{5.41}$$

압력을 구하기 위해, 범함수를 최소화하는 함수 p를 계산해야 한다. 범함수가 최소일 때 p에 대한 범함수의 1차 미분은 0이 된다.

$$\frac{\partial J_p}{\partial p} = 0 \tag{5.42}$$

유한 요소법은 Galerkin의 방법을 사용하여 얻을 수 있다. Galerkin의 방법이란, 식 (5.43)과 같이 형상 함수와 절점 값을 통해 근사 함수를 만드는 것이다. N은 형상 함수, P는 절점의 압력 벡터이다. 3개의 절점을 가진 삼각형 요소는 요소 면적 Ω_e에서 2차원 압력 p의 보간에 적합하다고 알려져 있다. 식 (5.43)을 통해, 유한 요소 행렬은 식 (5.44)로 표현된다.

$$P_{approx} = N^T \cdot P_e$$

여기서,

$$\begin{aligned} N^T &= [N_1 \;\; N_2 \;\; N_3] \\ P_e^T &= [P_{1e} \;\; P_{2e} \;\; P_{3e}] \end{aligned} \tag{5.43}$$

$$K_f P = F_f$$

여기서,

$$
\begin{aligned}
K_f &= -\int_{\Omega} C_1 \left(\frac{\partial N_i}{\partial x} \frac{\partial N_j}{\partial x} + \frac{\partial N_i}{\partial y} \frac{\partial N_j}{\partial y} \right) d\Omega \\
F_f &= B_f + S_f + L_f \\
B_f &= \int_{\Omega} C_2 U_x \frac{\partial N_i}{\partial x} d\Omega + \int_{\Omega} C_2 U_y \frac{\partial N_i}{\partial y} d\Omega \qquad \text{(wedge effet)} \\
S_f &= -\frac{\partial h}{\partial t} \int_{\Omega} N_i \, d\Omega \qquad \text{(squeeze effect)} \\
L_f &= -\int_{S_q} q N_i \, dS \qquad \text{(imposed boundary flow effect)}
\end{aligned}
\tag{5.44}
$$

압력을 유발하는 물리적인 요인으로는 수렴 혹은 발산하는 유막의 쐐기 효과 (B_f), 짜내기 효과 (S_f), 경계에 가해진 유량 (L_f)이 있다.

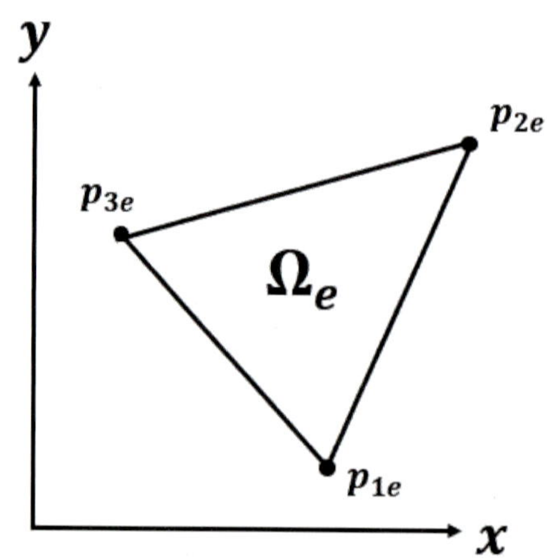

그림 5.11 **3개의 절점을 갖는 삼각형 요소**

3개의 절점을 갖는 삼각형 요소 위의 압력의 선형 보간은 그림 5.11에 나타냈다. 형상 함수는 아래와 같다.

$$
N_n = \frac{1}{2\Omega_e}(a_n + b_n + c_n), \qquad n = 1,2,3 \tag{5.45}
$$

요소의 면적은 아래와 같다.

$$\Omega_e = \frac{1}{2}|(x_2y_3 - x_3y_2) - (x_1y_3 - y_1x_3) + (x_1y_2 - x_2y_1)| \tag{5.46}$$

식 (5.45)의 계수들은 아래와 같다.

$$\begin{bmatrix} a_1 & a_2 & a_3 \\ b_1 & b_2 & b_3 \\ c_1 & c_2 & c_3 \end{bmatrix} = \begin{bmatrix} x_2y_3 - x_3y_2 & x_3y_1 - x_1y_3 & x_1y_2 - x_2y_1 \\ y_2 - y_3 & y_3 - y_1 & y_1 - y_2 \\ x_3 - x_2 & x_1 - x_3 & x_2 - x_1 \end{bmatrix} \tag{5.47}$$

형상 함수를 식 (5.44)에 대입하여 정리하면, 유한 요소 행렬은 아래와 같이 정리할 수 있다.

$$K_f^e = -(b_ib_j + c_ic_j)\frac{\overline{C_1}}{4\Omega_e} \tag{5.48}$$

$$B_f^e = (Ub_i)\frac{\overline{C_2}}{2} \qquad \text{(wedge effet)} \tag{5.49}$$

$$S_f^e = -\frac{\rho\Omega_e}{3}\frac{\partial h}{\partial t} \qquad \text{(squeeze effct)} \tag{5.50}$$

$$L_f^e = -q\frac{L_{i-j}}{2} \qquad \text{(imposed boundary flow effect)} \tag{5.51}$$

$$\overline{C_\iota} = \frac{1}{\Omega_e}\int_\Omega C_i d\Omega \quad (i = 1,2) \tag{5.52}$$

전체 해석 영역에 대한 강성 및 힘 벡터는 노드 연결 행렬(nodal connectivity matrix)를 통해 만들 수 있다.

5.6 틸팅패드 저널 베어링

5.6.1 기하학적 특징 및 패드 방향

틸팅패드 베어링의 장점은 설계 변수가 많다는 것이다. 패드에 가해지는 하중의 위치, 피봇 오프셋, 패드 예압, 패드의 축방향 길이 등이 있다. 이 절에서는 패드 및 피봇의 하중의 위치에 대해 다룰 것이다.

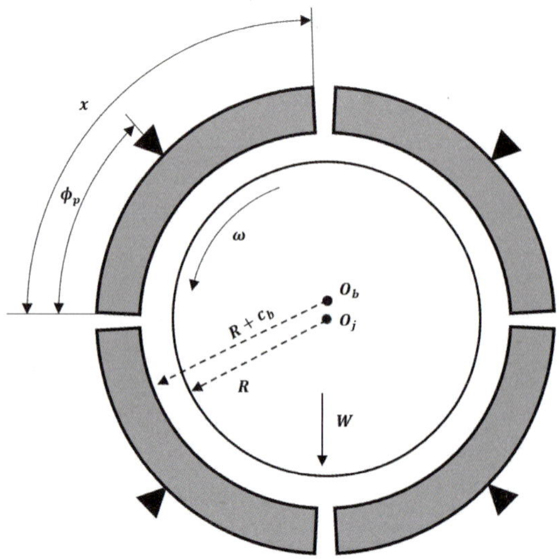

그림 5.12 **피봇 사이에 하중이 가해지는 틸팅패드 베어링**

피봇에 가해지는 하중을 그림 5.12에 나타냈다. 피봇 사이에 하중을 위치시키면 더욱 대칭적인 강성과 감쇠 계수를 얻을 수 있다 [3]. 강성이 대칭적이면 궤도가 원에 가까운 반면, 비대칭일 경우 타원에 가깝다. 일반적으로 원형 궤도는 타원 궤도의 장축에 비해 임계 속도를 통과하는 진동의 진폭이 더 작기 때문에 동기 응답의 진폭을 감소시키는 데 더욱 적합하다. 하지만, 하중이 피봇에 대해 비대칭적으로 위치할 때 우수한 안정성을 제공하는 경우도 있다.

5.6.2 패드 피봇 오프셋

또 다른 설계 변수로는 패드 피봇 오프셋이 있다. 그림 5.12를 바탕으로 패드 피봇 오프셋은 다음과 같이 정의된다.

$$\alpha = \frac{\phi_p}{x} \tag{5.53}$$

중앙 피봇 패드의 경우 $\alpha = 0.5$ (50 % 오프셋)이며, 일반적인 피봇 오프셋 값의 범위는 0.55 ~ 0.6이다. 스러스트 베어링의 설계에서 피봇 오프셋이 선호되는데, 피봇을 오프셋 하면 유막의 두께가 증가하여 작동 온도를 낮추기 때문이다. 이는 피봇 오프셋이 베어링의 부하 용량을 증가시킨다는 것을 의미한다. 틸팅 패드 저널 베어링의 경우 피봇 오프셋은 부하 용량을 증가시켜 [4] 저널 베어링 작동 온도를 낮춘다. 또한 피봇 오프셋은 중앙 피봇 패드에 비해 베어링 강성을 증가시키는 효과가 있다 [4].

5.6.3 패드 예압

틸팅패드 베어링의 설계 변수들 중 가장 중요한 변수는 패드 예압이다. 이는 실제 하중이 아닌 기하학적인 변수이며, 아래와 같이 정의한다.

$$m = 1 - \frac{c_b}{c_p} \tag{5.54}$$

예압이 0일 경우, 기계적 간극 c_b과 조립 간극 c_p이 같으며 베어링과 저널 중심이 일치하여 패드 위의 어떤 점에서라도 간극이 같다. 예압이 없는 경우를 그림 5.13에 나타냈다.

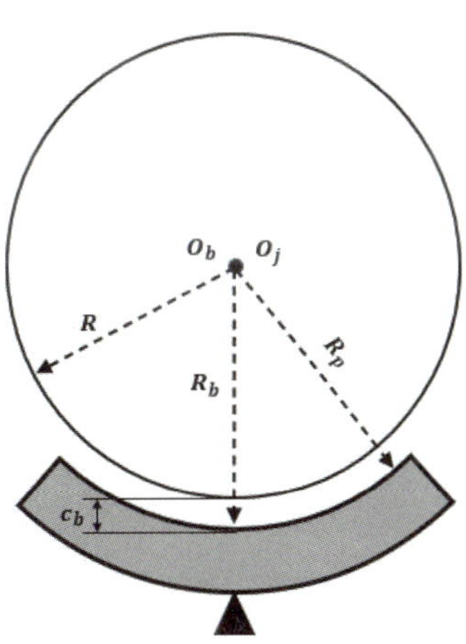

그림 5.13 예압이 없는 패드와 저널 중심 간의 기하학적 관계

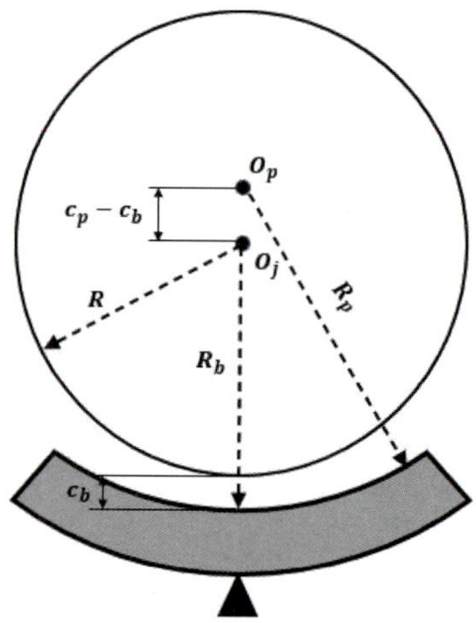

그림 5.14 **예압이 있는 패드와 저널 중심간의 기하학적 관계**

그림 5.14처럼 예압이 있는 경우 패드 간극은 베어링 간극보다 크고, 저널에 베어링 중심에 있다 하더라도 유막이 수렴하는 영역이 존재하기 때문에 유체로부터 압력이 형성된다. 일반적으로 예압 값은 0 ~ 0.5이다.

5.6.4 베어링 길이 대 직경비

또다른 중요한 설계 변수는 베어링 길이 대 직경비이며 L/D비로 표현한다. L/D비를 증가시키면 베어링 감쇠는 증가하지만 베어링 강성은 감소한다. 결과적으로 유효 감쇠가 증가하게 된다. 저널 지름을 감소시키는 것 보다 베어링의 길이를 증가시키는 것이 더욱 실용적이기 때문에, 최근에는 길이가 긴 베어링이 선호되고 있다. 이전에는 주로 $L/D = 0.5$를 사용하였으나 최근에는 0.75 혹은 1로 대체되는 추세이다.

5.7 고정패드 베어링

5.7.1 서론

고정패드 베어링 또는 평면 슬리브 베어링은 하위동기(sub-synchronous) 진동을 일으켜 회전체를 불안정하게 만들 수 있는 가진력을 발생시키는 나쁜 특성을 가지고 있다. 이 현상은 일반적으로 상대적으로 높은 회전체 속도 및 가벼운 베어링 하중, 즉 일반적으로 높은 좀머펠트 수(Sommerfeld Number)에서 발생한다. 문제는 슬리브 베어링(틸팅 패드 베어링을 제외한 모든 고정된 패드 형태를 가지는 저널 베어링)이 하중 벡터와 직접 일직선이 아니라 하중 벡터에서 회전하면서 일부 각도로 변환되며 하중을 지지한다는 것이다. 이 각도는 가벼운 하중과 고속의 경우 90°에 접근할 수 있으며, 이로 인해 연성된 힘(crouss-coupling force) 높아져 회전체가 불안정해질 수 있다.

5.7.2 축방향 홈 베어링(Axial Groove Bearings)

평판 슬리브 베어링(plain sleeve bearing)이라고도 하는 축방향 홈 베어링(Axial groove bearing)은 일반적으로 2~4축 오일 공급 홈이 있는 원통형 보어(bore)를 가지고 있다. 그림 5.15는 2축 홈 베어링 디자인을 나타낸다. 이 베어링은 저속 장비에서 주로 사용된다. 주어진 베어링 하중 크기와 방향에 대해 축방향 홈 베어링의 안정성은 주로 베어링 간극에 의해 제어된다. 낮은 간극은 높은 불안정 임계값을 생성하지만 다른 문제점을 발생시킬 수도 있다. 예를 들어, 베어링 간극이 감소함에 따라 베어링의 작동 오일 온도가 상승한다. 또한 반복적인 시동 시 배빗의 마모는 베어링 간극을 증가시켜 안정성을 저하시킨다. 실제로 현장에서 발생하는 많은 베어링 불안정성은 오일 오염, 반복적인 시동 또는 경계 윤활에 의한 slow-rolling 등으로 인한 마모로 증가된 베어링 간극으로 인해 발생된다.

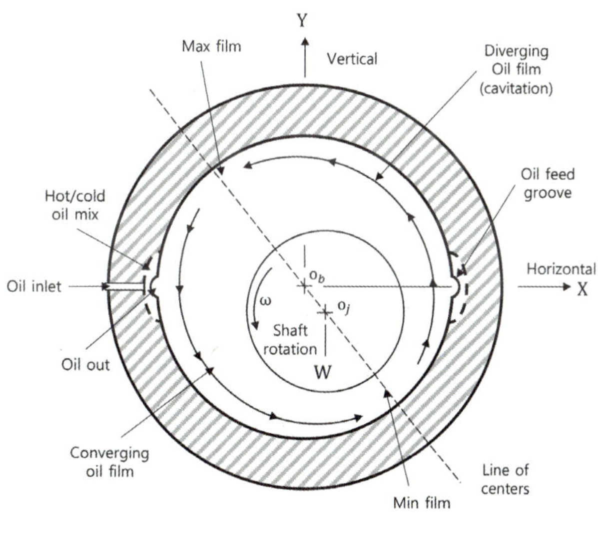

그림 5.15 **2개의 축방향 홈을 가지는 베어링**

2축 홈 베어링의 불안정 임계값을 높이는 한 가지 방법은 베어링의 아래쪽 절반에 원주 방향 오일 릴리프 트랙(Oil relief track) 또는 홈을 배치하는 것이다(그림 5.16 및 5.17의 하단 패드 참조). 릴리프 트랙(Relief track)은 베어링의 하중 전달 능력의 일부를 감소시켜 베어링이 더 높은 편심률로 작동하도록 한다. 2축 홈 베어링의 하단 패드에 원주 방향 홈을 추가하는 것이 베어링으로 인한 불안정성에 대한 일반적인 대처 방법이다. 하지만 이 방법을 시도하기 전에 높은 주의를 기울여야한다. 이러한 설계 변수 수정은 대형 베어링 단위 부하($L_u = 100\ psi$이상)에 대해서 시도해선 안 된다.

5.7.3 압력댐 베어링(Pressure Dam Bearings)

축방향 홈 베어링의 안정성을 높이기 위해 하단부를 홈 형태로 가공하는 것은 한계가 존재한다. 따라서 제작이 쉽고 설계 공차에 상대적으로 덜 민감하고 이미 사용중인 Axial groove 베어링을 쉽게 대체할 수 있는 고정 보어 안티 휠 베어링(Fixed-bore anti whirl bearing)이 선호된다. 압력댐 베어링(Pressure dam bearing)은 이러한 범주에 속한다(그림 5.16, 5.17, Nicholas 및 Allaire [4]).

베어링 포켓 내부 표면의 상세 형상은 부차적으로 중요하다. 측면 land가 흐름과 압력을 잡아 주기 때문에 포켓 내부의 표면 디테일은 이차적으로 중요하다. 포켓에 의해 생성되는 유체역학적 하중은 평판 베어링에 비해 스텝 베어링의 안정성을 향상시킨다. 결과적으로 포켓 깊이의 공차는 다중 로브 베어링(Multi-lobe bearing)의 로브(lobe)에서의 간극 공차만큼 중요하지는 않다.

압력댐 또는 스텝저널 베어링은 평판저널 그리고 축방향 홈 베어링의 대체품으로서 터보 기계의 안정성을 개선하기 위해 오랫동안 사용되어 왔다. 이러한 베어링들은 안정성 임계값에 근접하거나 그보다 높은 속도로 작동하는 기계에 빠르고 저렴한 해결책을 제공한다. 예를 들어, 평판 실린더형 축방향 홈 베어링(Plain cylindrical axial groove bearing)은 하위동기 진동을 나타내는 회전기계에서 이를 쉽게 제거할 수 있다. 안정성 문제를 해결하기 위해서는 적절한 크기와 위치의 상단 패드에서 한 단계 가공(milling)하면 된다. 이는 베어링 하우징을 교체해야 실행가능한 틸팅패드 베어링을 설치하는 것보다 훨씬 효율적인 방법이다.

대부분의 압력댐 베어링은 그림 5.16과 같이 수평면에 2개의 오일 공급 홈이 있다. 로터 중량에 해당하는 아래쪽 방향 하중(음의 y방향)의 경우, 포켓은 반시계방향 축 회전을 위해 두 번째 사분면에 위치한 포켓(step 또는 dam)의 끝과 함께 베어링의 상반부에서 절단된다. 포켓에는 그림 5.17과 같이 압력과 흐름을 유지하기 위한 측면 land가 있다. 그림 5.16, 5.17에 도시된 것처럼 원주 방향 릴리프 홈 또는 트랙이 베어링 하단에 홈이 있는 경우가 있다. 이 두 가지 효과(dam 및 relief 트랙)가 결합되어 평판 실린더 베어링에 비하여 베어링 편심률이 증가하게 된다.

높은 좀머펠트 수(가벼운 하중 또는 고속)에서 축방향 홈 저널 베어링의 편심률은 0에 가까워지고 저널은 베어링의 중앙에 위치하게 된다. 이 조건은 불안정한 작동으로 이어진다. 하지만 압력댐 베어링 편심은 일부 최소값에 접근하거나 스텝 진 포켓(stepped pocket)의 영향으로 좀머펠트 수가 증가함에 따라 증가한다. 고속 또는 가벼운 부하에서 이 단계는 최소 작동 편심률을 유지하는 하중을 생성한다. 즉 속도가 증가함에 따라 베어링 편심은 축방향 홈 베어링 에서와 같이 0에 접근하지 않는다. 편심률은 최소값에 근접하거나 스텝 부하로 인해 속도가 증가하면 증가할 수 있다. 따라서 적절하게 설계된 스텝 베어링은 높은 좀머펠트 수에서도 적당한 편심비로 작동한다. 이 조건은 높은 좀머펠트 수 범위에서 압력댐 베어링을 안정화 시키는데 도움을 준다.

회전기기의 장비 산업에서 사용되는 많은 회전체는 공급업체가 설치하거나 개조된 압력댐 베어링에서 작동한다. 가장 일반적인 응용 분야는 증기 터빈과 기어 박스이다. 고속 기어 박스에서 기어 하중은 100% 하중을 받는 경우인 수천 파운드와 부분 하중을 받는 수백 파운드까지 다양할 수 있다. 하중의 이러한 큰 변동은 종종 하중 방향의 변화를 동반한다.

당연하게도 압력댐 또는 스텝 저널 베어링이 모든 불안정 문제를 해결할 수는 없다. 하지만 이들은 매우 효율적으로 동적 불안정성을 예방할 수 있는 베어링이다. 최적의 간극 비율과 스텝 위치가 사용된다면 [3] 압력댐 베어링으로 많은 오일휠(oil whirl)의 불안정성을 제거할 수 있다.

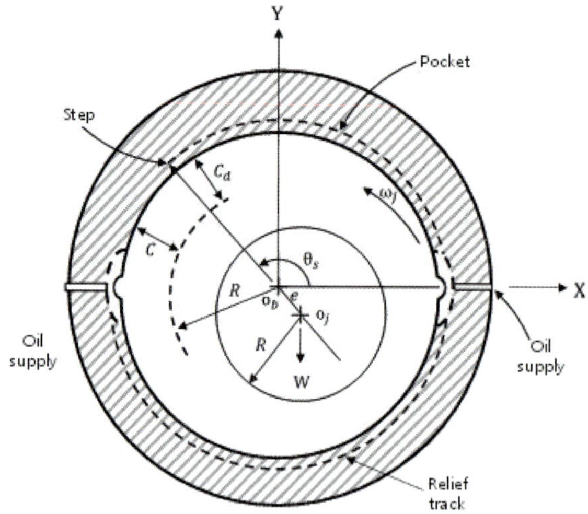

그림 5.16 압력댐 베어링 (Pressure dam bearing)

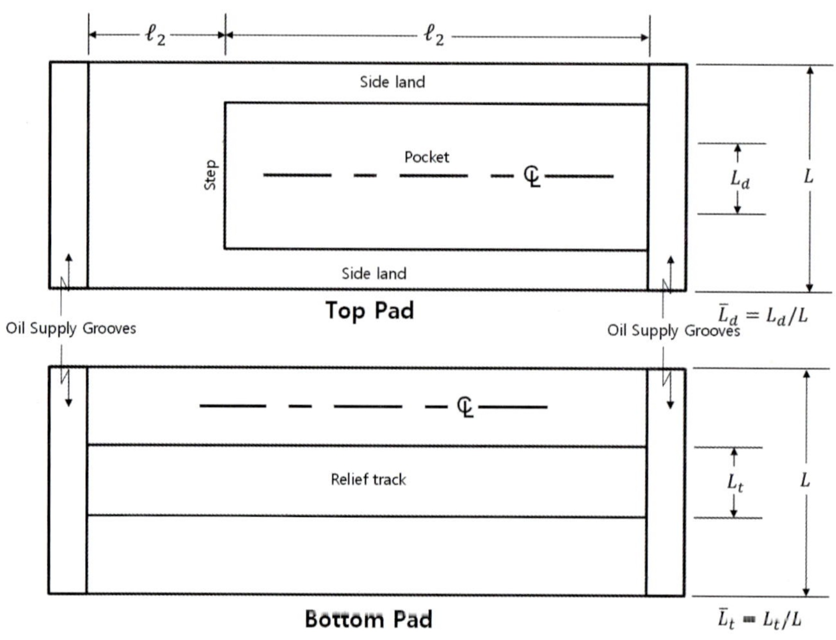

그림 5.17 압력댐 베어링의 상부와 하부 패드

5.7.4 타원형 베어링 (Elliptical Bearings)

슬리브 베어링의 불안정성을 해결할 때 가장 많이 사용되는 현장에서의 해결방법은 베어링과 하우징 사이의 상사점에 또는 3.0 mil 두께의 심 (shim)을 놓아 원형 보어를 타원형으로 만드는 것이다. 2축 홈 베어링도 타원형으로 가공되어 종종 수직 간극의 두 배와 같은 수평 간극을 가진 새로운 장비에 사용된다. 타원형 또는 레몬 보어 베어링은 그림 5.18에 도시되어 있다. 기본적으로 2축 홈 베어링으로 수직 간극은 약간 더 좁고 수평 간극은 더 넓다. 이 유형의 베어링은 유럽에서 매우 인기가 있으며 적어도 유럽의 주요 압축기 제조업체의 표준으로 사용된다. 또한 미국에서도 사용되고 있으며 미국 대형 전기 제조업체가 이 설계를 활용하고 있다. 안정성 특성을 개선하기 위해 압력댐 베어링을 타원화 하는 것도 가능한 방법이다.

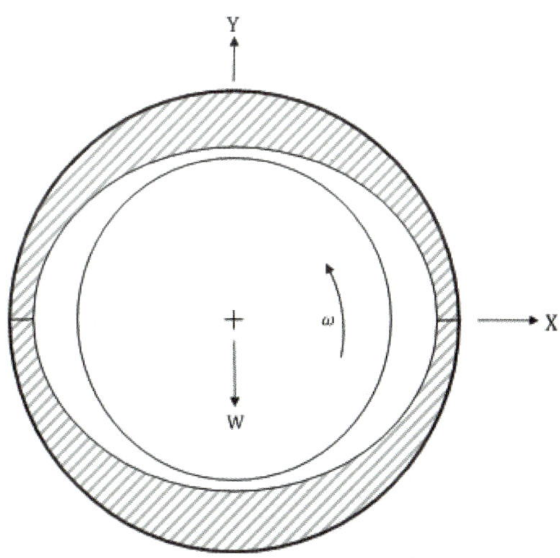

그림 5.18 **타원형 베어링 (Elliptical bearing)**

5.7.5 오프셋 베어링 (Offset Half Bearings)

2축 홈 베어링을 안정화하는 또 다른 방법은 수평방향으로 보어를 오프셋 (offset) 시키는 것이다. 오프셋 하프 베어링은 그림 5.19에 도시되어 있다. 이 베어링은 유럽에서 매우 인기있으며 압력댐 베어링을 오프셋 하는 것도 안정성 향상을 위해 가능하다.

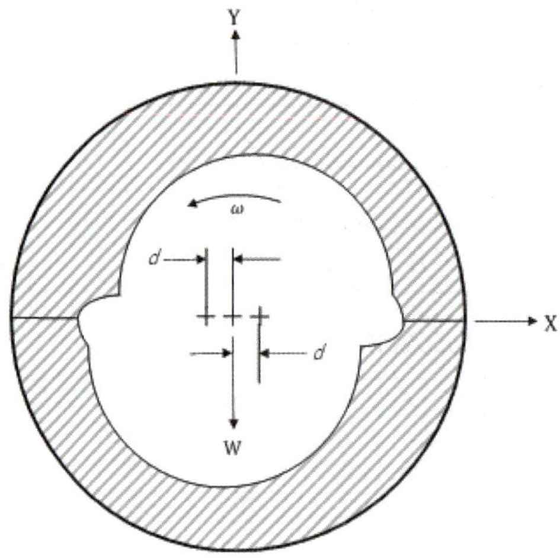

그림 5.19 **오프셋 하프 베어링 (Offset half bearing)**

5.7.6 테이퍼 랜드 베어링 (Taper Land Bearings)

테이퍼 랜드 베어링 (그림 5.20)은 실린더 슬리브 베어링 (cylindrical sleeve bearing)에 비해 불안정 임계값을 높이는데 있어 매우 인기 있는 슬리브 베어링이다. 테이퍼 랜드 베어링은 압력댐과 유사한 측면 랜드가 있으므로 포켓 베어링이라고 볼 수 있다. 본 베어링은 부하 용량이 문제가 될 수 있으므로 고 하중 조건에서 사용시 주의해야 한다. 테이퍼 랜드 베어링은 주로 소형 터보 익스팬더, 극저온 익스팬더 그리고 터보차저와 같은 고속에서 운전하는 작고 가벼운 로터를 지지하는 데에 주로 사용된다.

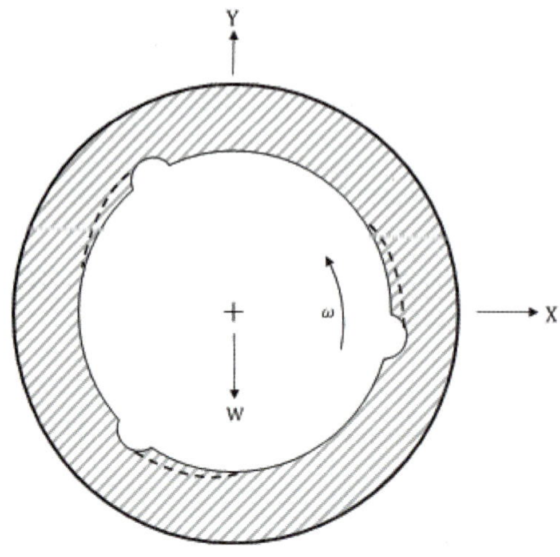

그림 5.20 **3개의 테이퍼 포켓을 가지는 테이퍼 랜드 베어링**

5.7.7 다중 로브 베어링(Multi-Lobe Bearings)

다중 로브 베어링에는 측면 랜드가 없다. 타원형 베어링은 2로브 다중 로브 베어링이다. 예압이없는 다중 로브 베어링은 단순히 축방향 홈 베어링이 되며 로브에는 항상 예압이 주어진다. 유체 저널 베어링에서 예압은 실제 예압 힘이 아니라 패드 반경에 대한 보어 반경의 기하학적 비율과 관련이 있다. 각 로브를 예압하면 수렴하는 유막두께가 형성되므로 베어링 하중이나 저널 평형 위치에 관계없이 유체역학적 힘이 생성된다. 로브는 또한 그림 5.21에 도시된 것과 같이 최소 로브 간극이 원주방향 한쪽에 위치해 오프셋 될 수도 있다.

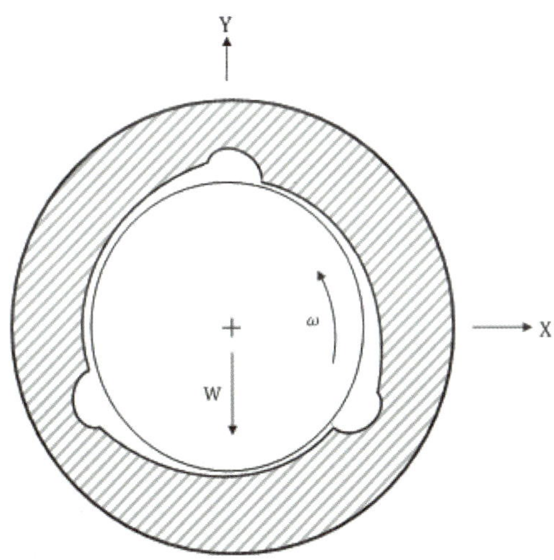

그림 5.21 **3개의 예압된 오프셋 로브를 가지는 멀티로브 베어링**

5.8 가스베어링

5.8.1 기체베어링

기체 베어링은 하드 디스크 헤드와 같은 소형 시스템뿐 만 아니라, 대용량 터보 기계에 이르기까지 다양한 분야에 활용되고 있다. 일반적으로 기체 베어링에서 윤활제 역할을 하는 기체의 점도는 표 5.1과 같이 유체 베어링의 윤활제로 사용되는 오일 점도의 1/1000 수준이다. 따라서, 기체 베어링은 고속 회전 시 유체 베어링에 비해 마찰 토크가 작아 소비 동력 및 열 발생이 적으며, 이러한 특징으로 기체 베어링은 유체 베어링에 비해 고속 및 고온 환경에서 안정적으로 사용할 수 있는 장점을 가진다. 또한, 기체 베어링은 외부에서 윤활유를 공급하기 위한 별도의 시스템이 필요 없으며, 작동 유체의 누설 및 오염 방지를 위한 씰(seal)이 필요 없기 때문에 시스템을 단순화, 경량화할 수 있는 장점 또한 가지고 있다.

그러나, 일반적으로 유체 동압 베어링의 하중지지능력(W)은 식 (5.55)와 같이 윤활제의 점도에 비례하는 성질을 가진다 [6]. 식 (5.55)에서 μ는 윤활제의 점도, A는 베어링의 작용 면적, U는 윤활면의 속도, h_{min}는 최소 윤활막 두께를 나타낸다. 따라서, 기체의 작은 점성으로 기체 베어링의 하중지지능력은 유체 베어링에 비해 매우 작으며, 강성과 감쇠 또한 동일한 크기의 유체 베어링보다 작은 단점을 가진다.

$$W \sim \frac{\mu AU}{h_{min}^2} \tag{5.55}$$

그러므로, 기체베어링의 하중지지능력을 증가 시기키 위해서는 윤활면의 이동 속도(U)를 높이거나, 윤활막 두께(h_{min})가 작게 설계가 되어야 한다. 따라서, 기체 베어링은 윤활면의 이동 속도가 작은 저속 구간에서는 사용하기가 어려우며, 윤활막 두께가 작게 설계되어야 하기 때문에 정밀 가공이 필요하며 가공 및 조립 오차에 의한 영향을 크게 받는 단점을 가진다.

그림 5.22 **기체 동압 베어링(Air foil bearing)**

표 5.1 대표적인 기체 점도 [7]

	Viscosity [10-5Pa·s]			
	0 ℃	20 ℃	50 ℃	100 ℃
Air	1.73	1.82	1.96	2.20
Argon (Ar)	2.1	2.23	2.42	2.73
Carbon dioxide (CO_2)	1.37	1.47	1.61	1.85
Carbon monoxide (CO)	1.66	1.74	1.61	2.10
Helium (He)	1.87	1.96	2.10	2.32
Hydrogen (H_2)	0.84	0.88	0.94	1.04
Neon (Ne)	2.98	3.13	3.36	3.70
Nitrogen (N_2)	1.66	1.76	1.89	2.12

기체 베어링은 작동 원리에 따라 상대 운동하는 두면 사이에 존재하는 윤활제 점성에 의한 압력 발생으로 운전하는 기체 동압 베어링과 외부에서 가압된 기체를 베어링으로 공급하여 운전하는 기체 정압 베어링으로 분류할 수 있다. 기체 동압 베어링은 부족한 하중지지능력과 감쇠를 보완하기 위해 그림 5.22와 같이 회전축과 베어링 하우징 사이에 메탈 메쉬 나 범프 형태의 포일을 삽입하는 포일 베어링이 널리 사용되고 있다.

기체 정압 베어링은 외부에서 가압된 기체가 그림 5.23과 같이 오리피스(orifice), 슬롯(slot) 등과 같은 유동 저항을 거쳐 베어링내부로 공급되게 된다. 따라서 기체 정압 베어링은 윤활면의 상대 운동이 없는 경우에도 압력 발생이 가능하므로, 회전축이 정지해 있을 경우에도 회전축이나 상대면을 부상시킬 수 있는 특징이 있다. 그러나, 기체 정압 베어링은 기체 동압 베어링에 비해 상대적으로 가공이 복잡하며, 외부에서 가압된 기체를 베어링으로 공급하기 위한 별도의 동력장치가 필요하기 때문에 시스템이 복잡해지고 제작 비용이 증가하는 단점 또한 가지고 있다. 본 절에서는 기체 동압 베어링에 대한 내용만 기술하며, 기체 정압 베어링은 참고 문헌을 참고하기 바란다.

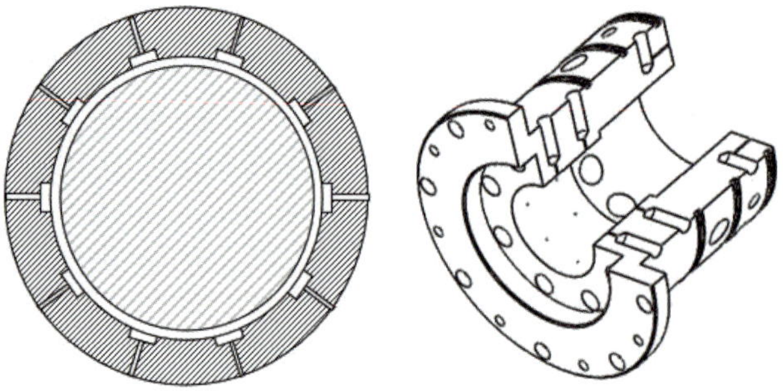

그림 5.23 **기체 정압 베어링(orifice restrictor bearing)**

5.8.2 지배 방정식

기체 베어링의 특징을 결정하는 가장 중요한 물성치는 윤활제가 되는 기체의 점도이다. 일반적으로 모든 유체의 점도는 분자간의 힘과 운동량 전달이 결합된 효과에 의해 결정된다. 액체의 점도는 주로 분자간에 작용하는 힘에 의해 결정되지만, 기체의 점도는 주로 운동량 전달 특성에 의해 결정된다. 액체에서 분자간의 힘은 온도가 증가함에 따라 약해지기 때문에 액체의 경우 온도 증가에 따라 점도는 떨어지는 경향을 가진다. 그러나, 기체에서는 온도가 상승하면 분자간의 운동량 전달이 증가하여 표 5.1과 같이 점도가 증가하는 특징을 가진다. 이렇게 온도 증가에 따른 기체의 점도 증가는 식 (5.56)과 같이 모델링 된다.

$$\mu = \mu_r \left(\frac{T}{T_r}\right)^n \tag{5.56}$$

여기서 μ_r은 기준 온도 T_r에서의 기준 점도이며, n은 기체의 고유한 성질로 결정되는 상수이며, 일반적으로 0.7로 주어진다.

기체 베어링의 압력 분포에 대한 지배방정식은 식 (5.57) 윤활제의 압축성을 고려한 Reynolds 방정식으로부터 계산할 수 있다.

$$\frac{\partial}{\partial x}\left(\frac{\rho h^3}{12\mu}\frac{\partial p}{\partial x}\right)+\frac{\partial}{\partial z}\left(\frac{\rho h^3}{12\mu}\frac{\partial p}{\partial z}\right)=\frac{U}{2}\frac{\partial(\rho h)}{\partial x}+\frac{\partial(\rho h)}{\partial t} \tag{5.57}$$

윤활제인 기체를 이상 기체로 가정한다면 식 (5.58)의 이상기체 상태 방정식에 따라 기체의 물성이 정해지게 된다. 식 (5.58)에서 ρ는 기체의 밀도, R_g는 기체 상수, T는 절대 온도를 나타낸다.

$$p = \rho R_g T \tag{5.58}$$

베어링의 윤활제인 기체가 등온 조건에서 운전된다고 가정하면, 식 (5.58)을 식 (5.57)에 대입하여 식 (5.59)와 같이 정리할 수 있다. 이렇게 유도된 식 (5.59)를 기체 베어링에서의 압력 발생에 대한 지배 방정식으로 사용된다. 식 (5.59)는 압력(p)에 대한 비선형 방정식이며, 따라서 특수한 경우가 아니면 일반 해를 계산할 수 없으며, 일반적으로 수치 해석을 통해 방정식을 풀게 된다.

$$\frac{\partial}{\partial x}\left(\frac{ph^3}{12\mu}\frac{\partial p}{\partial x}\right)+\frac{\partial}{\partial z}\left(\frac{ph^3}{12\mu}\frac{\partial p}{\partial z}\right)=\frac{U}{2}\frac{\partial(ph)}{\partial x}+\frac{\partial(ph)}{\partial t} \tag{5.59}$$

상기의 식 (5.59)는 무차원화를 통해 관계되는 변수의 수를 줄일 수 있으며, 식 (5.60)과 같이 정의된 무차원 변수를 사용하여 정리할 수 있다.

$$X=\frac{x}{L_*}, Z=\frac{z}{L_*}, P=\frac{p}{p_a}, H=\frac{h}{h_*}, \tau=\omega t, \Lambda=\frac{6\mu UL_*}{p_a h_*^2}, \sigma=\frac{12\mu\omega L_*^2}{p_a h_*^2} \tag{5.60}$$

상기 식에서 L_*는 베어링의 특정길이, p_a는 대기압, h_*는 특정 윤활막 두께, ω는 회전축의 진동 주파수를 나타낸다. 식 (5.60)의 무차원 변수를 이용하면, 식 (5.59), (5.60)과 같이 정리된다.

$$\frac{\partial}{\partial X}\left(PH^3\frac{\partial P}{\partial X}\right)+\frac{\partial}{\partial Z}\left(PH^3\frac{\partial P}{\partial Z}\right)=\Lambda\frac{\partial}{\partial X}(PH)+\sigma\frac{\partial}{\partial \tau}(PH) \tag{5.61}$$

식 (5.61)에서 Λ는 속도 변수(speed parameter), σ는 주파수 변수(frequency parameter)로 명명되며, 각각 식 (5.62)와 같이 정의 된다.

$$\Lambda = \frac{6\mu UL_*}{p_a h_*^2}, \sigma = \frac{12\mu\omega L_*^2}{p_a h_*^2} \tag{5.62}$$

식 (5.61)로부터 정상상태(steady state)의 기체 베어링 압력에 대한 지배방정식은 식 (5.63)과 같이 정리되며, 이를 이용하여 베어링의 압력, 하중 지지능력 등을 계산하게 된다.

$$\frac{\partial}{\partial X}\left(PH^3\frac{\partial P}{\partial X}\right) + \frac{\partial}{\partial Z}\left(PH^3\frac{\partial P}{\partial Z}\right) = \Lambda\frac{\partial}{\partial X}(PH) \tag{5.63}$$

상기의 과정으로 유도된 기체 베어링의 지배방정식은 기체가 연속체 조건을 만족한다는 가정하에서 유도된다. 따라서, 상기의 식들은 기체 분자의 평균 자유 이동 경로(mean free path)가 윤활막 두께에 비해 매우 작은 경우에만 성립된다. 기체가 연속체 조건이 유지되는지에 대한 판단은 식 (5.64)로 정의되는 Knudsen수에 의해 결정된다.

$$Kn = \frac{\lambda}{h} \tag{5.64}$$

상기 식에서 λ은 기체 분자의 평균 자유 이동 경로 이며, h는 윤활막 두께이다. 일반적으로 연속체 조건은 $Kn < 0.01$일 때 이며, 만약 기체 베어링의 윤활막 두께가 매우 작아 $Kn < 0.01$의 조건을 만족하지 않을 경우에는 기체의 슬립(Slip)을 고려하여 해석을 수행하여야 하며, 지배 방정식은 식 (5.63)과 다른 형태로 표현된다 [9].

5.8.3 극한 조건(Limiting Case)

식 (5.63)은 윤활면 속도(U)가 매우 작은 경우와 매우 큰 2가지 경우에 대해 생각해 볼 수 있다. 우선, 식 (5.63)은 식 (5.65)와 같이 전개할 수 있다.

$$\frac{\partial}{\partial X}\left(H^3\frac{\partial P}{\partial X}\right) + \frac{\partial}{\partial Z}\left(H^3\frac{\partial P}{\partial Z}\right) + \frac{H^3}{P}\left[\left(\frac{\partial P}{\partial X}\right)^2 + \left(\frac{\partial P}{\partial Z}\right)^2\right] = \Lambda\left(\frac{\partial H}{\partial X} + \frac{H}{P}\frac{\partial P}{\partial X}\right) \tag{5.65}$$

윤활면 속도가 매우 작은 경우($U \to 0$)에는 식 (5.62)의 정의에 따라 $\Lambda \to 0$이며 베어링에서의 압력 발생이 매우 적으므로, $P\to 1$이고 압력 변화율 또한 매우 적으므로 아래의 관계가 성립된다.

$$\left(\frac{\partial P}{\partial X}\right)^2 \ll \frac{\partial P}{\partial X},\ \left(\frac{\partial P}{\partial Z}\right)^2 \ll \frac{\partial P}{\partial Z},\ \frac{\partial P}{\partial X} \ll \frac{\partial H}{\partial X} \tag{5.66}$$

상기의 관계에 의해 식 (5.65)에서 매우 적은 항들을 소거하면, 식 (5.67)과 같이 표현된다. 따라서 윤활면의 속도 (U)가 매우 작은 경우의 지배 방정식은 식 (5.67)과 같이 근사할 수 있다.

$$\frac{\partial}{\partial X}\left(H^3\frac{\partial P}{\partial X}\right)+\frac{\partial}{\partial Z}\left(H^3\frac{\partial P}{\partial Z}\right)=\Lambda\frac{\partial H}{\partial X} \tag{5.67}$$

식 (5.67)은 비압축성 유체에 대한 Reynolds 방정식과 동일하며, 따라서, 윤활면 속도가 아주 작은 경우 ($U\to 0$) 기체 베어링의 윤활제는 비압축성 유체로 근사할 수 있으며, 유체베어링의 계산결과를 이용하여 기체 베어링에 대한 성능해석을 수행할 수 있다.

윤활면 속도가 매우 큰 경우 ($U\to\infty$)에는 $\Lambda\to\infty$ 이므로, 식 (5.63)의 P가 유한 해를 가지기 위한 조건은 아래의 경우와 같다.

$$PH = const \ \rightarrow\ p = p_a\frac{h_a}{h} \tag{5.68}$$

식 (5.68)에서 h_a는 압력이 대기압이 되는 부분에서의 윤활막 두께를 나타낸다. 식 (5.68)은 기체 베어링과 유체 베어링의 중요한 차이를 나타낸다. 일반적인 유체베어링에서의 발생 압력과 하중지지능력은 윤활면의 속도와 윤활제 점도에 비례하게 된다. 그러나, 기체베어링에서 윤활면의 속도가 아주 큰 경우에 발생 압력과 하중지지능력은 식 (5.68)을 통해 알 수 있듯이 윤활면의 속도 및 윤활제의 점도와 무관하며, 대기압에 비례하는 특징을 가진다. 또한, 윤활면의 속도가 아주 빠른 경우에 압력 발생은 식 (5.63)의 우변에 의해서만 계산이 되므로, 유한한 폭을 가지는 베어링과 무한한 폭을 가지는 베어링의 특성이 동일해지는 사실 또한 알 수 있다. 이러한 기체 베어링의 특징은 하기의 예제를 통해 확인할 수 있다.

그림 5.24는 1-D Taper bearing과 Rayleigh step bearing에 대한 속도 변수(Λ) 변화에 따른 기체베어링의 압력분포를 나타낸다. Λ 증가에 따라 압력분포는 식 (5.68)을 통해 계산한 $\Lambda \to \infty$인 경우로 수렴하는 것을 확인할 수 있다. 또한, Λ 증가에 따라 최대 압력 발생지점이 최소 윤활막 두께 지점으로 이동하며, 최대 압력이 Λ에 비례하지 않는 것 또한 확인할 수 있다. 따라서, 기체베어링의 하중지지능력은 Λ에 비례하지 않는다는 사실 또한 유추할 수 있다.

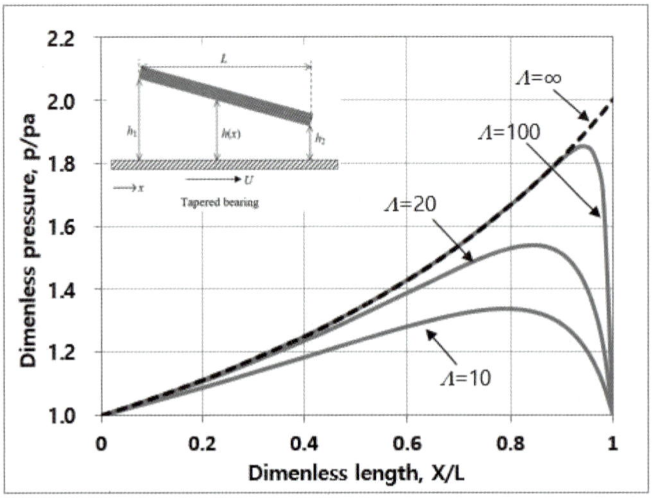

(a) Taper bearing

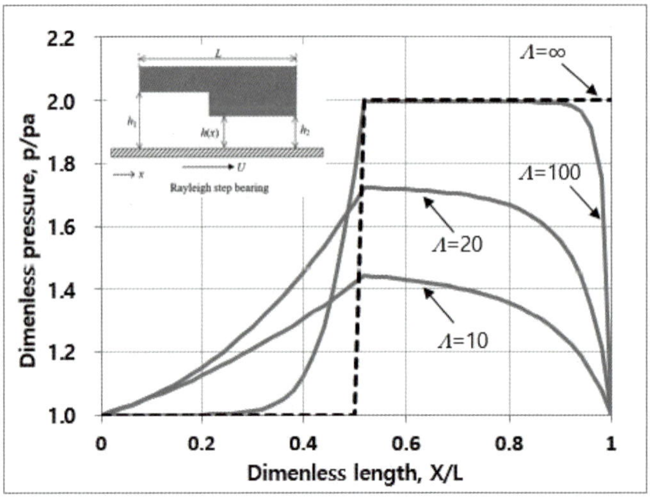

(b) Rayleigh step bearing

그림 5.24 Pressure distribution for 1-D slider bearing ($h_1/h_2=2$)

참고문헌

[1] Sutherland, W., LII. The viscosity of gases and molecular force, London Edinburgh Dublin Philos. Mag. J. Sci., Vol.36(223), pp.507-531, 1893, http://doi.org/10.1080/14786449308620508

[2] Andrade, ENC., On the viscous flow in metals, and allied phenomena, Proc. R. Soc. Lond. A, Vol.84(157), pp.1 – 12, 1910, http://doi.org/10.1098/rspa.1910.0050

[3] Nicholas, J. C., Kirk R. G., "Four Pad Tilting Pad Bearing Design and Application for Multi-Stage Axial Compressors," J. of Lubrication Tech., Vol.104, pp.523-532, 1982.

[4] Nicholas, J. C., Gunter, E. J., and Allaire, P. E., "Stiffness and Damping Coefficients for the Five Pad Tilting Pad Bearing," Tribol. Trans., Vol.22, pp.112-124, 1979.

[5] Nicholas, J.C., "Tilting Pad Bearing Design," Proc. 23th Turbomachine Symposium, Texas A&M University, College Station, Texas, pp.179-194, 1994.

[6] Hamrock, B. J., Fundamentals of Fluid Film Lubrication, Chaps. 16-17, McGraw-Hill, Inc, NY., 1994

[7] https://www.engineeringtoolbox.com/gases-absolute-dynamic-viscosity-d_1888.html

[8] W. Brian Rowe, Hydrostatic, Aerostatic and Hybrid Bearing Design, Chaps. 1-5, Elsevier Inc., 2012

[9] M.M. Khonsari and E. R. Booser, Applied Tribology: Bearing Design and Lubrication, Chaps. 11, John Wiley & Sons Ltd., 2008

6. 윤활유 및 유분석

6.1 윤활유

6.1.1 윤활제의 종류, 구성요소, 기능

윤활유는 엔진, 건설기계, 항공기 등 다양한 기계시스템에서 다양한 기능을 수행하고 그 시스템이 원활한 성능을 발휘할 수 있도록 한다. 윤활 기능을 수행하는 물질을 윤활제(潤滑劑)라고 한다. 윤활제의 사전적 의미는 기계가 상호작용하는 윤활면에서 마찰을 감소시키고 마모를 방지하는데 사용하는 물질이다. 윤활제에는 그림 6.1과 같이 가장 많이 사용하는 액상 윤활유뿐만 아니라 고체 윤활제 그리고 그리스가 대표적이다.

액상 윤활유는 가장 적용 범위가 넓고 사용량도 많은 윤활제로 보통 액상이라는 말을 빼고 윤활유로 사용된다. 윤활유의 구성요소는 기유(base oil)와 첨가제(additive)로 이루어져 있다. 기유는 석유에서 얻어지는 광유, 합성유, 식물성유가 있다. 광유보다는 합성유가 화학적 구조의 균일성과 산화안정성이 뛰어나다. 식물성유는 해바라기 씨앗, 옥수수, 콩, 야자수 등 식물로부터 얻어지는 것으로 가격면에서는 저렴하나 다른 유에 비해 산화안정성이 취약하다. 앞으로 고유가시대와 환경측면에서는 식물성유에 대한 수요가 증대될 것으로 기대된다. 그러나 식물성유의 산화안정성 측면에서 다른 기유에 비해 취약하므로 이 부분에 대한 해결이 필요하다.

고체 윤활제에는 흑연(graphite), 이황화몰리브덴(MoS_2), PTFE(polytetrafluoroethylene) 등이 있다. 고체 윤활제의 경우, 일반적인 그리스와 액상 윤활유의 사용이 어려운 환경에 주로 사용된다. 우주와 같이 온도 변화가 극심하고 진공 같은 환경 등에서는 기존의 그리스나 액상 윤활유의 사용이 어렵기 때문에 고체 윤활제가 적용된다. 또한 흑인와 같이 미세한 파우더 형태의 고체 윤활제를 액상 윤활유나 그리스에 혼입하여 사용함으로써 윤활 성능을 향상시키는 데 사용되기도 한다.

그리스는 액상 윤활유의 구성요소와 달리 증주제, 기유와 첨가제로 구성되어 있다. 증주제는 액상 윤활유를 머금고 있는 스폰지와 같은 물질이라고 생각하면 이해가 빠를 것이다. 그리스는 주도(consistency)에 따라 등급이 나누어지는데 주도는 가해진 기계적 힘에 그리스가 변형에 저항하는 능력을 나타내며 NLGI(National Lubricating Grease Institute) 등급으로 구분하는데 주도값이 클수록 그리스가 단단한 것을 의미한다.

윤활유는 그림 6.2와 같이 다양한 기능을 수행한다. 윤활유의 가장 대표적인 기능 중에 하나가 기계시스템의 경계면에서 발생하는 마찰, 마모를 저감시키는 것이다. 윤활유는 기계가 상호 작용하는 윤활면에서 마찰 및 마모를 저감하여 효율이나 기계의 신뢰성을 향상시킨다. 윤활유는 윤활면에 부착하여 금속표면과 산소의 접촉을 차단함으로써 녹이나 부식을 방지하여 기계 부품의 수명을 연장한다. 또한 윤활유가 기계시스템에서 순환하는 과정에 윤활면에 발생한 마찰열 및 기타 열을 빼앗아 냉각시키는 기능을 수행한다. 각종 기계시스템에서 제어를 하는 데 유압시스템을 사용한다. 유압시스템에서 사용되는 윤활유는 공기나 물에 비해 내식성도 좋으며 비압축성이므로 힘과 동력을 전달하는데 주로 사용된다. 그 외에도 발생된 마모입자나 이물질이 서로 큰 덩어리가 되지 않게 하는 등 오염 제어 기능과 외부 물질과 차단시키는 씰(seal) 기능이 있다.

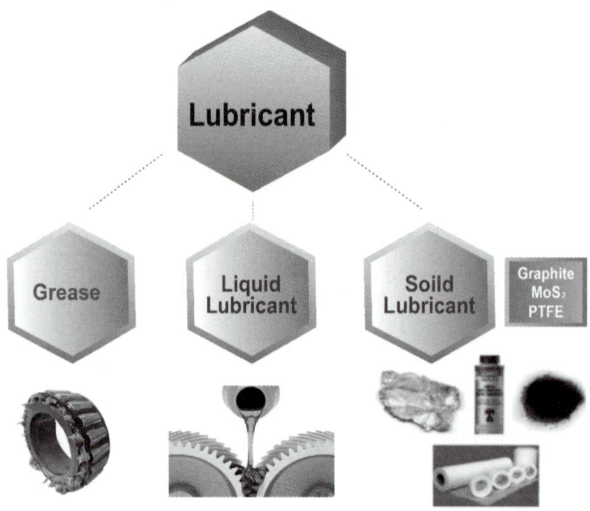

그림 6.1 **윤활제의 종류**

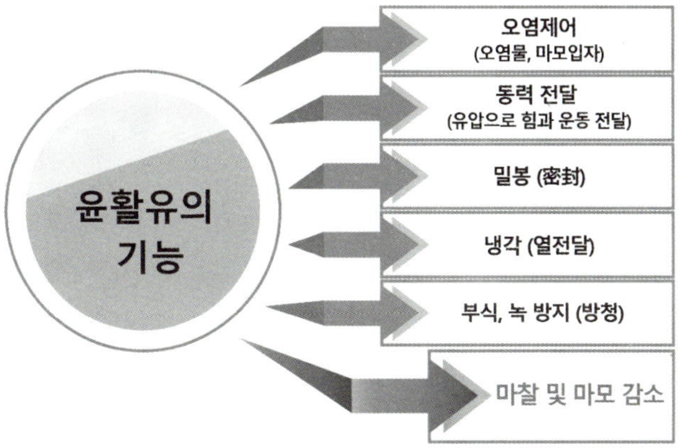

그림 6.2 **윤활유의 기능**

6.1.2 기유와 첨가제

액상 윤활유는 그림 6.3과 같이 기유와 첨가제로 이루어져 있으며 이때 기유는 크게 합성유 (synthetic oil), 광유 (mineral oil), 식물성유 (vegetable oil)로 나눠지고 소포제 등 다양한 첨가제를 포함한다. 기유로 가장 많이 이용되고 있는 광유는 $C_{26} \sim C_{40}$ 의 탄화수소를 사용한다. 광유는 그림 6.4와 같이 화학적으로 파라핀 (Paraffin)계, 나프텐 (Naphthene)계, 방향족 (Aromatic)계로 나누어진다. 파라핀계는 곧게 배열되어 있는 반면에 나프텐계는 여러방향으로 가지가 많은 구조로 되어 있다. 이런 구조의 차이로 인해 표 6.1과 같이 파라핀계는 안정적인 구조로 인해 나프텐계보다 인화점이나 점도지수가 높은 반면에 나프텐계는 가지가 많은 구조로 파라핀계보다 첨가제의 용해성이 양호하다.

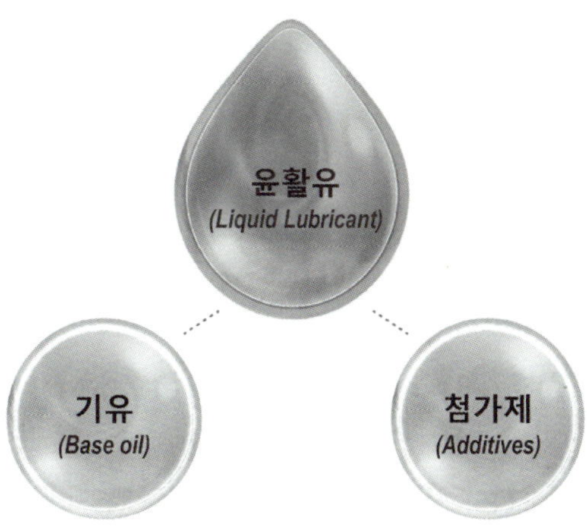

그림 6.3 **윤활유의 구성요소**

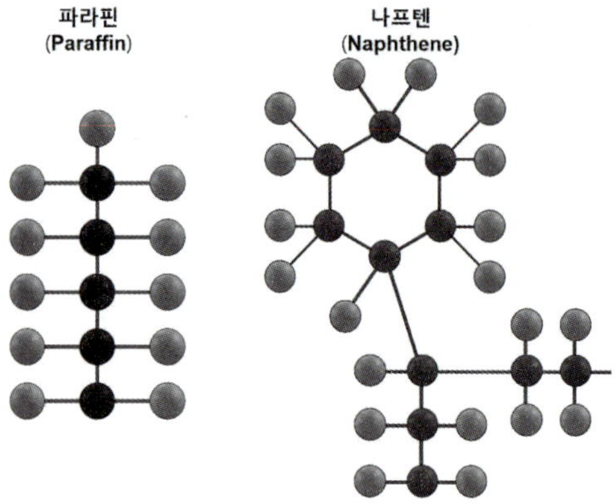

그림 6.4 광유의 분류

표 6.1 파라핀계와 나프텐계 특성 비교

	파라핀 (Paraffin)계	나프텐 (Naphthene)계
점도지수 (VI)	95 ~ 105	30 ~ 70
유동점	왁스의 유동점과 동일	파라핀계보다 낮음
인화점	나프텐계보다 높음	파라핀계보다 낮음
왁스 함유율 (%)	1 ~ 10	소량
파라핀 함유율 (%)	45 ~ 60	15 ~ 25
나프텐 함유율 (%)	20 ~ 30	65 ~ 75
첨가제 용해성	상대적으로 나프텐계보다 빈약	양호

기유는 Group 1에서 Group 5까지 5등급으로 나누어져 있다. 그림 6.5와 같이 Group 1, 2, 3은 광유의 제조 공정으로 만들어지는 기유의 등급이다. Group 4의 경우 PAO (Poly Alpha Olefin)를 사용하며 Group 5의 경우는 대체로 합성유 기유를 나타낸다. 그림 6.5는 광유의 Group 1, 2, 3이 제조 공정을 나타낸 그림이다. Group 1의 경우는 용제추출과정을 통해 방향족, 극성물질, 황, 질소 등을 50 % 이상 제거하고 끝으로 연한 수소화 정제를 하지만 Group 2의 경우는 수소화분해를 통해 이중결합을 분해한 뒤, 수소를 포화시키고 끝으로 고압수소화 처리를 통해 얻게 된다. Group 3의 경우는 Group 2와 같이 수소화 분해를 거친 뒤, 수소 이성화 작업을 수행하는데, 이 과정을 통해 직렬 파라핀이 분기 파라핀으로 변화하며 저온 성능이 향상된다. 산화 안정도면에서는 등급의 숫자가 클수록 더 안정적이다. 즉 Group 1보다는 Group 2가 산화안정성이 더 뛰어나다. 그 뿐만 아니라

Group 1 보다는 Group 2, 3의 황 함유량, 방향족, 극성물질 성분이 상대적으로 적다.

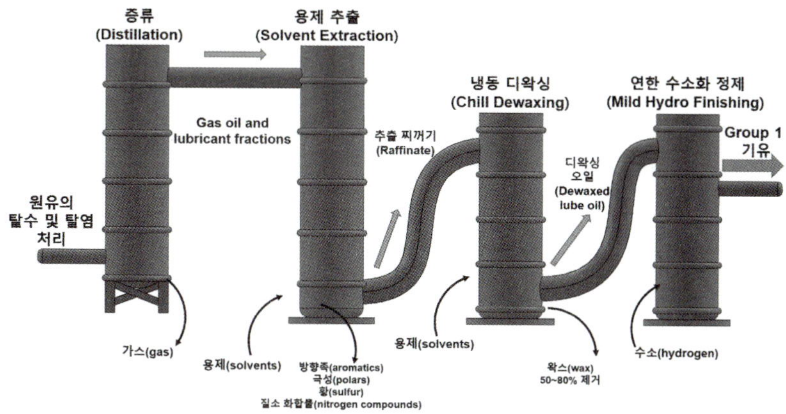

(a)

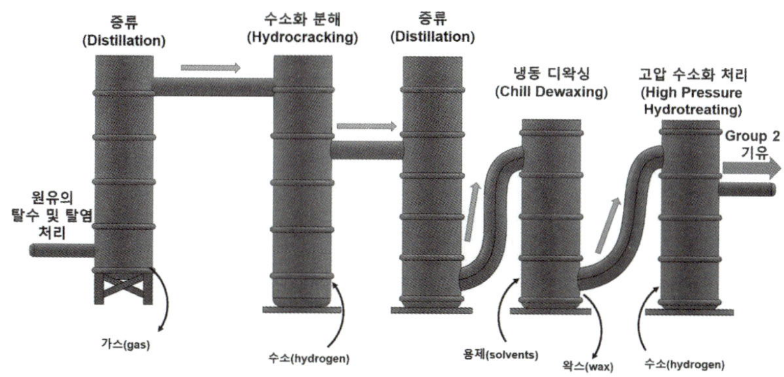

(b)

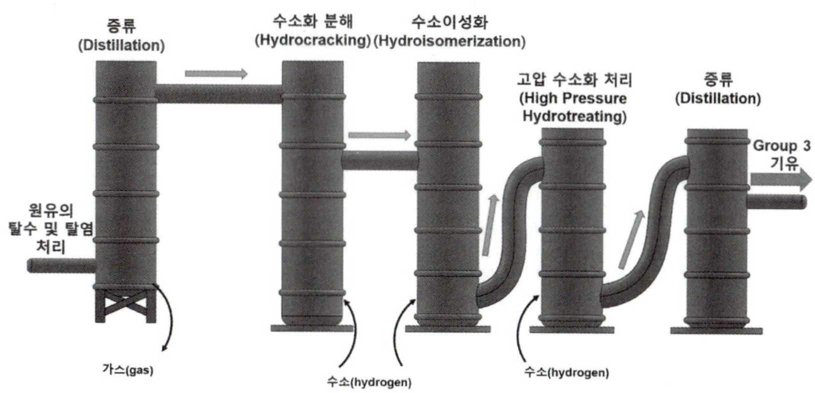

(c)

그림 6.5 **광유의 등급**

(a) Group 1 (b) Group 2 (c) Group 3

액상 윤활유는 기유와 첨가제로 구성되어 있고 첨가제의 역할은 크게 첨가제는 기유의 기존 성질을 향상, 기유의 바람직하지 못한 성질을 억제, 또한 기유에 새로운 성질을 부여하는 기능을 수행한다. 기유는 산화를 지연시키고 부식을 방지하고 기포를 배출하거나 파괴하는 성질뿐만 아니라 기름과 물이 잘 섞이지 않는 성질을 가지고 있다. 이때 기유에 산화방지제, 소포제, 부식억제제, 항유화제를 첨가하면 그 기능이 향상된다. 그리고 기유는 왁스 성분을 함유하고 있어 저온환경에서 응결되어 유동하지 않으며 온도에 따라 점도가 변화하는 성질을 가지고 있다. 따라서 기유에 저온에서 유동성이 확보하기 위해 유동점 강하제와 온도 변화에 의한 점도 변화가 작게하기 위한 점도지수 향상제를 첨가한다. 그리고 첨가제는 기유에 새로운 기능을 부여하는데 그 첨가제로는 극압제, 청정제, 점착성 향상제, 금속비활성제가 있다. 이와 관련한 첨가제의 특성 중에 극성 (polarity)이 있다. 첨가제의 극성으로 인해 입자 포위, 물 유화, 금속 침윤의 기능을 수행한다. 입자 포위는 청정제나 분산제 등이 마모입자는 수트 같은 이물질 입자 표면에 달라붙는 것을 의미하고 물 유화는 유화제와 같이 첨가제 극성을 띄는 머리 부분이 미세한 물방울에 달라붙는 것을 의미한다. 또한 첨가제의 극성으로 인해 내마모제, 부식억제제, 극압제, 방청제 성분이 금속 표면에 붙어 있어 금속 침윤의 기능을 가진다. 이렇게 윤활유 첨가제의 극성으로 인해 윤활유의 유용한 기능을 발휘할 수 있다. 예를 들어 비극성 물질로는 기유와 PTFE 등이 있고 극성 물질로는 물, 스폰지, 금속 표면 등이 있고 비극성 물질에는 테프론, 왁스 등이 있다.

윤활유의 주된 기능 중에 하나인 마찰, 마모 감소를 수행하기 위한 마찰, 마모 제어 첨가제에는 유성향상제, 내마모첨가제, 극압첨가제가 있다. 사용하는 온도의 영역에 따라 유성향상제와 내마모첨가제의 구별된다. 유성향상제는 식물성 또는 동물성 지방산을 주성분으로 하며 금속 표면에 연성의 흡착막을 형성한다. 접촉 온도가 60 ℃를 초과하면 그 효력이 없어진다는 단점이 있다. 내마모첨가제는 유성향상제와 달리 60 ℃ 이상의 온도에서도 흡착막을 형성하며, ZDDP (Zinc Dialkyl Dithio Phosphate), TCP (Tricresyl Phosphate) 가 주로 첨가제로 사용된다. 극압첨가제는 극압 윤활조건에 사용되는 윤활유에 포함되는 첨가제이다. 베어링이나 기어 같이 작은 면적에 큰 하중이 전달되는 윤활조건에서 사용되는 첨가제로 주로 황과 인계의 성분이 사용된다. 그 외에도 붕산염, 이황화몰리브덴, 흑연이 극압첨가제로 사용된다.

항산화제 또는 산화억제제는 산화를 억제하는 것이 아니라 산화의 진행을 지연시키는 첨가제이다. 산화가 진행되면 보통 산가 (AN, Acid Number)도 증가하고 바니쉬 (varnish)

와 슬러지(sludge)가 생성되어 점도는 증가한다. 따라서 산화억제제는 산화를 지연시켜 산화의 나쁜 영향으로 인해 발생하는 부산물을 억제하고 사용기간을 연장하는데 기여한다. 산화억제제는 산화되기 전에 반응성의 유체 과산화물 및 자유 반응기들을 비활성화하는 기능을 수행하여 산화를 지연시킨다. 항산화제로는 주로 사용되는 물질에는 페놀계, 아민계 화합물이 있고 그 외에도 ZDDP, 금속 술폰산염 등이 사용된다. 특히 ZDDP의 경우는 항산화제로 사용되지만 내마모제의 성분으로도 사용된다.

분산제는 그림 6.6과 같이 입자들을 포위하여 입자들을 분산시키는 기능을 수행한다. 즉 입자들을 에워싸서 입자들이 서로 뭉쳐 큰 입자가 되는 것을 방지함으로써 고형 입자에 의한 마모를 방지할 수 있다. 분산제로는 숙신아미드, 유기화합물 등이 사용된다.

청정제는 퇴적물이 없도록 청정하게 하거나 연소에 의해 발생한 산을 중화하는 기능을 한다. 대부분의 연료에는 연소에 필수적인 황 성분이 있다. 특히 디젤 엔진의 연료는 가솔린 엔진의 연료보다 황 함유량이 상대적으로 많다. 연료의 황 성분이 물과 반응을 하면 황산을 형성하여 금속 표면을 부식시킨다. 즉, 부식에 의한 마모로 기계의 윤활 특성이 나빠지고 결국은 기계의 큰 손상이나 고장이 발생한다. 따라서 황산에 의한 부식 방지 목적으로 윤활유에는 산의 중화를 위한 염기 성분이 포함되어 있다. 이와 관련된 물성값은 윤활유 내의 염기의 양을 나타내는 염기가(BN, Base Number)이다. 윤활유 내의 염기가에 영향을 주는 첨가제는 대부분이 청정제이지만 그 외에도 분산제, 점도지수 향상제, 부식억제제도 일부 영향을 준다. 청정제의 성분으로는 주로 바륨, 칼슘, 마그네슘 화합물을 주로 사용한다. 이때 사용하는 시스템에 따라 요구되는 염기가의 범위가 다르다. 기계시스템에서 요구되는 염기가보다 큰 염기가의 윤활유를 사용하면 잉여 첨가제에 의한 퇴적물 또는 바니쉬(varnish) 같은 이물질 층이 윤활면에 생성되어 문제가 발생한다. 이것은 윤활면의 틈새를 줄임으로 상대운동을 하는 시스템에서 원활한 운동을 방해하고 마찰, 마모 및 열을 발생시켜 윤활유의 소모량을 증가하거나 고착의 원인이 된다.

반면에 요구되는 염기가 보다 작은 염기가의 윤활유를 사용하면 부식에 의한 마모 및 손상이 발생한다. 그 이유는 윤활유에 산을 중화시키는 염기의 부족으로 부식이 발생하기 때문이다.

그림 6.6 수트 입자 주위의 분산제

녹 방지제는 금속 표면에 극성 피막을 형성하고 그 피막이 물을 배척함으로써 녹(rust) 발생을 억제하는 첨가제로 엔진유에서는 과염기가 주로 사용되며 기타 산업유에는 숙신산, 지방산이 사용된다. 부식 억제제는 표면에 물 및 부식성의 산과 접촉하는 것을 방지함으로써 부식을 억제하는 첨가제로 이미다졸, 벤조트리아졸 등이 사용된다.

점도지수향상제는 점도지수를 향상하는 첨가제이다. 점도지수는 온도의 변화에 대한 점도의 변화를 나타내는 지수이다. 온도의 변화에 의한 점도변화가 작은 것이 점도지수가 높은 경우이고 그 반대의 경우는 점도지수가 낮은 경우다. 일반적으로 윤활시스템에서 온도 변화에 의한 점도 변화가 크지 않은, 즉 점도지수가 높은 윤활유가 폭넓은 기온 조건에서 사용가능하다. 점도지수가 낮은 윤활유는 온도 변화가 심한 환경이나 시스템에서는 적용하기 힘들다. 이는 시스템에 적당한 점도의 범위가 존재하는데, 주위 환경이나 작동 조건에 따라 온도가 크게 변화하여 점도가 요구되는 범위를 벗어나면 마모 등 윤활측면에서 문제가 발생한다. 점도지수향상제로는 폴리이소프렌, 폴리이소부틸렌, 폴리메틸메타크릴레이트, 올레핀 공중합체 등이 사용된다.

소포제는 윤활유 내의 기포를 파괴하는 사용되는 첨가제이고 그 원리는 기포의 표면장력을 저하시켜 파괴한다. 윤활유 안에 발생한 기포는 용적 효율을 떨어뜨리고 또한 힘과 운동을 전달하는 유압작동유에서 기계적 작동의 문제를 발생시킬 수 있다. 따라서 이러한 문제를 방지하기 위해서는 윤활유에 포함된 기포를 제거하는 첨가제가 필요하다. 소포제로는 실리콘(Si) 계열의 메틸실리콘, 폴리메틸메타크릴레이트 등이 사용된다.

소포제는 일반적으로 윤활유의 사용기간이 증가하면 윤활유 내의 그 양이 감소하지만,

그와 반대로 사용 중에 흙, 먼지 등의 유입으로 소포제의 주성분인 실리콘의 양이 증가하기도 한다. 특히 흙, 먼지가 많은 환경에서 작업을 하는 건설장비들의 윤활유는 흙, 먼지 등의 유입에 의해 소포제의 성분인 실리콘의 양이 증가하는 현상에 주의해야 한다.

마찰조정제는 운전 시작시점에 작용하는 내마모성 첨가제로 마찰의 감소 및 에너지(동력) 손실을 감소하는 역할을 한다. 지방산, 카르복실산 그리고 고체 윤활제의 재료인 몰리브덴, 흑연, PTFE가 첨가제로 사용된다.

유동점 강하제는 저온 환경에서 윤활유의 유동 특성을 개선하는 첨가제이다. 윤활유는 그림 6.7과 같이 저온 환경에서는 왁스의 결정화로 인해 윤활유가 겔(gel)화 되고 결정화된 왁스들은 윤활유와 엉겨붙어 윤활유의 유동을 방해한다. 따라서 윤활유는 특정 온도 이하의 저온환경에서 유동성을 잃어 흐름이 발생되지 않는다. 유동점 강하제는 왁스 결정들이 윤활유와 엉겨붙는 것을 방지하여 저온에서도 유동성을 유지하는 첨가제로 알킬 왁스 나프탈렌, 알킬 왁스 페놀 등이 사용된다.

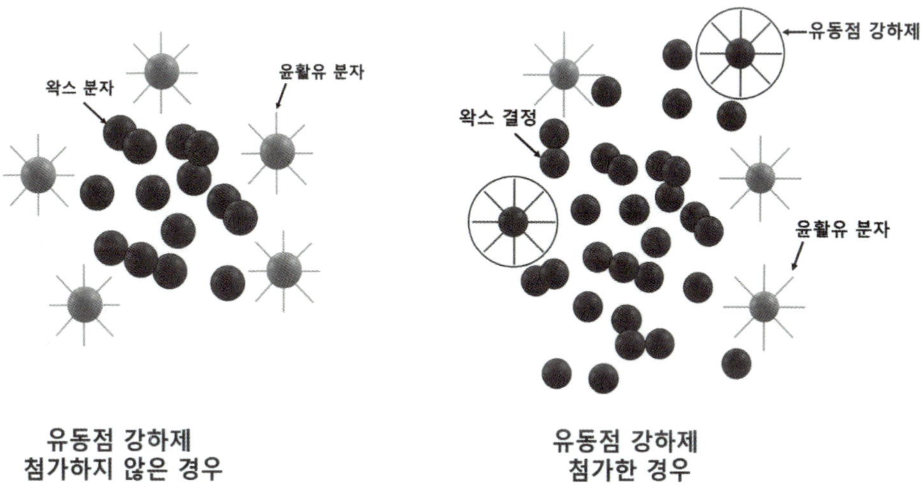

그림 6.7 **유동점 강하제의 기능**

윤활유의 열화는 산화, 표면 흡착 같은 여러가지 원인에 의해 발생한다. 열화의 여러가지 원인 중에는 첨가제의 소멸과도 밀접한 관련이 있다. 첨가제 소멸은 같이 크게 분해, 분리, 흡착에 의해 발생한다.

첨가제의 소멸 기구(mechanism) 중의 하나인 분해(decomposition)는 그림 6.8과 같이 전단, 열적 열화, 산화, 가수분해, 중화가 있다. 전단은 화학적인 구조측면에서 분자구조가 끊어지는 것을 의미하고 열적 열화는 윤활유가 열을 받으면 첨가제가 인산염, 황산염, 황화물 같은 화합물을 생성하는 것을 의미한다. 산화는 산소와 반응하여 화합물을 만드는 것이고 가수분해는 물 분자가 작용하여 일어나는 분해 반응이며, 중화는 산과 염기가 만나 염과 물을 생성하는 화학반응이다.

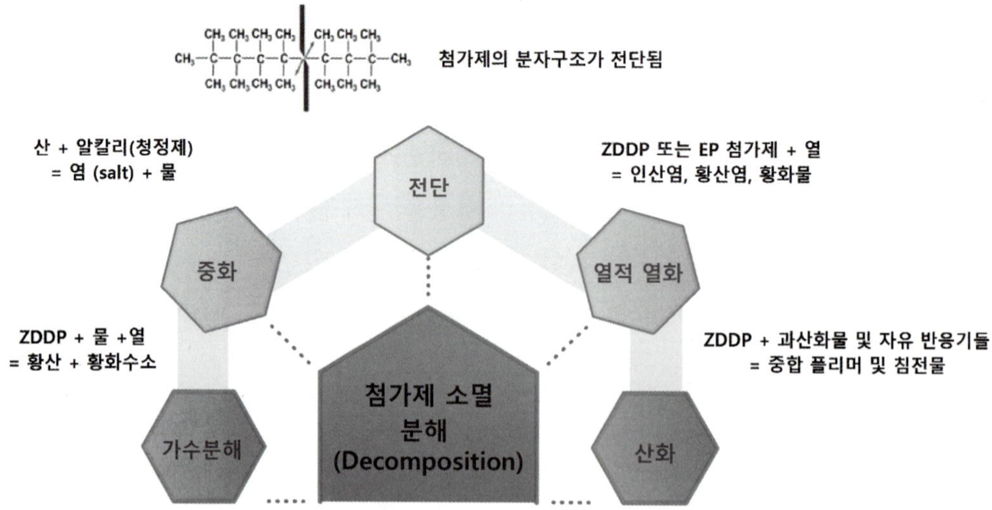

그림 6.8 **첨가제의 분해**

첨가제의 소멸 기구인 분리(separation)는 그림 6.9와 같이 응축 침전, 증발, 원심 분리, 응결 흡착, 여과가 있다. 응축 침전은 소포제와 같이 첨가제들이 결합하여 응축이 되고 이 응축된 첨가제들은 불용성이라 다시 용해되지 않아 바닥에 침전이 되는 것을 의미한다. 증발은 진공탈수기 등의 의해 산화안정제와 같은 첨가제들이 증발되는 것을 의미하고 원심분리는 원심분리기에서 높은 비중의 유기금속성분의 첨가제들이 분리되는 것을 나타낸다. 응결 흡착은 필터 등의 흡착성 재료에 극성 첨가제가 부착되어 제거되는 것이며 여과는 필터에 응축된 첨가제가 걸러지는 것을 의미한다.

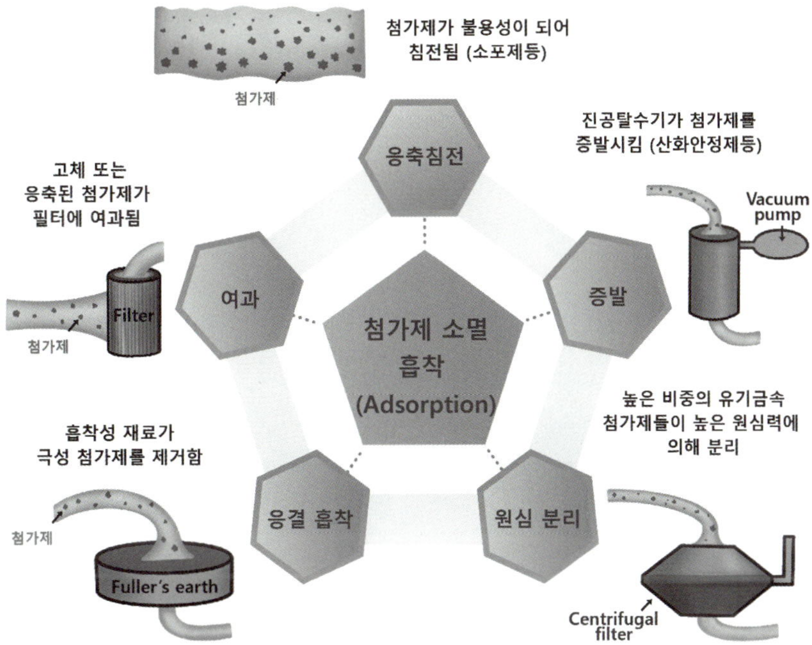

그림 6.9 **첨가제의 분리**

흡착(adsorption)은 첨가제의 소멸 기구 중 하나로 그림 6.10과 같이 입자스크러빙, 마찰접촉, 수세(water washing), 표면 흡착이 있다. 입자스크러빙은 수트(soot) 같은 극성 입자 주위를 극성인 첨가제가 에워싸는 것을 의미하고 마찰접촉은 내마모첨가제나 극압 첨가제들이 접촉 부위에 경계막을 형성하는 것을 뜻한다. 그리고 수세는 물이 극성이므로 극성 첨가제들이 물분자에 붙여서 바닥으로 끌어내리는 것을 의미하고 표면 흡착은 극성 첨가제들이 윤활면에 흡착되는 것을 나타낸다. 입자스크러빙, 마찰접촉, 표면 흡착 등은 실제 윤활유의 유용한 기능을 수행하면서 소멸되는 것을 의미한다.

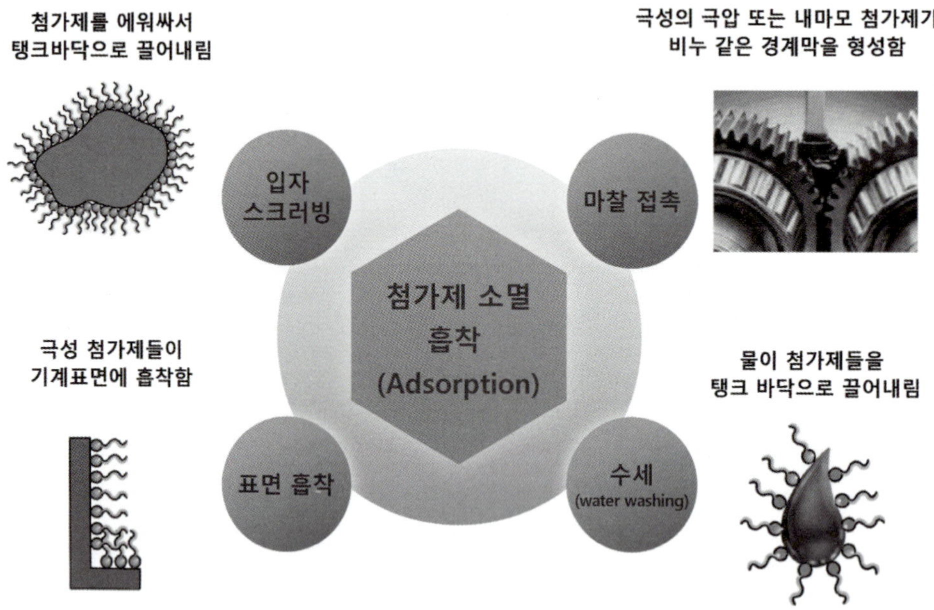

그림 6.10 **첨가제의 흡착**

6.1.3 그리스 및 급지 방법

그리스는 산업에서 많이 사용되고 있는 윤활제로 다양한 분야에 적용되고 있다. 그리스는 ASTM D288에 액체 윤활유 중에 증주제(thickener)를 분산시킨 고체 또는 반고체 제품이라고 정의한다. 일반적인 젤이나 겔 같은 반고체 상태 뿐만 아니라 고체 상태의 그리스도 존재한다. 액상 윤활유는 기유와 참가제로 구성되어 있지만 그리스는 기유, 첨가제, 증주제로 이루어져 있다. 증주제는 윤활유를 머금어 유지하는 스폰지 같은 물질이다. 비누기 증주제는 단순 비누기(simple soap), 복합 비누기(complex soap)로 나누어진다. 긴 체인(long chain)의 지방산으로는 제조되는 것은 단순 비누기이고 긴 체인과 짧은 체인(short chain)의 지방상으로 제조되는 것은 복합 비누기이다.

표 6.2는 그리스의 장점과 단점을 보여준다. 그리스의 장점과 단점을 잘 알고 있다면 시스템에 적합한 윤활제를 선택하는데 도움이 된다. 즉 그리스의 장점이 요구되는 사용 환경에서는 그리스의 적용이 적합하지만 그리스의 단점이 문제가 되는 환경에서는 액상 윤활유의 사용이 적합하다. 그리스의 장점은 정지, 시동 성능이 우수, 적은 누설량, 오염물 침입과 차단 성능이 우수, 고체 첨가제들을 함께 사용 가능하다는 것이다. 그리스의 단점으로는 냉각 기능의 불량, 베어링의 속도 한계가 낮음, 첨가제와의 적합성이 나쁨, 용적 관리 곤란, 분석의 어려움 등이 있다.

그리스는 액상 윤활유에 비해 점도가 높다. 그리스는 높은 점도로 인해 누설량이 적으며 시스템이 정지 시, 드레인(drain) 되지 않고 잔류함으로써 윤활막을 형성하여 정지와 시동을 반복하는 시스템에 표면 손상을 방지하므로 적합하다. 반면에 그리스의 높은 점도로 인해 베어링에서 고속운전이 어렵다. 그 이유는 그리스로 윤활을 하는 경우에 고속운전을 하면 발열문제가 발생하기 때문이다. 즉, 그리스는 액상 윤활유에 비해 냉각성능이 낮고 점성마찰력에 의한 열 발생량이 많아 고속 운전을 하는 시스템에서는 적합하지 않다.

그리스는 외부로부터의 입자나 오염물이 유입되는 것을 막아주는 밀봉제 역할을 수행한다. 그리고 몰리브덴 및 흑연 같은 불용성 고체 첨가제들을 그리스 내에 혼합하여 윤활성능을 개선할 수 있다.

표 6.2 그리스의 장점과 단점

장점 (advantage)	**단점** (disadvantage)
정지, 시동 성능이 좋음 누설량이 적음 오염물 침입, 차단 성능이 좋음 고체 첨가제들과 혼합하여 윤활성능 개선	냉각기능, 열전달 감소 베어링의 속도 한계가 낮음 첨가제와의 적합성이 불량 산화에 대한 낮은 저항성 용적 관리가 어려움 윤활유 분석이 어려움

베어링에 그리스를 윤활제로 사용할 경우, 발열의 문제가 있으므로 속도 제한의 의미로 speed factor (ND_m)가 있다. 그림 6.11과 같이 speed factor는 베어링의 속도뿐만 아니라 베어링의 크기와 관련된 내경과 외경이 포함된다. 주로 구름베어링에서 그리스 윤활을 하는데 speed factor를 초과하지 않는 운전조건을 유지한다. Speed factor 내의 운전조건을 준수해야만 발열 문제를 방지할 수 있다.

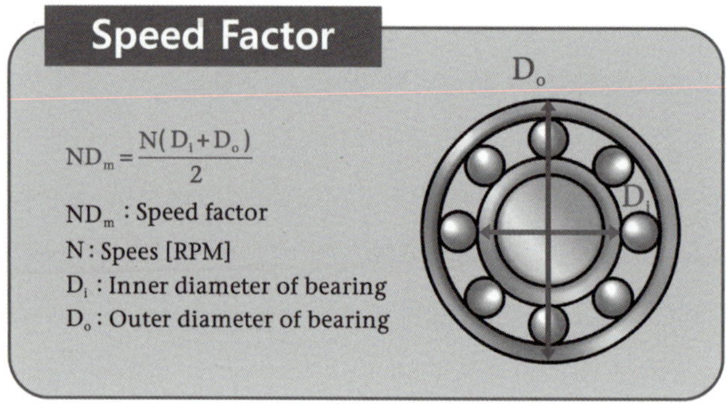

그림 6.11 Speed factor

그리스는 주도(consistency)에 따라 등급이 나누어진다. 주도는 가해진 기계적 힘에 그리스가 변형에 저항하는 능력을 나타내며 NLGI(National Lubricating Grease Institute) 등급으로 구분하는데 표 6.3과 같이 000에서 6까지 9등급으로 이루어져 있다. 주도값이 큰 경우는 기계적 힘에 의한 변형이 쉽지 않다. 주도는 그림 6.12와 같이 콘침입도계(ASTM D217)를 이용하여 25 ℃에서 측정하며 침입도에 따라 주도를 결정한다. 주도를 정확히 측정하기 위해서는 그림 6.13과 같이 그리스를 다지는 혼화 과정이 선행되어야 한다. 혼화는 콘침입도를 측정하기 전에 그리스를 다지는 행위이다. 혼화는 무 교란, 비혼화, 혼화, 연장혼화, 블록으로 구분되는데 혼화는 표준 그리스 혼화기에서 60회 혼화한 그리스를 말하고 연장혼화는 규정된 행정수(60회)로 혼화한 후, 25 ℃로 만들어 추가로 표준 혼화기로 60회 왕복 혼화한 그리스를 의미한다.

표 6.3 그리스 NLGI 등급

NLGI 등급	ASTM D217 혼화 침입도	식품 유사품	
000	445-475	케첩	
00	400-430	사과소스	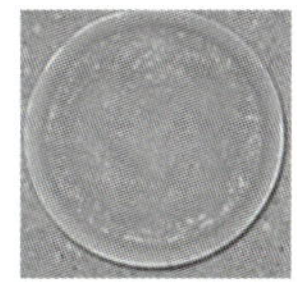
0	355-385	황색 겨자	
1	310-340	토마토 페이스트	
2	265-295	땅콩 버터	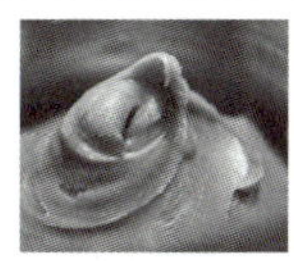
3	220-250	식물성 쇼트닝	
4	175-205	얼은 요구르트	
5	130-160	부드러운 파이	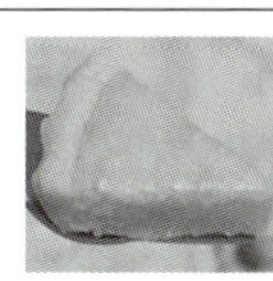
6	85-115	체다 치즈 스트레드	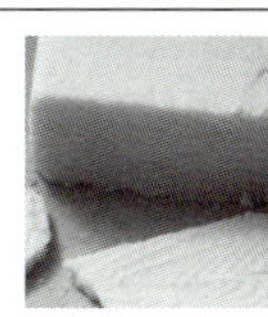

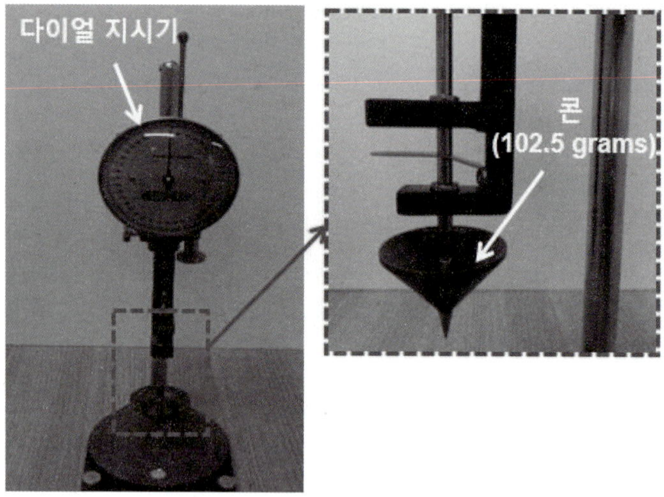

그림 6.12 콘침입도계 (ASTM D217)

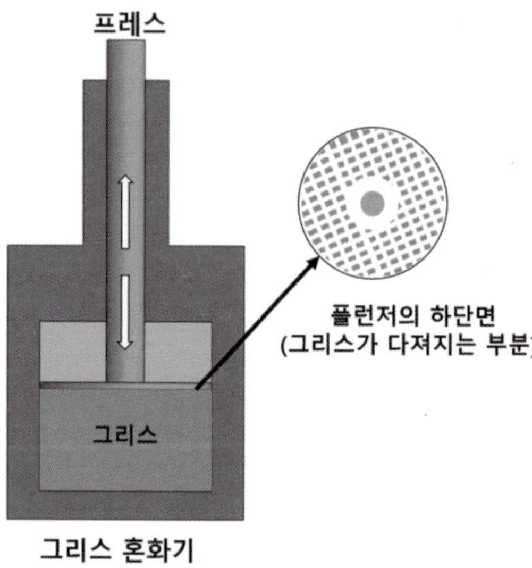

그림 6.13 그리스의 혼화

그리스의 산화 안정성 시험은 그리스의 수명 또는 보관기간 등을 예측하는데 매우 중요하며, 그 중의 한 시험법으로 ASTM D942가 있다. 이 방법은 100시간 시험 후 산화에 의한 강하 압력을 측정하여 산화 안정성을 평가한다. 그리스의 강하 압력이 작을수록 산화 안정성이 뛰어나다는 것을 의미한다.

그리스의 부식 방지 성능 실험은 ASTM D1743에 규정되어 있으며, 그리스를 습한 조건하에서 보관할 때 철 표면에 부식을 예방하는 정도를 평가한다. 이 방법은 새로운 베어링에 그리스를 채운 상태에서 48시간 동안 물에 노출하여 부식 정도를 평가한다. 부식 정도에 따라 Pass, Marginal pass, Fail로 구분하여 평가를 한다.

그리스의 적점(Dropping point) 시험은 그리스에 온도를 상승시켜 반고체 또는 고체상태에서 액체상태로 변하는 최저온도를 확인하는 것이다. 적점은 그리스의 고온 특성을 파악할 뿐 아니라 현재의 윤활 성능을 파악하는데도 활용한다. 적점의 60~70% 되는 온도는 그리스를 사용할 수 있는 최고의 사용한계 온도이다. 그리스의 사용기간이 길어지면 열화되어 적점 온도가 낮아지므로 적점 시험을 통해 현재 사용 중인 그리스의 상태를 파악할 수도 있다.

그리스의 압송성(Pumpability) 시험은 그리스가 분배 시스템에서 일정온도, 정상류 조건으로 흐르는 능력을 평가하고 그리스의 함몰성(Slumpability) 시험은 그리스가 팔로우 플레이트 없이 펌프로 공급되는 능력, 즉 쉽게 허물어지는 정도를 평가한다.

그리스의 이유(Oil separation) 시험은 ASTM D1742에 규정되어 있는데 기유가 저장 중인 그리스의 증주제에서 분리되는 경향을 측정하고 그리스의 분리 시험은 ASTM D1263에 규정되어 있으며 높은 온도 및 부하 조건에서 그리스의 누설 경향을 측정한다.

그리스의 수세(水洗) 시험은 크게 수 분사 시험(ASTM D4049)과 베어링 수세 시험(ASTM 1264)이 있다. 수 분사 시험은 그림 6.14와 같이 66 ℃ 오븐 위에 그리스가 0.794 mm 두께로 입혀진 상태에서 40 psi 압력과 38 ℃ 온도 조건의 물을 5분 동안 분사하여 그리스의 잔류 상태를 확인한다. 이때 약 5% 의 그리스 손실은 작은 경우에 해당되고 약 30% 이상의 그리스 손실은 큰 경우에 해당된다. 베어링 수세 실험은 베어링 내에 충진된 그리스가 유량이 약 5 ml/s 물에 손실되는 정도를 파악하는 것으로 실험 온도는 38 ℃ 또는 79 ℃이다. 전형적으로 약 2% 의 그리스 손실도 큰 경우에 해당된다.

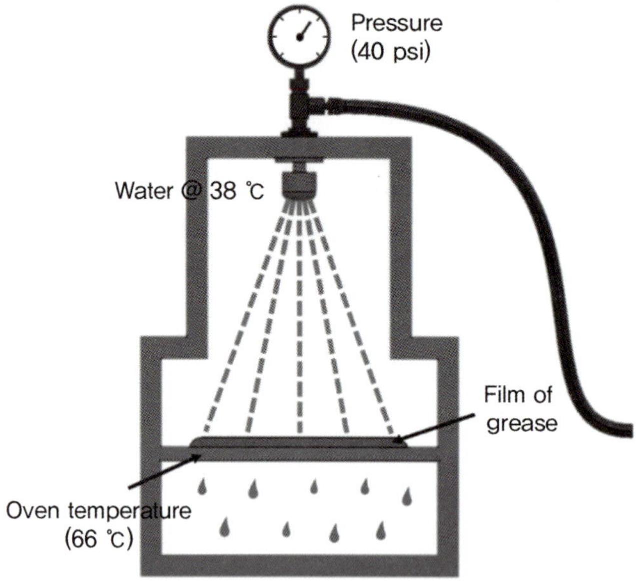

그림 6.14 **그리스의 수 분사 시험 (ASTM D4049)**

6.1.4 윤활유 오염

윤활유를 효과적으로 관리하고 분석하기 위해서는 윤활유의 오염원에 대한 지식이 필요하다. 윤활유의 오염원에는 물, 공기, 열, 고체입자, 연료 및 용제, 부동액, 냉매, 부적당한 윤활유 등이 있다. 고체 입자에는 마모에 의해 발생하는 마모입자, 흙, 먼지, 수트, 불용분 등이 있다. 특히 다른 오염원과 달리 대기 중에서 기계시스템이 작동하므로 공기 중의 산소와 윤활유가 반응하여 산화가 진행되는 것은 피할 수 없는 현상이다.

먼저 오염원 중에 수분을 살펴보면, 수분은 산화를 발생시키고 점도 상승 등 윤활유를 열화시키는 주원인 중 하나이다. 윤활유 중에 수분은 자유수분 (free water), 유화수분 (emulsified water), 용해수분 (dissolved water) 3가지 형태로 존재하고 자유수분은 이미 탱크나 섬프 (sump) 바닥으로 침전된 물을 의미하고 용해수분은 물 입자들이 윤활유 속에 용해되어 분산되어 있는 형태를 말한다. 그리고 유화수분은 윤활유 중에 안정된 부유 상태로 분산된 물로 윤활유와 물이 결합된 에멀젼 (emulsion) 형태이다. 수분 오염에서 수분포화점이 중요하다. 수분포화점은 윤활유가 유지할 수 있는 용해수분의 최대량을 의미하고 윤활유가 수분포화점 이상에서는 유화수분 또는 자유수분 형태로 존재한다. 윤활유에서 수분에 의한 오염을 시각적으로 평가할 때, 윤활유가 시각적으로 흐려지는 정도로 판단을 할 수 있지만 종류가 다른 여러 종류의 윤활유들의 수분오염 정도를 시각적으로 평가할 때는 주의해야 한다. 그 이유는 윤활유마다 수분포화점이 다르므로 수분오염의 양이 큰 경우에도 수분포화점이 높으면 상대적으로 덜 흐려 보일 수 있기 때문이다. 따라서 유종이 다른 경우에는 시각적으로 수분오염의 정도를 평가하는 것은 바람직하지 않다.

부동액은 추운 환경에서 냉각수가 흐르도록 물의 어는점을 낮추는 액체이다. 엔진 등 기계시스템에서 부동액의 누설에 의한 윤활유의 오염은 기계고장으로 이어질 수 있다. 부동액의 주성분인 에틸렌 글리콜과 칼슘 황산염과 반응하여 오일 볼 (oil ball)을 형성한다. 오일 볼의 크기는 대략 5 ~ 40 μm 정도이고 필터 손상이나 베어링 마모 등을 유발한다. 그림 6.15는 부동액의 누설로 인해 생성된 오일 볼에 의한 손상된 금속 표면의 모습을 보여준다. 부동액의 오염은 점도를 증가시킬뿐만 아니라 오일 볼에 의한 윤활면의 손상을 야기시킨다. 부동액에 의한 오염이 된 경우, 윤활유의 원소 분석 결과를 보면 칼륨 (K), 나트륨 (Na), 붕소 (B) 성분이 기준치 이상 검출된다. 원소분석 외에도 부동액 오염을 검출하는 방법에는 포름알데히드를 이용한 현장 시약법 (ASTM D2982), 기체크로마토그래피 (ASTM D4291), FTIR, 점도 분석, Blotter spot test 등이 주로 이용된다. 현장 시약법은 부동액의 주성분인 글리콜이 포름알데히드로 변환하므로 그 함유량을 색깔의 진한 정도에 따라 판단하는 방법이고 기체크로마토그래피는 혼합기체인 시료를 액체나 고체로 채운 분리관 속으로 통과시켜 기계 시료 속의 각 성분을 분리하여 검출하거나 농도를 측정하는 방식으로 글리콜을 측정한다.

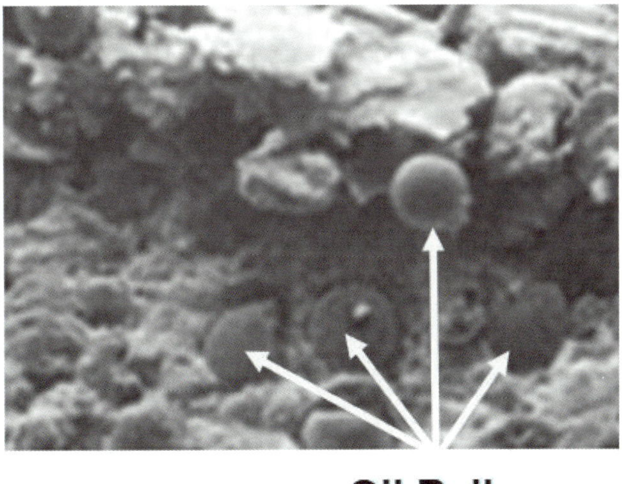

그림 6.15 **오일 볼**

연료에 의한 오염은 주로 연료 펌프에서의 누설, 연료관의 누설, 연료분사 결합, 블로우바이(blow-by)에 의해 발생한다. 연료가 윤활유에 유입이 되면 연료가 윤활유에 비해 점도가 낮기 때문에 전체적으로 윤활유의 점도가 저하되고 윤활유의 첨가제 등이 희석되므로 윤활성능이 저하된다. 특히 연료에 의해 윤활유가 오염이 되면 윤활유의 불이 붙는 온도인 인화점(flash point)이 오염이 안된 경우에 비해 20 ℃ ~ 30 ℃ 정도 낮아진다. 연료의 오염이 의심되면, 점도 측정 등으로도 가능하지만 인화점을 확인해보는 것이 보다 바람직하다. 연료가 혼입이 되면 연료 성분 중에 황(S)이 윤활유에 다량으로 유입이 된다. 유입된 황은 물과 반응하여 황산을 생성하여 부식이라는 문제점을 발생시킨다. 그래서 상대적으로 가솔린 엔진보다 황 함유량이 많은 연료를 사용하는 디젤 엔진의 경우에 황산의 중화를 위해 염기 성분이 윤활유에 포함되어 있다. 윤활유에 포함된 염기의 양을 나타내는 것이 염기가(BN)이다. 연료의 황 함유량에 따라 적절한 염기가(BN)를 가진 윤활유를 사용해야 한다. 연료 오염에 대한 분석을 위해서는 인화점 측정, FTIR, 점도, 가스크로마토그래피 등을 이용할 수 있다.

디젤 엔진의 경우 낮은 공연비, 낮은 압축비, 블로우바이 등으로 수트에 의한 윤활유의 오염이 발생한다. 수트에 의한 윤활유의 오염으로 윤활유 내에 슬러지가 발생하고 마모 발생, 점도 증가, 분산성 저하, 필터 막힘 또는 손상 등이 발생할 수 있다. 수트의 주성분은 탄소이며 이는 압축 강도가 큰 물질로 내마모 성능을 감소시켜 윤활면에서의 손상을 발생시킨다. 그리고 윤활유에 수트가 유입이 되면 분산제가 수트를 에워싸서 그들이 결합하여 부피가 커지는 것을 막는 역할을 수행하지만 수트의 유입량이 많아지면 윤활유의 분산제가 수행하는 기능을 상실하게 된다. 수트 오염 검출에는 점도 측정, FTIR, 펜탄 불용분 시험(ASTM D893), Blotter spot test 등이 적용되고 있다.

윤활유의 공기 오염은 대기중에서 기계시스템을 사용하기 때문에 피할 수 없다. 공기에 의한 오염이 발생하면 윤활유 중에 기포를 밖으로 배출하는 방기성이 저하되고 거품 발생의 원인이 된다. 공기 오염으로 인해 윤활유의 표면 장력이 저하되면 기포가 미세하게 깨져서 윤활유에 남아 있게 된다.

먼지나 흙에 의한 오염은 주로 건설장비와 같이 외부 환경에서 노출되어 작동을 하는 기계시스템에서 많이 발생한다. 흙의 성분 분석을 하면 80 % 이상이 SiO_2와 Al_2O_3로 구성되어 있으며, 이 성분들이 윤활면에서 마모를 발생시킨다.

Vane valve of gas turbine

Plain bearing of gas turbine

그림 6.16 **밸브와 베어링 표면의 바니쉬(varnish)형성**

그림 6.16은 유압 밸브와 베어링에 생성된 바니쉬를 보여주고 그림 6.17은 실린더 라이너에 발생한 락커링(lacquering)의 모습을 보여준다. 바니쉬와 락커링이 윤활면에 형성이 되면 기계요소들의 원활한 상대운동이 어려운데 그 이유는 윤활면에 형성된 바니쉬와 락커링이 틈새를 줄임으로 유체고착(hydraulic lock)을 발생시키거나 눌러붙음(seizure)을 발생시키기 때문이다. 그 외에도 좁아진 틈새로 인해 접촉에 의한 마찰열이 증가하여 윤활유의 소비량이 증가한다. 대부분이 마찰열에 의한 윤활유의 증발이 윤활유의 소비량을 증가시킨다. 바니쉬의 형성 과정을 살펴보면 윤활유가 산화 및 여러 가지 원인으로 오염이 되어 용해 불순물이 형성된다. 그 이후 고 분자량의 반응 생성물들이 기유의 용해성을 넘어갈 경우 불용해 불순물이 윤활유 내에 잔류하게 된다. 불용해 불순물들이 극성을 가지는 기계 금속 표면에 붙게 되고 시간이 지남에 따라 불순물들이 퇴적층을 형성하게 된다. 락커링에 대한 발생 메커니즘은 2가지가 있다. 락커링은 그림 6.18과 같이 Shell 회사에서 주장하는 가설과 그림 6.19와 같이 Alberola가 주장하는 가설이 있다. Shell이 주장하는 가설은 락커링이 적절한 염기가의 윤활유를 사용하지 않아 잉여 첨가제에 의해 발생하는 현상이라고 본다. 그 발생 과정을 살펴보면, 불완전 연소와 블로우바이에 의해 누설된 연료가 산화와 중합반응(polymerization) 통해 그 분자량이 커지게 되고 첨가제 중에 잉여 첨가제들이 산화와 중합반응을 통해 분자량이 커진 연료와 반응을 하게 된다. 이때 연소 등으로 외부의 압력이나 열이 퇴적층에 공급되면 퇴적층이 단단하게 형성된다. 이 퇴적층이 마치 표면에 코팅이 된 것처럼 형성된 것이 락커링이다. Alberola는 윤활유를 저분자량의 액체 폴리머(polymer)로 가정하고 윤활유가 열적 열화와 산화에 의해 열경화성(thermosetting)반응으로 락커링이 형성된다고 주장하였다. 열경화성 반응은 크게

두가지의 상 변화 반응으로 이루어지는데 하나는 액체에서 gel 형태로 변화하는 과정이 Gelation이고 다른 하나는 유리 같이 변화하는 과정이 Vitrification이다. 이 두 반응을 통해 형성된 반짝이며 딱딱하게 퇴적층이 락커링이다.

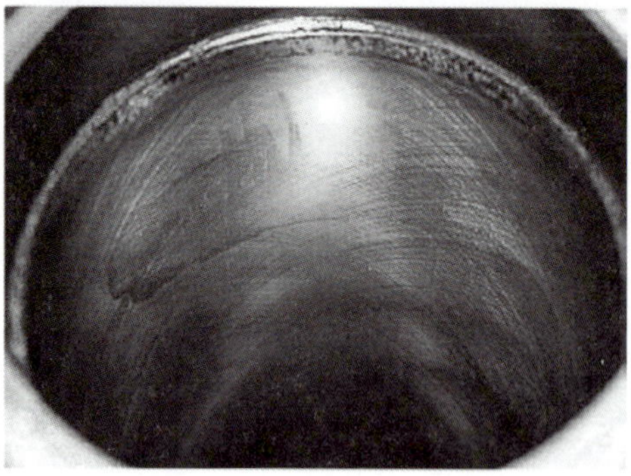

Cylinder liner lacquering

그림 6.17 실린더 라이너의 락커링 형성

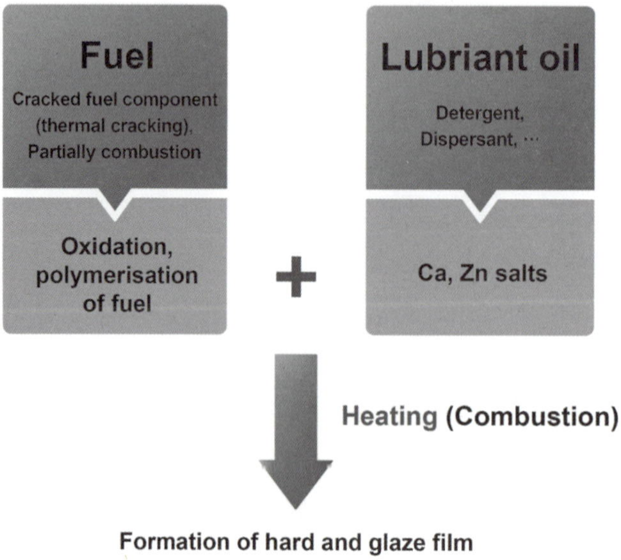

그림 6.18 락커링의 발생 원리 (Shell의 가설)

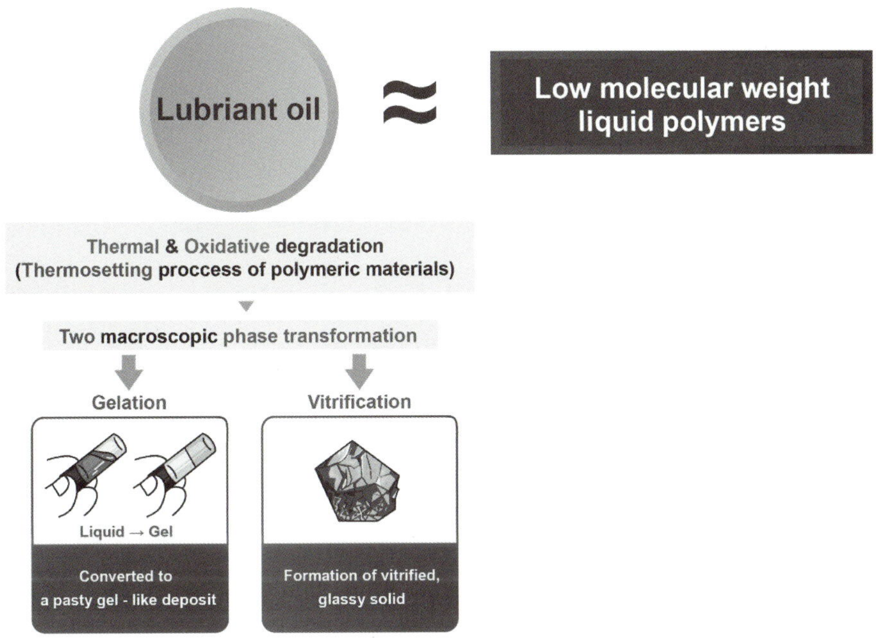

그림 6.19 락커링의 발생 원리 (Alberola의 가설)

락커링의 발생원인은 여러 가지가 있다. 연료의 성분 중에 방향족(aromatic) 성분이 많은 연료에서 발생빈도가 높으며, 특히 PAHs (Polycyclic aromatic hydrocarbons)가 많은 연료에서 그런 경향이 나타난다. 그 외에 출력 변화가 심한 연소조건이나 공회전이 많은 운전 조건 등이 락커링 형성에 영향을 준다. 그리고 그림 6.20과 같이 연료의 황함유량에 따라 적절한 염기가(BN)를 함유한 윤활유를 사용해야 하는데 그렇지 않은 경우에 락커링의 발생을 유발한다. 예를 들어 황함유량이 적은 연료에 염기가가 높은 윤활유를 사용할 경우 청정제 성분 등의 첨가제에서 잉여 첨가제가 발생한다. 이 잉여첨가제는 연료의 성분과 반응하여 락커링을 발생시킨다.

락커링의 특징을 살펴 보면 그림 6.17에서와 같이 광택이 나며 또한 색깔은 주로 갈색이나 황색계통이다. 그리고 표면과의 결합력은 아주 강하다. 락커링과 표면과의 결합력은 pull-off 검사로 확인할 수 있다. Pull-off 검사는 선박용 도료의 결합력을 테스트 방법으로 ISO 4624에 명시되어 있다. 선박용 도료의 경우는 3 ~ 4 MPa이 합격 기준인데 락커링의 경우는 그 보다 큰 9 MPa 정도의 높은 결합강도로 측정되는데 이는 락커링이 표면과 높은 결합강도를 유지하므로 단순히 물리적인 힘으로 제거하기는 어렵다는 것을 의미한다.

바니쉬의 경우는 아세톤 같은 유기용매에 녹아서 제거되지만 락커링은 염산, 황산 같은 산 성분에 제거된다. 그 이유는 락커링의 Quinone이라는 성분이 산에 녹는 성질을 가지고 있기 때문이다. 그림 6.21은 실린더 라이너에 발생한 락커링이 아세트산에 의해 제거된 모습을 보여준다. 바니쉬와 락커링을 눈으로 구분하기는 어려우므로 물리적으로 쉽게 제거되거나 아세톤 같은 유기 용매에 반응하여 제거가 된다면 바니쉬라고 판단하는 것이 적합하다.

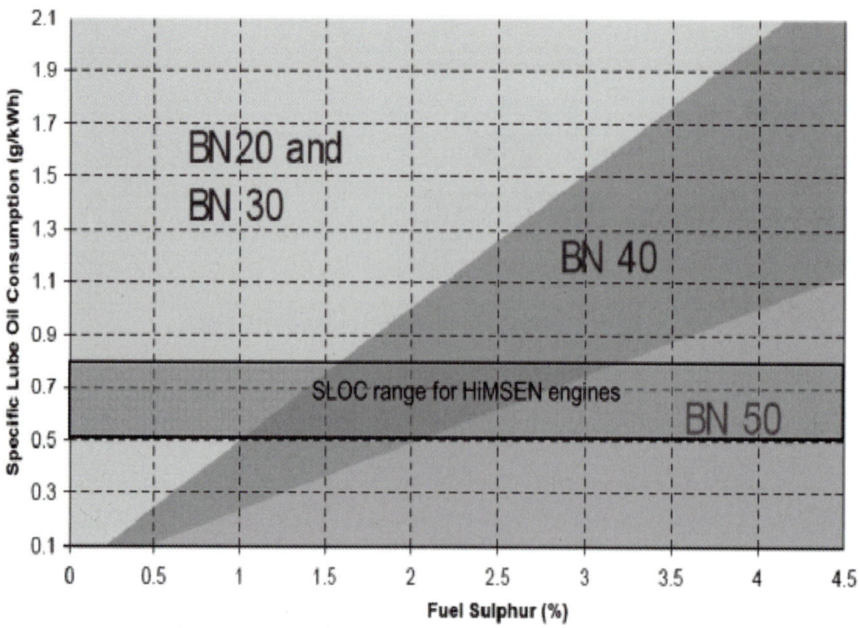

그림 6.20 **연료의 황 함유량에 따른 윤활유의 염기가**

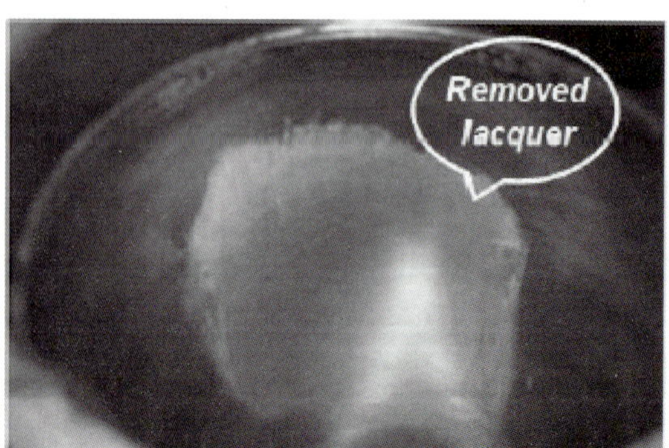

그림 6.21 **산에 의해 제거된 락커링**

6.1.5 윤활유 제조 및 관리 방법

윤활유는 그림 6.22와 같이 기유와 첨가제를 섞어 제조하는데 이렇게 혼합하는 공정을 블렌딩 (blending)이라 한다. 블렌딩은 스크루 (screw)를 이용하여 40 ℃ 이상의 온도 조건에서 1시간 이상의 혼합하는 공정과정에서 우회로를 만들어 계속적으로 필터링을 동시에 수행한다. 홀딩 (holding)은 블렌딩 공정이 완료된 윤활유를 필요한 용량만큼 적당한 용기에 담는 과정을 의미한다. 사용하는 용도 및 용량에 따라 적당한 용기에 담는데, 예를 들어 자동차용 엔진오일은 아주 작은 용기에 담아서 판매를 하지만 기업에서 대형 기계에 사용되는 윤활유는 드럼 (drum) 또는 토우트 빈 (tote bin)에 담아서 공급된다.

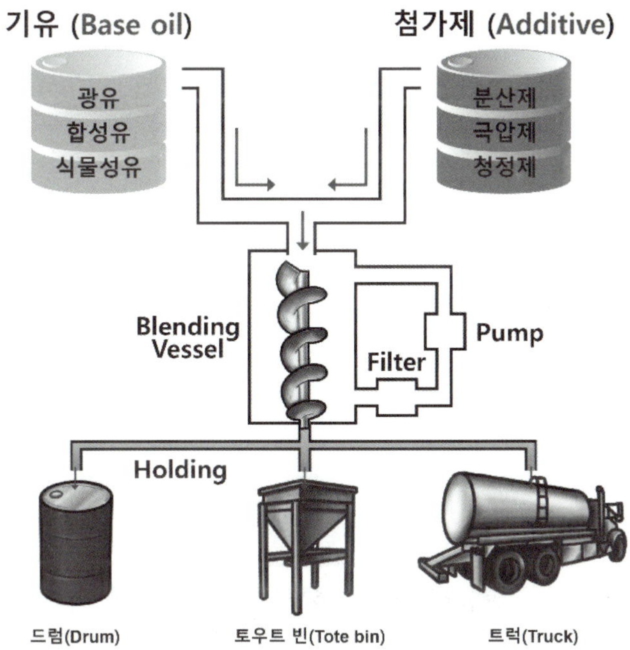

그림 6.22 윤활유 제조 공정

윤활유의 제조 과정 및 운반, 보관 등 소비자에게 전달되어 사용하기 전까지 청결을 유지해야 한다. 사용자들에게 공급된 새로운 윤활유도 보관의 부주의로 오염이 되는 경우가 발생하므로 윤활유의 보관, 관리도 매우 중요하다. 그림 6.23과 같이 윤활유가 생산되어 기계시스템에 사용되기 전까지는 여러 단계를 거치게 되는데 이 과정에서 오염의 가능성이 있다. 그래서 소비자에게 전달된 신유도 보관 및 관리과정에서 오염이 될 가능성이 있으므로 가급적 윤활유 분석을 하여 상태를 확인 후, 사용하거나 filter로 정화를

한 뒤, 사용하는 것이 바람직하다. 밀폐용기에서 한번도 개봉하지 않은 신유도 보관과 이송 과정에서 수분이나 이물질로 오염이 될 경우도 있으므로 오염여부를 확인하지 않고 윤활유를 사용하게 되면 기계시스템의 손상 또는 고장을 유발할 수 있다.

윤활유의 용기로는 다양하지만 산업계에서 가장 많이 사용되는 윤활유 용기로는 드럼 형태이다. 드럼을 보관할 때는 그림 6.24와 같이 벙(bung)과 벤트(vent)가 3시와 9시 방향으로 있어야 한다. 그 이유는 보관 시, 벙(bung)과 벤트(vent)가 3시와 9시 방향이 되도록 설치하면 벙과 벤트가 윤활유에 잠겨 있어 수분이나 이물질의 유입이 쉽지 않기 때문이다. 그리고 드럼을 보관할 때는 가급적 실내 저장고에 보관하고 지면과 접촉에 의한 드럼의 손상을 막기 위해 받침대 위에 보관을 하거나 그림 6.24와 같이 팰릿을 사용하는 것이 효과적이다. 그리고 여러 개의 드럼을 보관할 때는 윤활유의 입, 출입에 대한 정보를 관리하는 윤활유 관리 대장이나 관리 시스템을 사용하는 것이 바람직하다. 그 이유는 먼저 보관되어 있던 드럼이 사용될 수 있도록 해야 한다. 즉 'First in, First out'의 개념으로 보관을 하여야 오랜기간 보관된 윤활유가 사용되지 않는 경우를 방지된다.

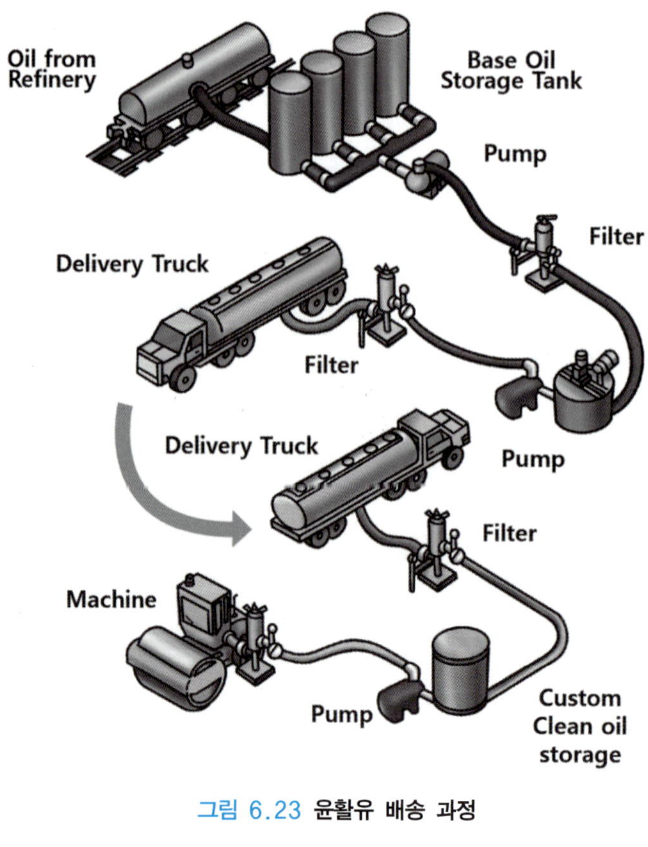

그림 6.23 윤활유 배송 과정

그림 6.24 **드럼의 보관 방법**

윤활유를 오염시키는 방법은 다양하다. 특히 윤활유의 보관 및 관리측면에서 청결 유지에 대한 인식의 부재에서 발생하는 경우가 많다. 윤활유의 오염을 발생시키는 흔한 방법에는 드럼의 마개를 닫지 않고 오픈된 상태로 보관, 드럼의 뚜껑을 드릴(drill)이나 가공 도구를 이용한 개봉, 윤활유 주입 시 청결하지 않은 용기 사용, 섬프 탱크나 윤활유 저장고에 에어 브리더를 사용하지 않는 경우 등이 있다.

윤활유를 취급할 때 드럼 용기의 윤활유 뿐만 다른 윤활유들도 안전을 고려하여 실내에서 보관하며 낮은 습도와 적당한 온도를 유지하여야 한다. 그리고 윤활유의 용기를 개봉한 다음에는 주입구에 에어 브리더를 사용하여 보관중인 윤활유가 오염이 되지 않도록 해야 한다. 윤활유를 주입하는 과정과 운반하는 과정에 전용 용기를 사용하는 것이 윤활유의 오염을 방지할 수 있다. 전용 용기는 윤활유의 유종에 따라 구분하여 사용하고 캐비닛에 청결하게 보관 및 관리를 해야한다. 한번 사용된 전용용기는 라벨을 부착하여 다른 종류의 윤활유와 섞어서 사용하는 일이 발생하지 않도록 주의해야 한다.

윤활유의 관리 및 사용 측면에서 이물질을 제거하는데 필터를 많이 사용한다. 필터의 재질은 목재펄프 재질인 셀룰로스, 유리섬유, 금속이 주로 사용된다. 셀룰로스 재질은 다른 재질에 비해 가격이 저렴하지만 공극을 일정하지 않고 물도 흡수하며 피로와 고온, 화학적 물질에 약하다는 단점이 있다. 유리섬유는 셀룰로스보다 상대적으로 일정한 공극을 가지고 있으며 고온 특성이 양호하다. 그리고 금속 재질은 다른 재질에 비해 보다 공극이 일정하고 신뢰성이 우수하다. 특히 SUS (Steel Use Stainless)는 내부식성과 내구성도 우수하여 세척 후에 재사용이 가능하여 사용 빈도가 증가하고 있다. 금속 재질로 제작된 필터들에 자가세정(self cleaning)기능을 추가하여 유지, 관리 측면에서 효과적으로 변화하고 있다. 3가지의 재질 외에도 자력을 이용하여 금속 입자들을 필터링하는 자성 필터(magnetic filter)가 있다.

필터의 성능은 배타율과 포집 효율로 나타낸다. 배타율은 어떤 공극 사이즈 (X μm)를 기준으로 필터 전단과 후단의 입자의 수를 통해 필터의 성능을 평가한다. 예를 들어 10 μm의 공극 사이즈의 필터에서 필터 전단의 입자의 수가 100개이고 필터 후단의 입자의 수가 1개이면 배타율은 100/1로 100이 된다. 이때 배타율을 β_{10}=100로 표현한다. 포집효율(E)은 측정된 배타율을 활용하여 평가되고, 식은 (β-1) × 100 / β 이다.

6.2 윤활유 분석

6.2.1 윤활유 분석 방법의 종류

윤활유를 분석하는 방법은 그림 6.25와 같이 크게 3가지로 나누어지는데 진공 펌프 등을 이용하여 오일 샘플링(oil sampling)을 한 다음, 실험실에서 분석을 하는 오프라인(off-line) 방법, 주된 흐름에 분석을 하는 인라인(in-line)방법, 대표적인 우회로를 이용하여 분석을 하는 온라인(on-line) 방법이 있다. 오프라인 방법의 가장 큰 문제점은 실시간 정보를 제공할 수 없다는 단점이 있다. 주된 흐름에 분석을 하는 인라인 방법이 가장 정확하지만 측정 또는 분석 과정에 누설이나 시스템의 성능 저하에 영향을 줄 수 있기 때문에 분석하는 시스템에 영향을 주지 않으면서 분석하기 용이한 온라인 방법을 선호한다. 온라인 방법은 윤활유 센서를 이용하는 방법으로 오일 샘플링 과정에서 사람에 의해 발생하는 오염을 방지할 수 있고 초기 고장을 감지하여 큰 고장을 방지할 수 있다. 그리고 초기에 센서 구입 및 측정 시스템 구성에 비용이 요구되지만 전체적인 유지 비용이 저렴하고 분석하는데 숙련된 기술이 필요하지 않다는 장점이 있다.

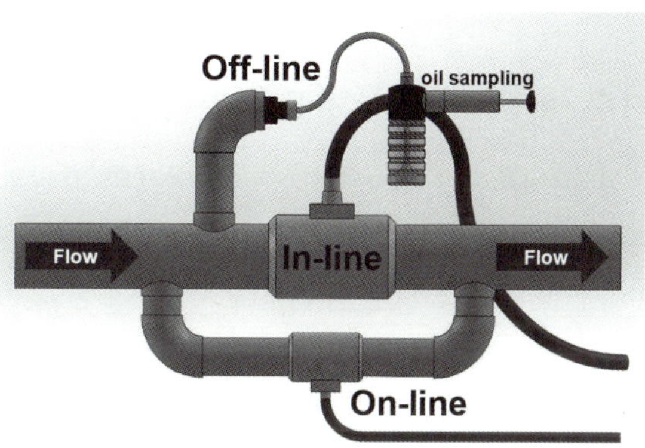

그림 6.25 **윤활유 분석 방법들**

6.2.2 윤활유 샘플링

아직도 산업 현장에서는 오프라인 분석 방법이 많이 적용되고 있다. 오프라인 분석에서 오일 샘플링을 하는 과정에 주의가 필요하다. 오일의 샘플링 시, 윤활유의 상태를 잘 나타내는 대표성이 있는 시료를 채취해야 한다. 대표성 있는 시료를 채취하기 위해서는 유동이 활성화 되는 영역 즉 난류 영역이 적합하다. 엘보우 형상의 파이프에서 난류가 발생하므로 시료를 채취하기 적합한 위치이다. 그리고 베어링이나 펌프의 하류에서 채취하는 것이 바람직하다. 베어링의 선단에 측정을 하면 베어링의 고장 유무에 대한 정보를 알 수 없고 펌프의 후단에는 펌프의 압력으로 인해 유동이 활성화 되지만 펌프의 선단은 유동이 활성화되지 않아 샘플링을 하기에는 적합하지 않다. 또한 유동이 거의 없는 섬프탱크나 기계작동이 정지된 상태에서의 샘플링은 적합하지 않으며 필터의 후단 또한 이물질이 필터에 걸려지기 때문에 후단에서의 샘플링도 적합하지 않다.

시료의 샘플링 시, 적합한 채취를 위해서는 청결을 유지해야 한다. 샘플링을 할때 시료를 오염시키면 기계상태에 대한 잘못된 정보를 얻게 되므로 샘플링 하는 도구와 샘플링 병의 청결뿐만 아니라 샘플링 하는 사람도 청결을 유지해야 한다. 샘플링 병의 청결도 지침은 ISO 3722에 규정되어 있다.

6.2.3 여러가지 윤활유 분석 방법

윤활유의 물성값이나 오염정도를 파악하는 방법은 다양하다. 우선 윤활유의 주요 구성성분인 기유의 물성을 나타내는 점도, 점도지수, 비중, 인화점, 유동점에 대해서 먼저 살펴보고 오염도, FTIR, ICP, DR Ferrograph, RULER, RPVOT 등에 대해 하나씩 살펴본다.

6.2.3.1 점도, 점도지수, 비중, 인화점, 유동점 분석

점도는 윤활유의 물성을 대표하는 값 중에 하나로 유체의 흐름과 전단에 대한 저항을 의미한다. 다양한 기계 시스템에서 원활한 윤활을 하기 위해서는 적당한 점도의 범위가 요구된다. 기계시스템에서 요구되는 점도 조건보다 낮은 점도 조건에서는 윤활면사이의 접촉이 발생하고 마모 손상이 발생한다. 또한 요구되는 점도 조건보다 높은 점도 조건에서는 큰 점성 마찰력으로 인해 동력(power)의 손실이나 과도한 마찰에 의한 열 문제가 발생한다. 따라서 기계시스템에서 적당한 범위의 점도 조건을 유지하는 것은 매우 중요하다.

점도에는 절대점도(Absolute or Dynamic viscosity)와 동점도(Kinematic viscosity)로 나누어진다. 절대 점도는 그림 6.26과 같이 토크(torque)를 측정하여 점도를 계산하며, ASTM D2983에 측정방법이 정의되어 있다. 단위는 주로 P(Poise, g/(cm.s))를 사용하고 Poise의 1/100을 센티포이즈(Centipoise, 10-2P=cP)도 사용한다. 그 외에도 절대점도의 단위로 Pa·s를 사용한다. 포이즈(P)와 Pa·s와의 관계는 아래 식 (6.1)과 같다. 단위에서 소문자와 대문자를 주의해서 사용해야 한다.

$$1 \text{ cP} = 10^{-2} \text{ P} = 10^{-3} \text{ Pa·s} = 1 \text{ mPa·s} \tag{6.1}$$

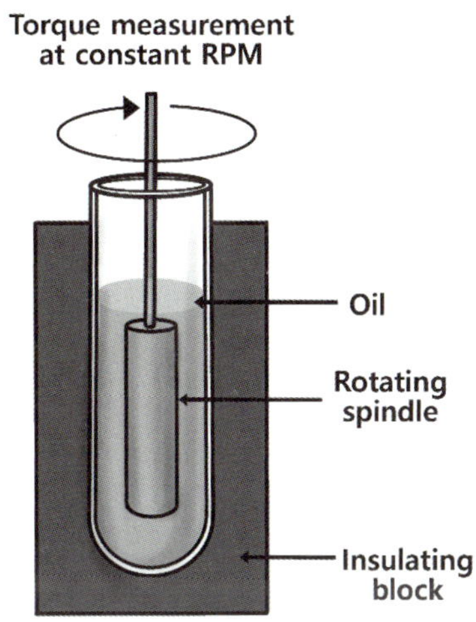

그림 6.26 **절대점도의 측정**

절대점도는 역학적인 측면에서 활용이 많이 된다면 동점도는 산업계에서 사용 윤활유의 점도 조건이나 표기에 많이 활용된다. 동점도는 중력에 의한 흐름과 전단에 대한 저항으로 그림 6.27과 같이 모세관에 흐르는 시간을 측정하여 평가하는 방법으로 ASTM D445에 측정방법이 규정되어 있다. 동점도의 단위는 St (stokes, cm^2/s)와 St의 1/100인 cSt (centistokes, mm^2/s)를 사용한다. 동점도는 절대점도를 밀도로 나눔으로 구해질 수 있다.

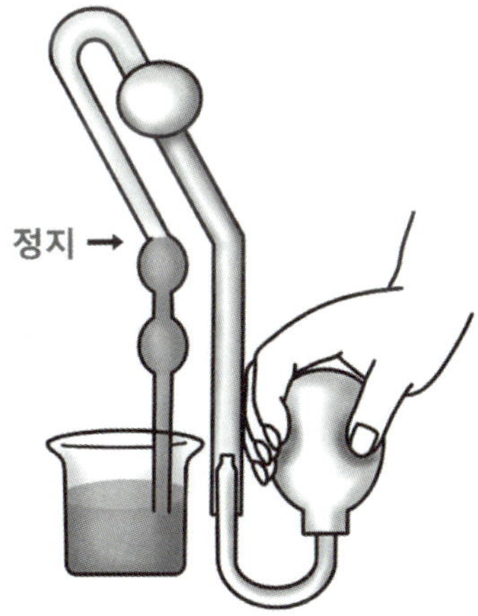

그림 6.27 **동점도의 측정**

점도지수는 온도변화에 대한 점도의 변화를 나타내고 VI (Viscosity Index)로 표현한다. 점도지수는 40 ℃와 100 ℃의 점도 변화 정도를 지수화하였고 ASTM D2270에 규정되어 있다. 점도지수가 크면 온도변화에 의한 점도 변화가 적다는 것을 의미한다.

비중 (Specific Gravity, SG)은 물의 무게에 대한 유체의 무게비를 나타낸다. 윤활유에서는 비중 외에도 API 비중이 있다. API 비중은 미국석유협회인 API (American Petroleum Institute)에서 지정한 비중이며 36단계로 나뉘어져 있다. 물은 API 비중으로 10에 해당한다. 물보다 비중이 큰 유체는 API 비중이 10보다 작으며 물보다 비중이 큰 유체는 API 비중이 10보다 크다. 그리고 API 비중과 비중과의 관계는 아래 식 (6.2)와 같다.

$$\text{API 비중} = 141.5/\ SG - 131.5 \qquad (6.2)$$

인화점 (Flash point)은 윤활유의 내화성과 관련된 물성값으로 윤활유가 충분히 증발하여 화염에 노출되었을 때 순간적으로 불이 붙는 최저온도를 나타낸다. 내화성과 관련된 윤활유 물성값으로는 인화점과 발화점 (Fire point)이 있는데 그 차이가 있다. 인화점은 화염을 이용하여 측정하지만 발화점은 화염을 사용하지 않고 스스로 발화하는 온도를 측정한다. 윤활유나 연료에서는 보통 인화점보다는 발화점이 높다. 그래서 안정적인 관리 및 사용 측면에서 발화점보다는 인화점을 많이 활용한다. 인화점에는 그림 6.28과 같이 open cup과 closed cup 2가지 방식이 있다. Open cup 타입의 대표적인 방법이 COC (Cleveland Open Cup) test이고 구조가 상대적으로 간단하나 액체 표면으로부터 거리에 따라 측정된 인화점이 다를 수 있다. Closed cup 타입의 대표적인 방법이 PMCC (Pensky Martens Closed Cup) test이고 이 방법은 open cup 타입보다 인화점이 낮은 액체에 적용한다. 즉 상대적으로 휘발성이 강하거나 인화점이 낮은 연료의 인화점을 측정하는데 closed cup 타입이 적합하다. Open cup 타입의 측정은 ASTM D92에 규정되어 있고 closed cup 타입의 측정은 ASTM D93에 규정되어 있다. 사용유의 인화점을 측정하여 신유의 인화점과 비교할 때는 반드시 그 측정 방법이 동일한지를 확인해야 한다. 그 이유는 측정 타입에 따라 인화점의 차이가 발생하기 때문이다. 휘발성 (volatibility)은 작은 분자들이 고온에서 증발하는 경향을 측정하는 것으로 인화점과는 다르다. 그림 6.29과 같이 250 ℃에서 1시간 동안 노출되었을 때 발생하는 중량 손실을 측정하여 휘발성을 측정한다. 일반적으로 휘발성이 낮을수록 좋으며 이 실험 방법은 ASTM D5800에 규정되어 있다.

유동점 (Pour point)은 윤활유의 저온 특성을 나타내는 물성값으로 그림 6.30과 같이 중력 하에서 윤활유가 흐를 수 있는 최저 온도를 나타낸다. 유동점 측정은 ASTM D97에 규정되어 있고 그 측정방법은 시료를 46 ℃로 가열한 뒤 2.5 ℃ 주기로 꺼내서 흐르는지 확인하여 5초 동안 흐르지 않은 온도에서 2.5 ℃ 높은 온도를 유동점이라 한다.

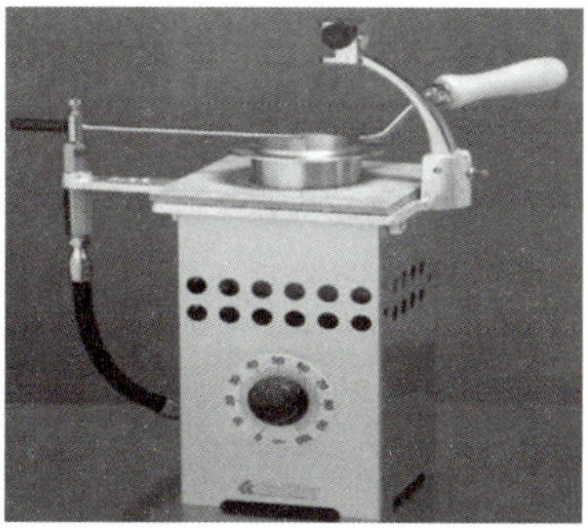

[COC- ASTM D92]

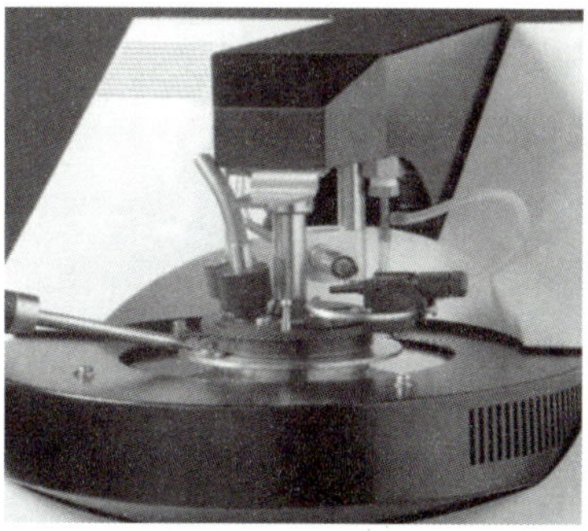

[PMCC- ASTM D93]

그림 6.28 **인화점의 두가지 방식**

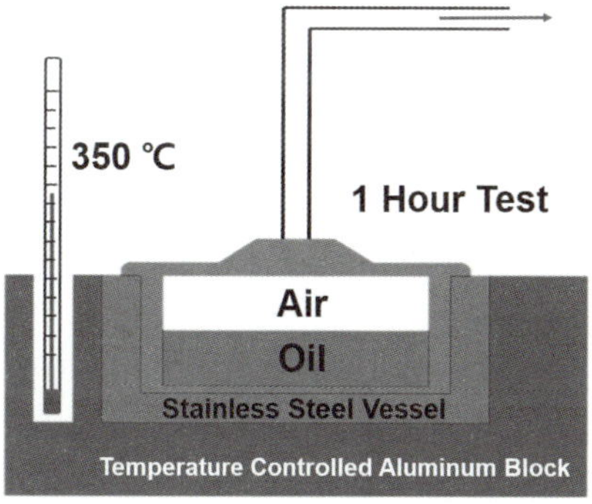

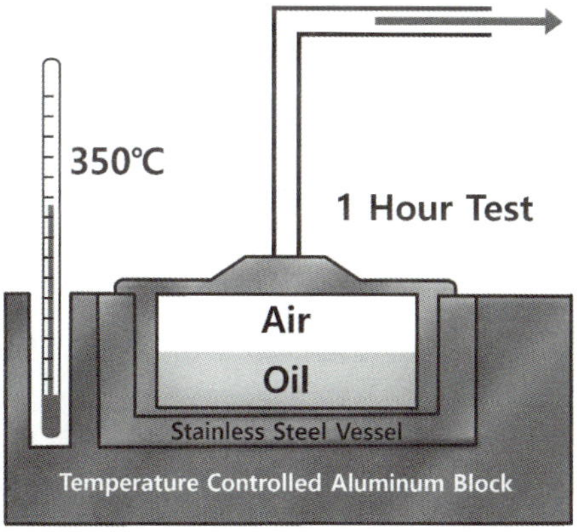

그림 6.29 **휘발성 측정**

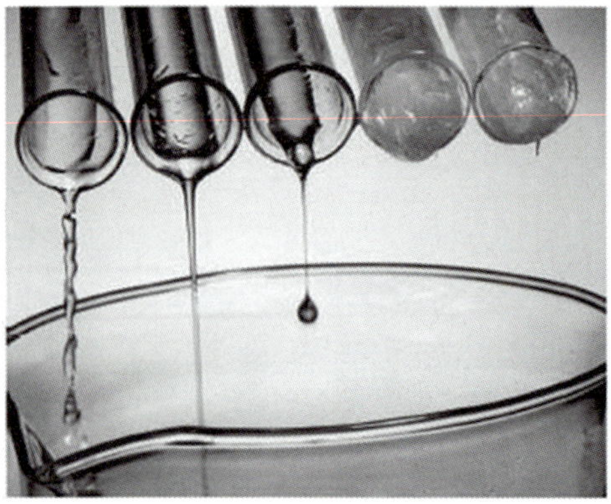

그림 6.30 **유동점 측정**

6.2.3.2 수분, 산가, 염기가 분석

윤활유의 오염 분석 중에 수분에 의한 오염의 정도를 파악하는 것이 중요하다. 윤활유의 수분 유입은 점도의 변화에 영향을 주는 것뿐만 아니라 산화를 가속화시키는 원인으로 작용하기 때문에 수분의 오염 정도를 파악하는 것은 필요하다. 수분의 측정은 현장에서 간단히 측정하는 방법, Karl Fischer방법, FTIR과 수분센서를 이용하는 방법이 있다. 현장에서 측정하는 방법으로는 같은 유종에 대해서 흐려지는 정도를 보고 판단하는 시각적 방법, Watector를 이용하는 방법, Crackle test, 수산화칼슘(CaH_2)을 이용한 측정 등이 있다. 시각적으로 수분오염의 정도를 판단할 때는 반드시 같은 유종에 대해서 비교하여야 한다. 그 이유는 윤활유의 포화수분점이 유종마다 다르므로 유종에 따라서는 절대적인 수분 오염이 많은 경우에는 시각적으로 흐려보이지 않을 수 있기 때문이다. Watector는 그림 6.31과 같이 윤활유와 수분의 비중차이를 이용하여 그 양을 측정할 수 있고 또한 밸브를 통해 아래쪽에 있는 수분을 제거할 수도 있다. Crackle test는 현장에서 수분의 오염정도를 파악하는 방법으로 그림 6.32와 같이 수행한다. 가열판에 윤활유를 떨어뜨리면 수분이 어느 정도 있을때 '톡 톡' 소리가 나며 이를 통해 수분 오염이 어느 정도 진행되었는지를 확인할 수 있는 방법이다. 수산화칼슘을 이용하는 방법은 자유수분과 유화수분의 양을 측정할 수 있으며, 윤활유 시료와 시약을 섞으면 수소기체가 방출되는데 이 수소기체의 용적은 수분농도에 비례하는 점을 활용하는 방식이다. 윤활유에서 수분의 오염 정도를 파악하는 방법으로 앞서 언급된 여러 방법들보다 가장 보편적인 방법은 화학적으로 Karl Fischer 방법을 이용하는 것이다.

그림 6.31 **수분감시기 (Watector)**

그림 6.32 Crackle Test

Karl Fischer 방법은 1935년 독일의 화학자 Karl Fischer에 의해 개발된 방법으로 체적 계량법, 전기량 계량법이 있으며. 이 방법은 적정(titration)을 이용한다. 적정은 일정한 부피의 시료 용액 내에 존재하는 물질 중에서 알고자 하는 물질의 양을 직접적으로 측정하는 것이 아니라 이것과 반응하는데 필요한 시약의 부피를 측정하여 알고자 하는 물질의 양을 구하는 방법이다. 체적 계량법(volumetric method)은 요오드 시약을 이용한 적정방법으로 사용된 시약의 부피를 측정하여 수분을 측정하는 방법으로 ASTM D1744에 규정되어 있다. 전기량 계측법(coulometric method)은 전기량 분해에 의한 적정방법으로 전기량을 측정하여 수분을 측정한다. 그림 6.33은 체적 계량법, 전기량 계측법, 공증류법을 보여준다. 체적 계량법은 500 ppm(parts per million)이상의 수분량을 측정 가능하며 반응액이 첨가제 등과 반응하므로 절대적인 값이기 보다는 상대적인 평가방법으로 사용된다. 전기량 계측법은 체적 계량법에 비해 상대적으로 적은 양의 수분 측정이 가능하여 5~5000 ppm 범위의 수분 측정이 가능하다. 이 방법도 다른 첨가제나 이물질에 의한 오차를 가지고 있으므로 보다 높은 정확성을 위해 사용되는 방법이 공증류법이다. 공증류법은 그림 6.33과 같이 윤활유를 가열하여 수분을 분리하고 전기량 계측법 또는 체적 계량법으로 수분을 다시 측정하는 방법이다. 공증류법은 전기량 계측법과 체적계량법보다 미세한 수분까지 측정가능하고 측정의 정확성도 상대적으로 양호하다.

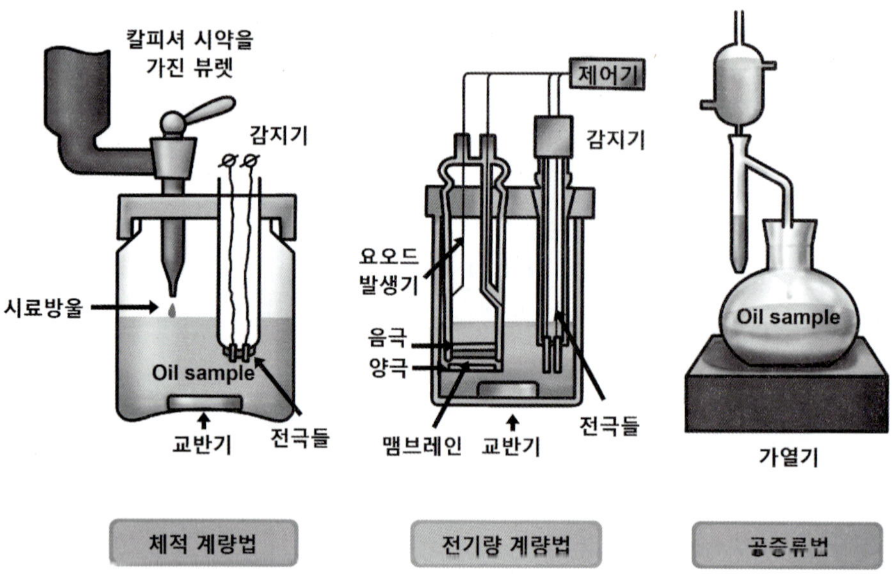

그림 6.33 **체적, 전기량 계측법, 공증류법**

산가(Acid Number, AN)와 염기가(Base Number, BN)는 윤활유의 산화 또는 열화의 정도를 평가하는데 많이 사용되는 물성값이다. 산가는 그림 6.34와 같이 1 g의 윤활유 시료에 포함된 산성물질을 중화하는데 필요한 수산화칼륨(KOH)의 양을 mg으로 표시하고 염기가는 윤활유 중에 부식성 산을 중화하기 위해 사용할 수 있는 잔류 알칼리(염기) 성분의 농도를 나타낸다. 이때 염기가는 윤활유 내의 염기의 양을 나타내는 것이 아니라 윤활유 시료 1 g 중에 포함되어 있는 알칼리성 성분을 중화하는데 필요한 산과 같은 당량의 수산화칼륨의 양을 mg으로 표시한다. 염기가의 시약으로 산을 사용하지만 중화에 필요한 양을 알칼리로 환산하여 표시한다. 산가와 염기가를 측정할 때 주의해야 할 사항이 있다. 표 6.4는 산가와 염기가의 다양한 측정방법들을 보여준다. 산가의 경우에는 반응시약으로 수산화칼륨을 사용하고 색상이나 전위차 계측을 이용하여 측정하지만, 염기가의 경우에는 반응시약이 염산과 과염소산을 사용하고 산가와 마찬가지로 색상과 전위차 계측을 이용하여 측정한다. 특히 주의할 사항은 디젤 엔진의 경우 수트에 의해 오염이 되면 윤활유가 검은색 계통으로 어둡게 변화하므로 색상법으로 염기가의 측정은 적당하지 않다. 그리고 반응시약으로 과염소산을 사용하는 ASTM D2896의 경우에는 반응시약이 강산이므로 상대적으로 실험 시간이 짧다는 장점이 있지만 강산의 반응시약이 염기를 중화하는데 사용하는 것 뿐만 아니라 마모입자 등을 분해하는데 사용되어 염기가가 높게 평가될 수 있다. 신유의 경우에는 반응시약으로 염산을 사용하는 ASTM D4739와 반응시약으로 과염소산을 사용하는 ASTM D2896의 측정된 염기가는 차이가 거의 없지만 사용 기간이 오래된 사용유의 경우에는 두 방법에 의한 차이가 발생한다.

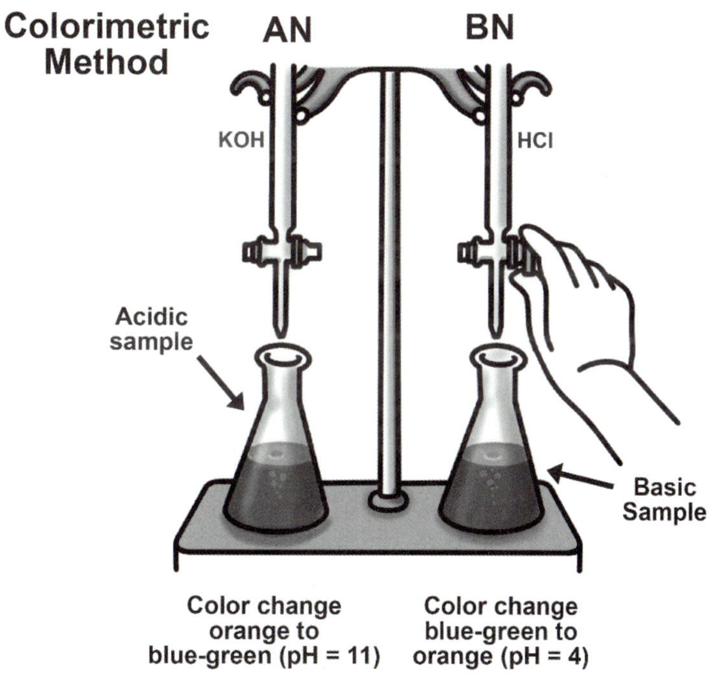

그림 6.34 **산가, 염기가 측정**

표 6.4 산가 및 염기가 측정 방법

ASTM Test	지시방법	반응시약	비고
D 664 AN	전위차 계측법	수산화칼륨 (KOH)	
D 974 AN	색상법	수산화칼륨 (KOH)	
D 974 BN or D 5984-96	색상법	염산 (HCl)	디젤 엔진의 경우 Soot로 인해 색상법으로 구별이 되지 않음
D 2896 BN	전위차 계측법	과염소산 ($HClO_4$)	
D 4739 BN	전위차 계측법	염산 (HCl)	

6.2.3.3 오염도 분석

오염도는 윤활유 속에 포함되어 있는 고형 입자들의 개수를 파악하여 윤활유의 오염 정도를 분석한다. 윤활유 내의 고형 입자들을 파악하는 방법들을 다양하게 있으며 최근에는 입자들의 개수 뿐만 아니라 그 형태까지 확인할 수 있다. 그 발달 과정을 살펴보면, 처음에는 작은 구멍 (세공)을 가공한 막에 고형 입자가 막힘으로 입자를 측정하는 방식에서 출발하여 레이저를 활용하는 광학식 방식까지 발전하였다. 처음에는 하나의 레이저로 입자의 계수만 가능하였으나 점차 여러 개의 레이저 또는 측정 기술의 발달로 입자의 대략적인 모양까지도 파악이 가능한 DIPC (Direct Image Particle Counter) 방식까지 개선되었다. 하나의 레이저를 사용하는 레이저 광학식방법에서는 레이저의 직진성으로 인해 큰 입자 뒤에 있는 입자들을 파악하기 힘든 단점이 있어 이를 개선하고자 여러 개의 레이저를 이용하여 입자들을 파악하였다. 그 이후에 현미경과 비젼 (Vision) 기술의 발달로 PMPI (Particle Micro Patch Imaging) 방식으로 실제 입자들을 개별로 분리하여 입자 영상을 저장할 뿐만 아니라 크기별로 구별하며, 색깔로 어떤 금속의 입자인지에 대한 통계적인 정보를 제공한다.

윤활유의 오염 정도를 나타내는 방법은 여러가지가 있으나 고형 입자들의 개수를 이용한 방법이 오염도이다. 대표적으로 많이 이용되고 있는 오염도는 표 6.5와 같다. NAS 1638은 미국의 NASA에서 만든 오염도 규정으로 ISO 규정의 오염도 규정이 나오기 전까지 산업계에서 많이 이용되었다. 2001년 5월 31일부로 폐지되었지만 하나의 등급으로 오염도를 표시한다는 장점으로 인해 일부 산업계에서 여전히 사용되고 있다. NAS 1638은 00부터 12까지 14등급으로 나누어지고 NAS 1638의 등급 숫자가 높을수록 윤활유의 오염이 정도가 심하다는 것을 의미한다. 한 등급간의 오염 정도는 2배이다. 즉 NAS

1638의 8등급은 7등급보다 오염정도가 2배라는 것을 의미한다. NAS 1638은 요즘 기계시스템들의 간극 수준에 적합하지 않으므로 기계시스템의 틈새를 고려하여 입자의 크기를 구분하는 기준을 4 μm, 6 μm, 14 μm으로 하고 기준에 따른 3가지 등급을 제시하는 ISO 4406이 규정되었다. ISO 4406은 NAS 1638에 비해 보다 세밀한 입자까지 분류가 가능하지만 등급이 기준 입자 사이즈들에 의해 3가지로 등급이 평가되므로 1개의 등급으로 평가되는 것보다 직관성 측면에서는 용이하지 않다. 그 결과 ISO 4406의 입자 크기를 구분하는 기준을 일부 사용하고 NAS 1638와 같이 하나의 등급으로 평가하는 방식의 오염도 평가 방식이 나오게 되었는데 그것이 표 6.5에 나와 있는 SAE AS 4059이다. SAE AS 4059는 000에서 12까지 15등급으로 나누어지며 주로 항공, 발전기 분야에 많이 이용되고 있다. SAE AS 4059은 NAS 1638과 ISO 4406의 단점들을 보완한 오염도 등급이다.

표 6.5 대표적인 오염도의 종류

고형 입자에 대한 오염도	특징	비고
NAS 1638	- 100 ml 당 입자계수 - 입자 크기를 구분하는 기준: 5 μm, 15 μm, 25 μm, 50 μm, 100 μm - 등급: 00 ~ 12 (14등급)	- 2001년 5월 31일부로 폐지 - 각 등급의 간격은 2배의 오염 수준
ISO 4406	- 1 ml 당 입자계수 - 입자 크기를 구분하는 기준: 4 μm, 6 μm, 14 μm	- 1999년 전에는 입자 크기를 구분하는 기준이 6 μm, 14 μm
SAE AS 4059	- 100 ml 당 입자계수 - 입자 크기를 구분하는 기준: 4 μm, 6 μm, 14 μm, 21 μm, 38 μm, 70 μm - 등급: 000 ~ 12 (15등급)	- AS: Aerospace - 주로 항공, 발전기 분야에 이용

광학식 입자계수기에서는 윤활유 내의 공기나 수분이 고형 입자와 동일하게 측정이 될 수 있다. 따라서 윤활유 내에서 고형 입자들의 계수를 정확하게 하기 위해서는 오염도 측정 전에 공기나 수분을 제거해야 한다. 공기나 수분을 제거하기 위해 진공펌프를 이용하여 제거하는 방법이 주로 사용된다. 그 외에도 ASTM D7647에 수분의 영향을 배제하기 위한 화학적인 방법이 있다. 이 방법은 톨루엔과 이소프로판올을 3:1로 혼합한 용액을 윤활유와 1:1의 비율로 섞는다. 이때 물이 이소프로판올에 용해되고 이소프로판

올은 톨루엔에 용해된다. 그리고 톨루엔은 윤활유에 용해됨으로써 수분뿐만 아니라 수분 제거를 위해 사용한 톨루엔과 이소프로판올을 제거함으로써 입자계수의 정확성을 개선할 수 있다.

또한 오염도 측정에서 주의해야 할 사항은 샘플된 윤활유의 대표성을 유지하는 것이다. 즉 샘플된 윤활유는 일정 시간이 지나면 고형 입자들이 가라앉아 샘플병 상부의 시료로 오염도를 측정할 경우 그 대표성이 왜곡된다. 따라서 입자계수기에서 주의해야할 사항은 샘플병에서 시료를 채취하여 사용할 때 반드시 교반기를 사용하여 교반 후 90초 안에 분석을 해야한다. 그렇지 않으면 오염 입자들이 샘플병 바닥에 가라앉아 윤활유의 대표성이 저하되기 때문이다. 그리고 교반을 원활하게 하기 위해서는 샘플병에 윤활유를 가득 채우는 것이 아니라 빈 공간이 있어야 하는데 그 공간을 ullage 또는 head space라고 한다. 표 6.6는 점도에 따라 ullage의 공간과 쉐이킹 (shaking) 시간을 보여준다. 점도가 높을수록 ullage가 커지고 쉐이킹 시간도 길어진다.

표 6.6 점도에 따른 ullage 와 쉐이킹 시간

동점도 (η) 범위 [cSt]	샘플병 중에 요구되는 공간 (ullage, 전체 부피에 대한 비율)	쉐이킹 시간 [minute]
$\eta \le 32$	1/4	2
$32 \le \eta \le 100$	1/3	3 ~ 4
$\eta > 100$	1/2	5 ~ 10

6.2.3.4 FTIR, ICP 등 다양한 분석 방법

퓨리에 변환 적외선 분광분석 (Fourier Transform Infrared Spectroscopy, FTIR)은 그림 6.35와 같이 적외선을 시료에 조사하여 광원의 투과율과 흡수율을 이용하여 분자들을 구분한다. FTIR은 기유와 첨가제의 상태, 유기 오염물을 분석하는 방법으로 많이 활용된다. 원소분광분석법은 철, 구리 같은 원자들을 분석하는 방법이지만 FTIR은 물, 글리콜 같은 분자들을 분석하는 방법이다. 그림 6.36과 같이 분석 결과는 cm당 파동의 수 (wave number)에 대한 흡수량 (absorption)으로 표시한다. 인산에스테르 같은 가수분해를 잘하는 윤활유에 대해 FTIR을 이용하여 신유와 사용유에서 물분자의 파동수에 대한 흡수량을 비교하여 수분오염의 정도를 파악할 수 있다. 그 외에도 FTIR을 이용하여 황화물과 산화 억제제인 페놀에 대한 흡수량을 파악하여 윤활유의 열화정도를 파악하는 등 다양한 오염원에 대한 분석이 가능하다. 하지만 FTIR을 이용한 윤활유 분석에서 주의할 사항은 동일한 영역의 적외선을 흡수하는 분자들이 중첩되는 분광대역을 갖고 있어서 같은 분자 구조를 포함하는 화합물들 사이에서 구별이 어렵다는 점이다. 즉 그림에서와 같이 물, 에틸렌 글리콜, 부틸레이티드하이드록시톨로엔은 물 분자를 가지고 있으면 구별이 쉽지 않다는 것을 의미한다.

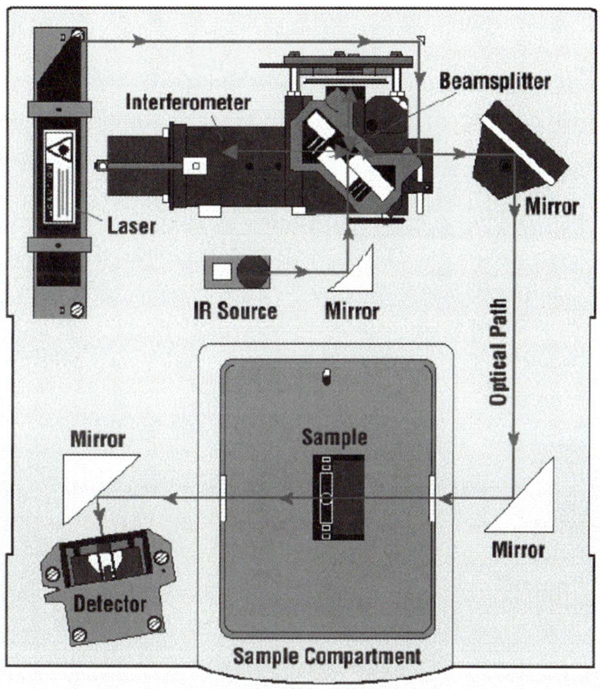

그림 6.35 FTIR 장치의 개략도

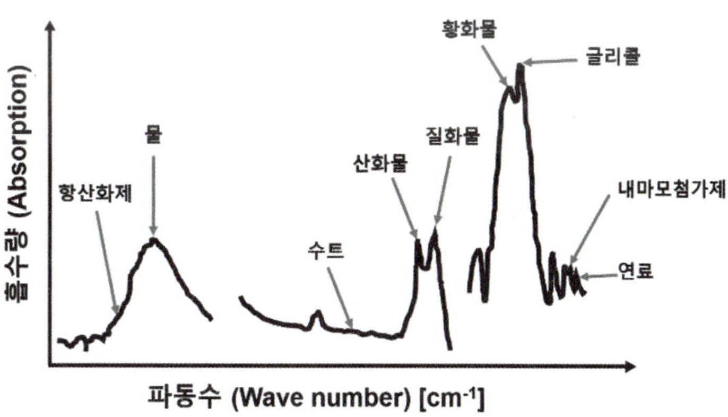

그림 6.36 FTIR의 분석 결과

FTIR은 윤활유 내의 분자들에 대한 분석이 가능하지만 원자들의 분석이 불가능하다. 윤활유의 원소에 대한 분석을 하는 방법은 원소분광분석 (Atomic Emission Spectroscopy, AES)이다. 원소분광분석에는 그림 6.37과 같이 RFS (Rotrode Filter Spectroscopy), RDE (Rotation Disc Electrode), ICP (Inductively Coupled Plasma)가 있다. RDE는 탄소로 구성된 다공성의 디스크가 회전을 하면서 윤활유 시료를 묻혀 상단의 아크로 태움으로써 이때 나오는 광원을 이용하여 원소를 분석하는 방법이다. RDE는 아크를 사용하였지만 ICP에서는 플라즈마를 이용하여 시료를 태움으로써 나오는 광원으로 원소를 분석한다. RDE는 10 μm보다 작은 입자에 대한 원소 분석이 가능하지만 ICP는 3 μm보다 작은 입자에 대한 원소 분석이 가능하다. 원소분광분석방법은 작은 입자에 대한 민감도가 낮으므로 큰 입자가 많은 시료에 대한 분석에서는 제한적이다. 이런 경우에는 입자계수기나 직독 페로그래피 (Direct Reading Ferrography) 같은 다른 분석 방법으로 보완할 필요가 있다.

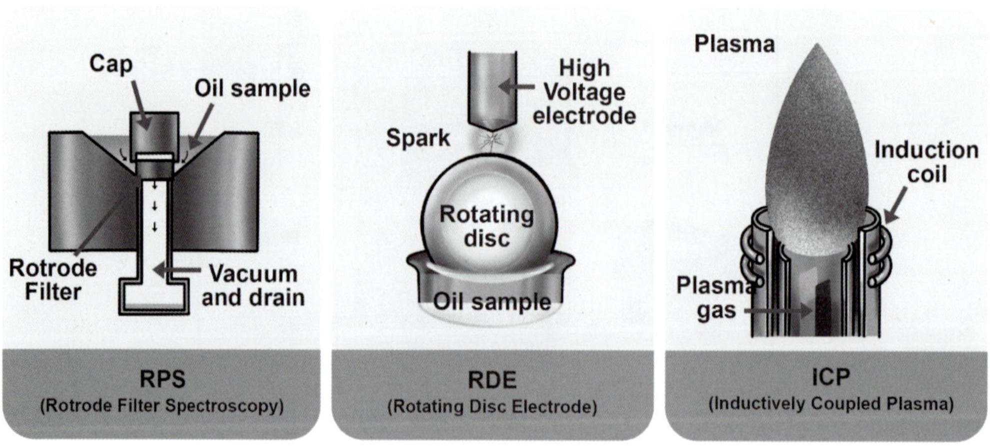

그림 6.37 **원소분광분석법**

페로그래피는 그림 6.38과 같이 강력한 자기장 위에 유리 슬라이드를 띠고 시료를 통과시키면 슬라이드에 철분 및 비철 입자를 오염물과 함께 분석이 가능하다. 슬라이드에 분류된 입자들을 현미경으로 마모입자의 크기, 모양 등을 분석할 수 있다. 요즘 사용되는 직독 페로그래피는 현미경에서 자동적으로 입자를 크기별로 분류를 해주는 등 자동화된 페로그래피이다. 직독 페로그래피에서 WPC (Wear Particle Concentration)는 마모입자 농도를 나타내고 PLP (Percentage Large Particles)는 대입자 농도를 나타낸다. 5 μm 이하의 작은 입자의 농도를 D_S라 하고 5 μm 초과하는 큰 입자의 농도를 D_L이라 하면 WPC와

DLP는 식 (6.3)을 이용하여 구할 수 있다.

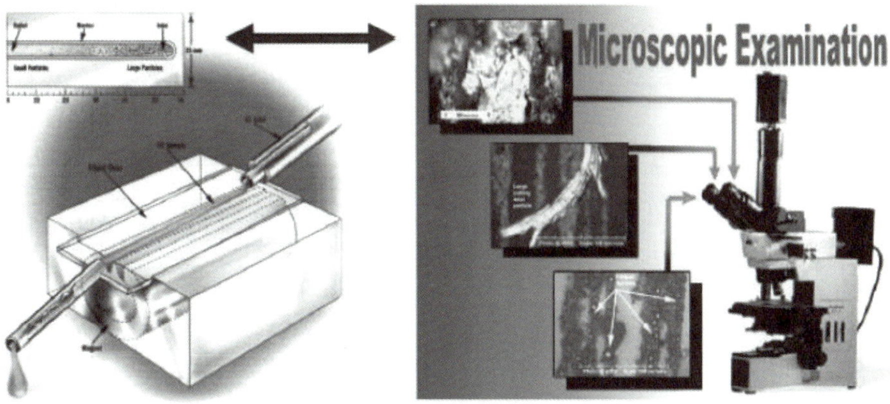

그림 6.38 **페로그래피와 직독 페로그래피**

$$\begin{aligned} WPC&=(D_L+D_S)/\text{Sample Volume} \\ DLP&=100\times(D_L-D_S)/(D_L+D_S) \end{aligned} \tag{6.3}$$

윤활유의 산화 정도를 평가하는데 다양한 방법이 이용된다. 산화를 분석하는 하나의 방법인 회전압력용기 산화시험(Rotating Pressure Vessel Oxidation Test, RPVOT)은 RBOT(Rotating Bomb Oxidation Test)라고도 한다. 그림 6.39과 같이 150 ℃의 가열조에 윤활유 시료 50 g을 물 5 g, 구리코일 3 m를 넣은 뒤 산소 압력이 90 psi에서 압력 용기를 회전하면서 산화시킨다. 이때 물과 구리코일은 산화를 촉진하기 위해 사용되는 촉매제 역할을 한다. RPVOT는 산화를 가속화 하는 환경 조건에서 윤활유의 산화로 인해 산소의 감압이 25 psi가 될 때까지의 시간을 분 단위로 측정한다. 이때 산소의 감압이 25 psi가 될 때까지의 시간이 길수록 산화안정성이 뛰어나다. 이 방법으로 식 (6.4)를 이용하면 윤활유의 산화 잔존 수명을 구할 수 있다. 식 (6.4)에서 RPVOT는 실험에서 산소의 감압이 25 psi가 될 때까지의 시간을 의미한다. 이 방법은 윤활유의 산화 잔존 수명을 백분율로 보여주므로 사용자에게 쉽게 판단할 수 있는 정보를 준다는 점에서 장점은 있지만 시험 반복 정밀도가 나쁘며 시험에 걸리는 시간이 길다는 단점이 있다.

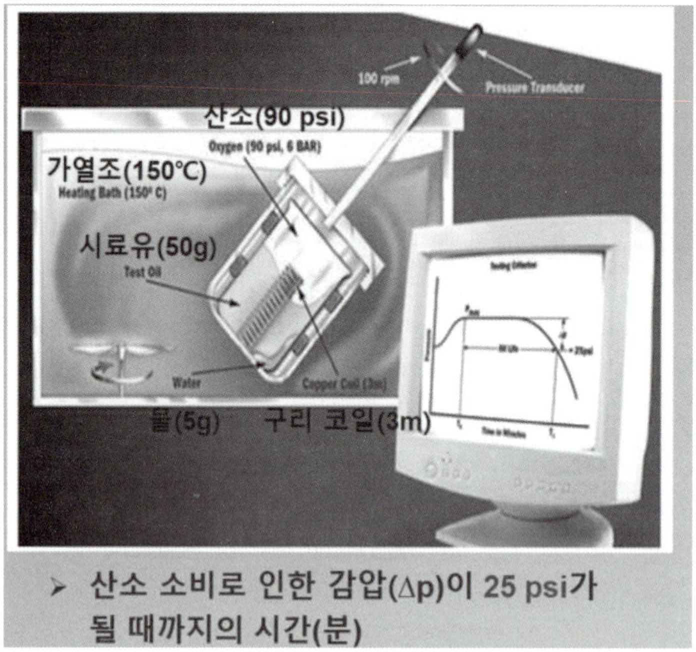

그림 6.39 **회전압력용기 산화시험(RPVOT)**

윤활유 산화 잔존 수명(%)= (RPVOT @사용유) × 100/(RPVOT @신유) (6.4)

RULER는 산화방지제의 농도를 측정하여 산화를 분석하는 장치이다. 페놀(Phenoles), 아민(Amines), ZDDP 같은 산화방지제의 소멸 정도를 측정함으로 윤활유의 잔존유용수명을 평가한다. RULER는 시료를 솔루션액과 혼합하여 산화방지제를 추출한 뒤 프로브를 이용하여 산화방지제의 양을 측정한다. 테스트는 1분 안에 검사가 완료될 정도로 간단하여 사용이 편리하다.

MPC (Membrane Patch Colorimetry)는 그림 6.40과 같이 윤활유 중의 열화 생성물(바니쉬)의 양을 분석하여 윤활유의 열화 정도를 파악하는 방법이다. 이 방법은 72시간 시료를 묵힌 다음에 시료와 에테르를 각각 50ml 혼합하여 0.45 μm의 맴브레인 패치(membrane patch)를 통해 여과를 시킨 뒤, 걸러진 열화생성물의 색깔로 분석을 한다. 색깔에 따라 숫자로 평가되는데 윤활유에 바니쉬가 많은 경우 색깔은 짙은 갈색 계통이고 큰 숫자에 해당된다. 예를 들어 유압 작동유의 경우에 MPC가 40을 초과하는 Critical의 상태는 바니쉬에 의한 윤활유의 오염이 심각하다는 것을 의미한다.

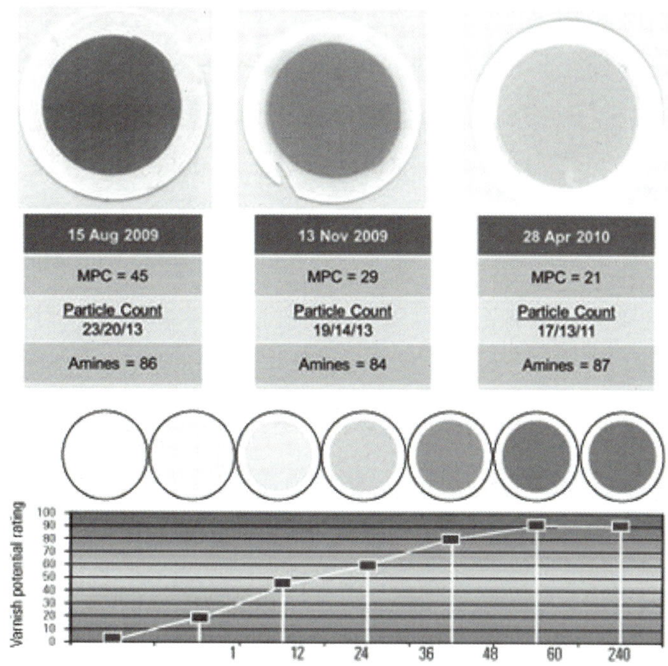

그림 6.40 MPC

Blotter spot test는 그림 6.41과 같이 시료를 Blotter paper 위에 떨어뜨리고 시료에 있는 바니쉬나 수트 등의 이물질이 분산되는 정도로 윤활유의 분산성을 평가하는 방법이다. 이때 분산되는 형태를 보면 윤활유의 분산성의 정도를 파악할 수 있다. 이물질이 한 곳에 모여 있다면 윤활유의 분산성이 많이 상실된 상태를 의미한다.

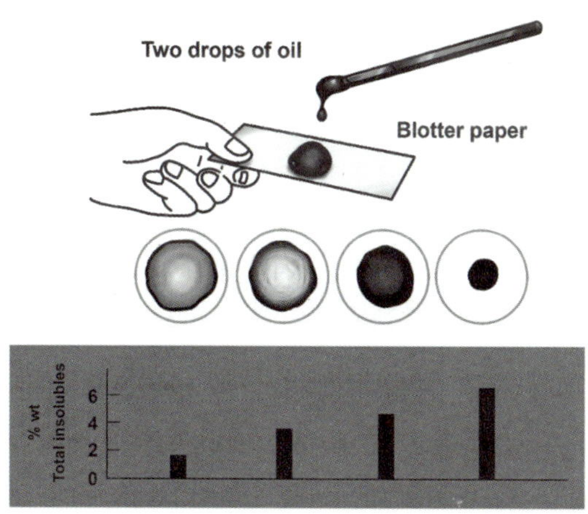

그림 6.41 Blotter spot test

공기 방출(Air Release) 시험, 발포 경향(Form Tendency), 포말 안정성(Foam Stability) 시험은 윤활유 속의 공기가 산화의 원인이 되므로 윤활유 중에 있는 공기를 얼마나 잘 배출하는지를 평가하는 시험이다. 공기 방출 시험은 압축 공기를 시료속으로 불어 넣은 뒤, 공기가 체적의 0.2 %에 도달하는데 요구되는 시간을 분(minute) 단위로 측정하는 방법으로 ASTM D3427에 규정되어 있다. 이때 측정된 시간이 짧을수록 윤활유의 상태가 양호하다. 발포 경향, 포말 안정성 시험은 윤활유가 포말(거품) 형성에 저항하고 빨리 포말을 사라지게 하는 능력을 평가하는 시험으로 3가지 단계(sequence)를 진행하며 이 방법은 ASTM 892에 규정되어 있다. 예전에는 윤활유의 관리규정에 공기 방출, 발포 경향, 포말 안정성에 대한 규정이 포함되어 있지 않았지만 요즘은 이 규정을 포함하는 사례들이 증가하고 있다.

윤활유의 상태를 테스트하는 방법 중에는 윤활유의 내마모 특성을 평가하기도 한다. 내마모 테스트 방법에는 가장 대표적인 방법이 그림 6.42와 같은 Four ball test이다. Four ball test는 3개의 강구 위에 1개의 강구를 회전하고 수직하중을 가하면서 회전 강구가 융착될 때까지 규정된 주기로 하중을 증가한다. 이 방법은 ASTM D2783에 규정되어 있으며 융착될 때까지의 인가한 하중이 클수록 내마모 성능이 우수하다는 것을 의미한다.

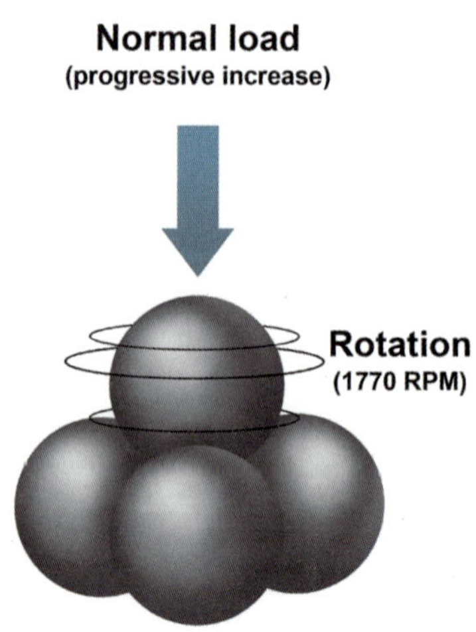

그림 6.42 Four ball test

FZG four square gear test는 그림 6.43과 같이 윤활유의 극압(extreme pressure)성능을 테스트 하는 방법으로 실제 기어 접촉으로 기어 윤활유의 마모와 스커핑(scuffing) 저항

능력을 평가한다. 스커핑 또는 스코링(scoring)이 일어날때까지 일정한 속도로 점차 하중을 증가시키면서 시험을 수행하며, 관련 실험 내용은 ASTM D5182에 규정되어 있다. 주로 극압 조건에 사용되는 기어유나 베어링유 등에 적용되는 내마모 테스트이다.

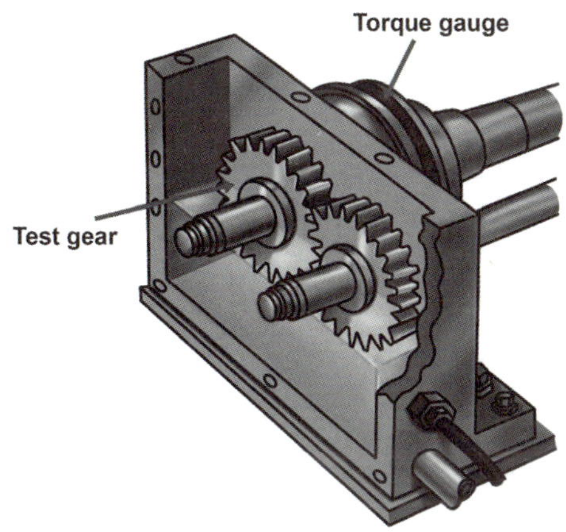

그림 6.43 FZG four square gear test

윤활유의 극압 성능을 테스트하는 다른 방법으로 Timken test가 있다. Timken test는 그림 6.44와 같이 회전부와 레버암으로 구성되고 회전부의 링이 정지한 강철 블록에 가하는 압력을 변화시키는데 이 방법은 그리스와 액상 윤활유에 대해 각각 ASTM D2509과 ASTM D2782에 규정되어 있다. 어떤 하중을 인가하고 10분 안에 큰 마모가 발생하면 fail로 판정한다.

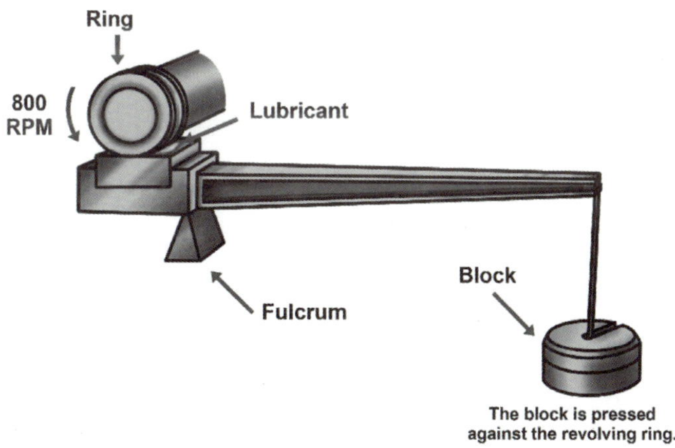

그림 6.44 Timken test

탄소 잔류분(Carbon residue)은 윤활유의 증발(evaporation)과 열분해(pyrolysis) 과정 후에 남아 있는 탄화 잔류물을 의미한다. 탄소 잔류분은 기유의 특성에 영향을 많이 받으며 연소 지연, 미연소 탄소입자 배출, 엔진 열 효율 저하, 배기 계통 퇴적물(deposit) 등의 문제와 관련이 되어 있다. 탄소 잔류분 분석에서 나오는 결과의 단위는 %(m/m)로 전체 용액의 대한 탄화 잔류물의 양을 질량비로 나타낸다. 예를 들어 용액이 100 kg 일 때 탄소 잔류분 분석에서 0.2 %(m/m)라면 실제 양은 탄화 잔류물이 0.2 kg이라는 것이다.

Sulfated(Sulphated) ash는 샘플이 탄소 잔류물이나 재(ash)가 생성될 때까지 태워 황산과 반응하고 남은 ash의 양을 나타낸다. 연소, 냉각, 황산과 반응, 탄소가 완전히 산화될 때까지 가열(775 ℃) 한 다음 다시 냉각, 황산과 반응, 무게가 일정할 때까지 가열(775 ℃) 과정을 거친다. 이때 Sulfated(Sulphated) ash 분석을 통해서 신유는 첨가제의 양을 확인할 수 있고 사용유의 경우에는 첨가제의 양 뿐만 아니라 금속 마모입자들이나 무기질 오염물의 양을 파악할 수 있다.

펜탄 불용분(Pentane Insoluble) 분석은 윤활유와 펜탄 용매를 혼합하여 산화물과 고체 입자를 윤활유로부터 분리한 뒤 톨루엔(toluene)으로 유기 산화물(organic oxides)등을 녹이고 수트 같은 녹지 않는 불용분(insoluble)을 윤활유로부터 분리하여 그 양을 측정하는 방법이다. 그 대표적인 방법으로는 ASTM D893, ASTM D5967, ASTM D4055가 있다. 먼저 ASTM D893의 시험 절차는 아래와 같다.

1. Pentane solvent를 분석하고자 하는 윤활유와 혼합
2. 혼합한 용액에서 불용분을 원심 분리하여 그 양(A)을 측정
3. 톨루엔을 이용하여 유기 산화물을 녹임
4. 혼합한 용액을 원심 분리하여 그 양(B)을 측정
5. A와 B의 무게 차이를 평가하여 수트 등 불용분의 함량을 평가

ASTM D5967(Soot percent by Thermal Gravimetric Analysis[TGA])은 오븐 안에 분석하고자 하는 윤활유를 넣고 가열하면서 무게의 변화를 측정하여 분석하는 방법으로 그 절차는 다음과 같다.

1. 불화성 가스인 질소 가스를 주입하여 산화 반응을 방지하며 일정하게 온도를 증가시키면서 불용분만 남기고 오일 성분은 증발하게 한 뒤, 무게(A)를 측정
2. 질소 대신 산소를 주입하여 탄소 함유 물질(carbonaceous material)을 태우고 다른

금속 불용분은 남긴 뒤, 무게(B) 측정

3. A와 B의 무게 차이를 평가하여 수트 등 불용분의 함량을 평가

ASTM D4055(Pentane Insoluble by Membrane Filtration)은 펜탄 용매를 이용하여 윤활유와 혼합한 뒤, 미세 맴브레인(submicron membrane)을 이용하여 피터링 한 뒤, 건조시켜 무게를 측정하여 분석하는 방법이다. ASTM D893은 불용분을 분리하는데 원심분리를 이용하지만 ASTM D4055는 미세 맴브레인을 이용한다.

6.3 오일 플러싱

윤활유는 사용기간이 경과할수록 오염이 되거나 열화가 된다. 이때 윤활유 관리 규정에 따라 오염이나 열화 정도가 기준을 초과할 때 윤활유를 교체한다. 윤활시스템에서 사용유(used oil)를 제거하고 신유(new oil)을 주입하기 전에 잔존하는 이물질들을 제거하거나 세척하는 작업을 오일 플러싱이라 한다. 그림 6.45는 배관 내벽에 발생된 녹을 오일 플러싱으로 제거한 모습을 보여준다. 오일 플러싱은 윤활시스템에서 녹(rust), 슬러지(sludge), 마모입자(wear particle), 물 등의 오염물 들을 제거하여 기계시스템의 잠재적인 고장 원인을 제거하고 시스템의 성능을 유지하는데 필요하다.

그림 6.46은 자동차 엔진의 오일 플러싱을 보여준다. 먼저 차량을 올려 사용된 엔진오일을 배출한 뒤 전용 플러싱 오일을 엔진에 주입한다. 그런 다음 10분에서 20분 정도 공회전을 시킨 뒤, 플러싱 오일을 배출하고 새로운 오일을 주입하면 된다.

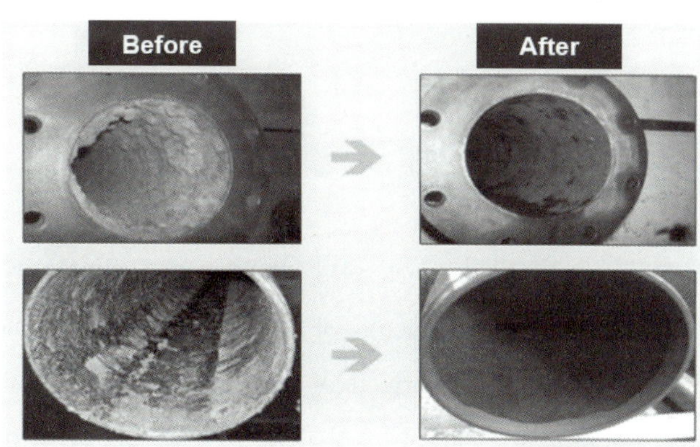

그림 6.45 **오일 플러싱에 의한 관내 녹 제거**

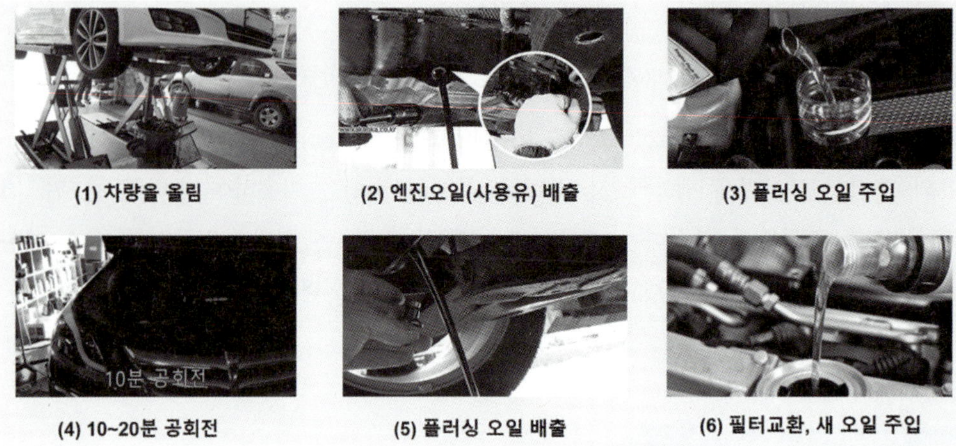

(1) 차량을 올림 (2) 엔진오일(사용유) 배출 (3) 플러싱 오일 주입

(4) 10~20분 공회전 (5) 플러싱 오일 배출 (6) 필터교환, 새 오일 주입

그림 6.46 **자동차 엔진의 오일 플러싱**

오일 플러싱에 사용되는 전용 윤활유는 기존의 상용 윤활유에 비해 점도가 낮고 청정제(detergent) 성분이 강화되어 있다. 그리고 용제(solvent)가 들어 있지 않아 새로운 윤활유와 일부 혼합이 되더라도 첨가제의 분해 등의 문제를 발생시키지 않는다. 즉 오일 플러싱에 사용되는 전용 윤활유가 플러싱 작업을 하고 배출시키더라도 기계시스템에 잔존하게 되는데 신유를 공급하더라도 윤활유의 성능에는 영향을 주지 않는다.

오일 플러싱 작업 시, 전용 플러싱 윤활유를 사용하는 것 외에도 윤활유를 순환시키는 압력을 기존 사용 압력보다 조금 높게 설정을 하거나 와류 또는 난류를 발생시켜 플러싱 효과를 증대시키기도 한다. 또한 마이크로 버블 발생장치를 기존 플러싱 시스템에 결합하여 플러싱의 효과를 증대시키기도 한다. 이때 윤활유 속에 공급된 미세 버블들은 파괴 과정에 벽면이나 바닥에 있는 이물질을 잘 분리하여 제거하는데 기여한다.

6.4 유분석을 통한 보전 전략

기계시스템을 유지, 보수를 위해 보전 전략(maintenance strategy)을 적용한다. 보전 전략에는 선행보전(Proactive maintenance), 예지보전(Predictive maintenance), 예방보전(Preventive maintenance), 사후보전(Corrective maintenance, Breakdown maintenance)이 있다. 과거에는 사후보전와 같이 기계가 손상이나 고장이 발생한 뒤에 분해 등을 통해 그 원인을 파악하여 보전을 하는 전략으로 효과적이지 못하다. 예방보전은 이력적 데이터를 근거하여 주기적으로 점검을 함으로써 보전을 하는 전략이다. 예지보전과 선행보전 전략은 상태기준 보전전략으로 예방보전이나 사후보전에 비해 효과적인 전략이다.

윤활유 분석에서의 선행 보전은 3단계로 진행된다. 첫번째는 각 시스템에 적합한 목표 청결도를 설정하고 두번째는 오염물의 침입 방지와 제거를 하고 세번째는 오염도의 측정 및 관리이다. 각 시스템에 적합한 목표 청결도는 기계 설계 구조, 용도 및 운전 조건의 영향을 고려하고 관리 기준은 많은 경험을 바탕으로 자체적으로 결정해야 한다. 표 6.7은 각종 밸브와 펌프에 사용되는 윤활유의 목표 청결도를 나타낸다. 이때 목표 청결도는 오염도 ISO 4406에 기준한 예시이다.

표 6.7 **밸브 및 펌프의 윤활유 목표 청결도**

Working Pressure	< 1500 psi	1500 ~ 2500 psi	> 1500 psi
Servo valve	16/14/12	15/13/11	14/12/10
Proportional valve	17/15/12	16/14/12	15/13/11
Variable volume pump	17/16/13	17/15/12	16/14/12
Cartridge valve	18/16/14	17/16/13	17/15/12
Fixed piston pump	18/16/14	17/16/13	17/15/12
Vane pump	19/17/14	18/16/14	17/16/13
Flow control valve	19/17/14	18/16/14	17/16/13
Pressure control valve	19/17/14	18/16/14	17/16/13
Solenoid valve	19/17/14	18/16/14	18/16/14
Gear pump	19/17/14	18/16/14	18/16/14

두번째 단계는 오염물의 침입을 방지하고 제거하는 과정인데 이때 첫번째 단계에서 설정한 목표 청결도를 달성하고 유지하는데 구체적인 조치를 하여야 한다. 특히 윤활유의 보관, 분배, 저장에서 청결도를 잘 유지해야 한다. 그리고 필터의 성능 및 건전성을 적절하게 결정해야 하며 필터의 설치 위치도 적절하게 결정해야 한다. 그림 6.47은 드럼 용기의 윤활유를 부적절하게 보관, 관리하는 사례를 보여준다. 실외에 보관하여 수분과 햇빛에 노출되어 드럼에 용기가 발생하거나 개봉 후에 밀봉을 적절하지 않아 윤활유가 오염되기 쉬운 환경에서 보관하는 것은 부적절하다. 그 뿐만 아니라 그림 6.48과 같이 윤활유를 운반 또는 주입하는 과정에 사용하는 용기의 관리가 되지 않는 경우에도 윤활

유의 오염에 취약해 질 수 있다. 윤활유의 오염은 윤활유의 성능 저하뿐만 아니라 기계 시스템의 성능 저하와 고장에 직접적으로 영향을 주므로 윤활유의 보관 및 용기의 사용에 주의를 해야 한다.

실외 보관

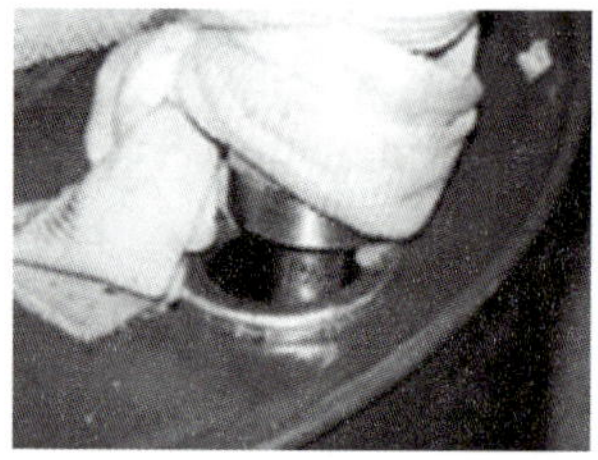

밀봉 불량

불결한 마무리

그림 6.47 **부적절한 드럼 용기의 윤활유 보관 사례**

용기에 라벨
및 마개 없음

방치된
윤활유 용기

밀폐되지 않은
보충 용기

그림 6.48 **부적절한 윤활유 용기 사용 사례**

오염을 방지하는 것뿐만 아니라 오염물을 제거하는 것도 윤활유의 관리에서 중요하다. 오염물을 제거하는 가장 대표적인 방법이 필터를 사용하는 것이다. 그림 6.49와 같이 윤활시스템에서 다양한 필터 방식이 적용된다. 주된 순환 과정에 적용되는 라인 필터뿐만 아니라 우회로를 만들어 적용하는 오프라인 필터와 저장고에 설치하는 스트레이너가 있다. 섬프 탱크나 윤활유 저장고에 설치하는 스트레이너는 필터 기능을 가지지만 필터라고 지칭하지 않는다.

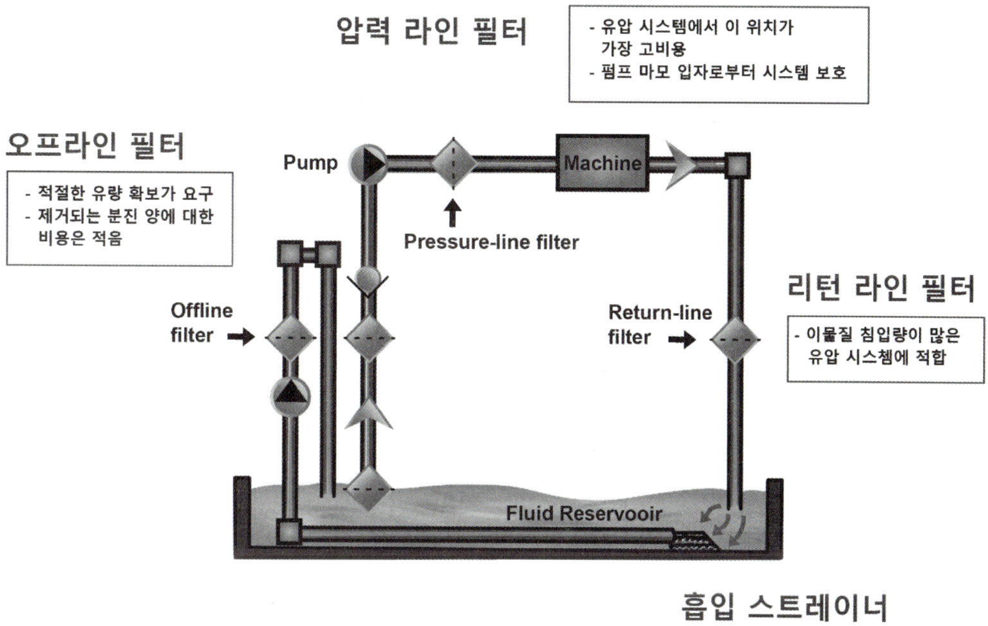

그림 6.49 **필터의 위치 선택**

유분석에서의 보전전략의 마지막 단계는 오염도 측정 및 관리이다. 사용유의 분석은 윤활유 물성값의 측정에 의한 품질 분석이 아니라 상태진단 기술이라는 인식이 필요하다. 단지 윤활유 물성값의 변화를 파악하는 것이 아니라 오염의 원인 분석뿐만 아니라 윤활유의 사용 여부에 대한 결정이 필요하기 때문에 사용유의 분석은 상태진단이라는 표현이 적합하다. 사용유의 분석에는 크게 성상 분석, 오염도 분석, 마모 분석이 있다. 점도, 산가, 염기가 등 윤활유의 주요 물성값을 분석하는 것은 성상 분석이며 오염도 분석에는 수분 오염, 부동액 오염 등이 있다. 그리고 마모 분석에는 마모입자 계수 및 분포분석 등이 이에 해당된다. 윤활유를 분석하는 과정을 효과적으로 수행하기 위해서는 분석항목들에 대한 순서도(flow diagram)을 적용하는 것이 바람직하다. 즉 입자계수 측정, 수분 측정, 산가 측정, 페로그래피 등을 수행할 때 측정하고자 하는 윤활유에 필요한 측정 항목들을 선정하는 것 뿐만 아니라 측정 순서도 중요하다.

6.5 윤활유 센서를 활용한 상태진단

6.5.1 윤활유 센서의 종류

과거에는 윤활유 분석은 주로 샘플링을 통한 오프라인 분석이 대부분이다. 오프라인 분석을 하면 정확한 분석은 가능하지만 실시간적인 분석을 통한 상태진단이 불가능하다. 현재는 윤활유 센서의 발달로 윤활유가 담고 있는 다양한 정보들을 이용하여 실시간적인 상태진단이 가능하게 되었다. 윤활유 센서는 마모입자 센서, 점도 센서, 수분 함량 센서, 수트 센서, 산가 및 염기가 센서, aeration 센서, 그리스 센서가 사용된다. 그 외에도 유전상수 센서, 전기 전도도 센서, 오염도 센서 등이 있다. 마모입자 센서의 경우 가장 대표적인 윤활유 센서 중의 하나이다. 그림 6.50은 운전시간에 따른 마모입자 사이즈와 마모입자 발생률을 나타낸다. 새로운 엔진이나 기어박스에서 운전 초기나 정상적인 운전 조건인 경우에는 마모입자의 사이즈가 1 μm ~ 10 μm 정도이다. 그러나 비정상적인 운전 조건에서의 마모입자는 정상적인 운전 조건일 때 보다 마모입자 사이즈가 20 μm ~ 100 μm로 크다. 단 풍력 터빈의 경우에는 비정상적인 운전 조건일 때 마모입자의 사이즈는 10 μm ~ 50 μm 정도이다. 이 결과를 바탕으로 기계상태의 이상 징후에 대한 조기 경고를 주기 위해서는 풍력 터빈의 경우 10 μm 이상의 마모입자를 모니터링하는 것이 필요하고 일반적으로는 20 μm 이상의 마모입자를 모니터링 해야한다는 확인할 수 있다.

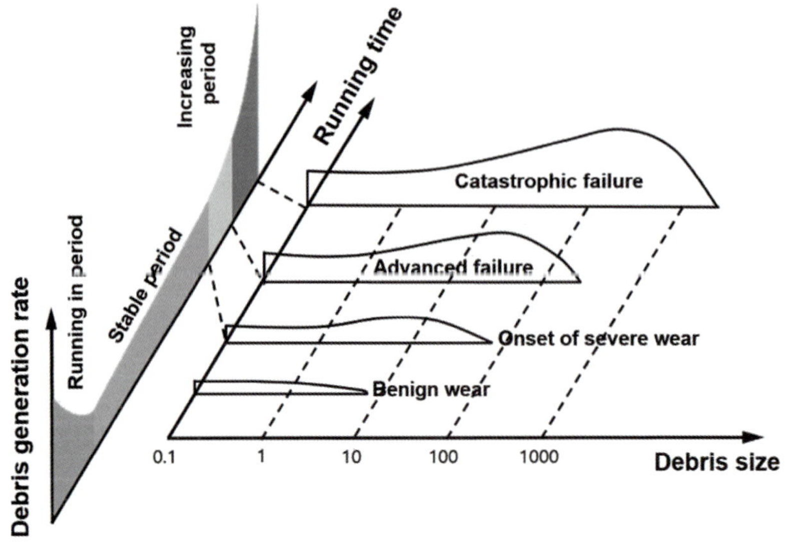

그림 6.50 운전 시간에 따른 마모입자 사이즈 및 마모입자 발생률

6.5.2 마모입자 센서, 점도 센서

마모입자 센시는 인덕턴스 (Inductance)를 이용하는 방법, 전기용량 (Capacitance)을 이용하는 방법, 음향 (Acoustics)을 이용하는 방법, 광학 (Optics)을 이용하는 방법 그리고 인덕턴스와 영구자석을 이용하는 Bulk measurement 방식이 적용된다. 전류의 변화는 자력선을 변화시키고 이때 기전력이 발생하는데 이를 자기 유도라 한다. 자기 유도의 정도를 인덕턴스라고 하면 전기용량은 전기 에너지의 저장 능력을 나타내며 정전 용량이라고도 한다.

표 6.8은 마모입자 센서들의 측정 방법에 따른 장점, 단점, 측정 가능한 물질, 측정 범위 등에 대해 정리한 자료이다. 인덕턴스를 이용한 마모입자 센서에서 MetalSCAN 센서는 철분 (ferrous) 마모입자와 비철 (non-ferrous) 마모입자를 모두 측정가능하지만 민감도 (sensitivity)가 낮다는 단점이 있다. 자기장과 와류 (eddy current)의 방향을 비교하여 반대 방향이면 비철 마모입자이고 같은 방향이면 철분 마모입자라는 것을 구별할 수 있으나 측정하는 범위가 넓어 여러 개의 입자를 하나의 입자로 인식할 수 있다. Gill 센서는 영구 자석 (permanent magnet)과 인덕턴스 방식을 함께 사용하는 마모입자 센서로 철분 마모입자만 측정가능하다. 영구 자석을 사용하면 비철 마모입자의 검출이 어렵고 낱개의 마모입자를 구별하여 측정이 불가능하다. 그러나 다량의 철분입자를 측정뿐만 아니라 철분입자를 센서에 붙임으로 제거가 가능하다는 장점이 있다.

표 6.8 마모입자 센서의 비교

<table>
<tr><th colspan="2">측정 방법
(분류)</th><th>특정 센서</th><th>측정 가능
물질</th><th>측정
범위</th><th>장점</th><th>단점</th></tr>
<tr><td rowspan="3">인덕턴스
(Inductance)</td><td>Magnetic collection</td><td>Gill sensor</td><td>철분 입자</td><td>-</td><td>영구자석으로 철분입자 제거, 고출력</td><td>개별 마모입자의 검출 불가능, 비철 입자 검출 불가능</td></tr>
<tr><td>3-D solenoid structure</td><td>MetalSCAN sensor</td><td>철분과 비철 입자</td><td>100 ~ 3360 μm</td><td>철분과 비철 입자 구별, 고출력</td><td>낮은 민감도, 넓은 측정 영역으로 인해 여러 개의 입자들이 하나의 입자로 확인될 가능성이 있음</td></tr>
<tr><td>2-layer planar coil structure</td><td>Inductive pulse sensor</td><td>철분과 비철 입자</td><td>20 ~ 1000 μm</td><td>철분과 비철 입자 구별, 개별 마모입자를 검출 가능</td><td>저출력</td></tr>
<tr><td rowspan="2">전기용량
(Capacitance)</td><td>Dielectric constant</td><td>Bulk capacitance sensor</td><td>금속 입자</td><td>-</td><td>고출력</td><td>낮은 민감도, 수분의 영향을 받음, 넓은 측정 영역</td></tr>
<tr><td></td><td>Microfluidic Capacitance sensor</td><td>금속 입자</td><td>10 ~ 40 μm</td><td>높은 민감도</td><td>극도로 낮은 출력, 수분의 영향을 받음</td></tr>
<tr><td rowspan="2">초음파
(Ultrasonic)</td><td>Acoustic Amplitude change</td><td>Ultrasonic oil debris sensor</td><td>고체 입자, 공기 방울</td><td>170 ~ 1000 μm</td><td>고체 입자와 공기 방울 검출</td><td>복잡한 구조, 금속과 비금속 입자 구별 불가능</td></tr>
<tr><td></td><td>Integrated ultrasonic, inductive pulse sensor</td><td>금속 입자, 세라믹, 공기 방울, 고체 입자</td><td>50 ~ 310 μm</td><td>철분과 비철 입자 구별, 고체 입자와 공기 방울 검출</td><td>저출력, 복잡한 측정 유로 구조</td></tr>
<tr><td>광학
(Optical)</td><td>Wear debris morphology</td><td>Active pixel sensor</td><td>고체 입자</td><td>5 ~ 160 μm</td><td>입자의 모양과 재질 확인</td><td>저출력, 복잡한 시스템, 투명성에 영향을 받음</td></tr>
</table>

전기 용량을 이용한 마모입자 센서는 철분 마모입자와 비철 마모입자를 구분할 수 없

지만 높은 민감도를 가지고 있다. 마모입자의 오염에 의한 전기 용량의 변화, 즉 유전율(permittivity)을 이용하는 방식으로 유전율은 물, 점도, 산가 등 다른 요소에 영향을 받기 때문에 마모입자에 대한 변화만을 검출하는데 어려움이 있다. 또한 전기 용량을 측정하는 방식이므로 금속 계통의 마모입자를 검출할 수 있다.

음향을 이용한 마모입자 센서는 그림 6.51과 같이 초음파를 검사하고자 하는 윤활유에 보낸 뒤, 반사파를 이용하여 측정한다. 대부분의 고체 마모입자들은 음향 반사계수(Acoustic reflection coefficient)가 비슷한 값을 가지므로 금속 입자와 절연체 입자를 구별하기 어렵지만 윤활유 중의 고체 입자와 공기 방울을 구별할 수 있다. 그림 6.51의 우측과 같이 반사파의 첫번째 peak 값이 아래쪽에 있는 경우는 공기 방울이고 첫번째 peak 값이 위쪽에 있는 경우는 고체 입자이다. 초음파로 측정하는 영역이 균일하지 않으므로 만일 마모입자가 측정 영역을 벗어나 통과한다면 측정이 불가능한 단점이 있다. 즉 마모입자의 측정에서 실제 오염에 비해 과소평가될 가능성이 있다. 따라서 좁은 유로로 측정 영역을 축소하여 측정하면 이 문제를 일부 개선할 수 있지만 측정 효율이 감소한다. 이에 음향과 인덕턴스를 함께 이용하여 측정하는 마모입자 센서도 개발되었다.

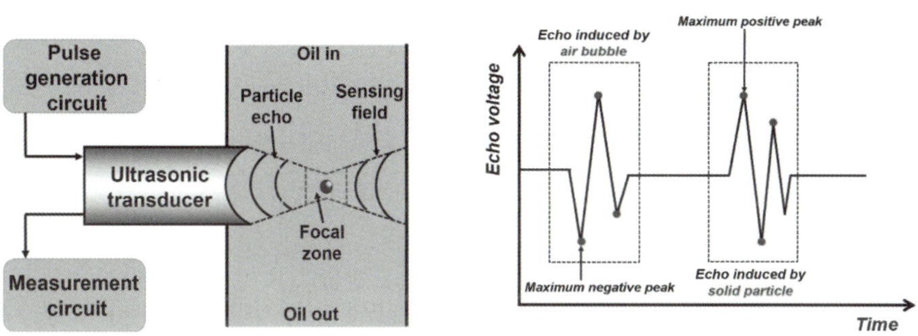

그림 6.51 **음향을 이용한 마모입자 센서**

광학을 이용한 마모입자 센서는 그림 6.52와 같이 광원을 이용하여 마모입자를 검출하는 방법으로 마모입자의 형상까지 확인할 수 있다는 점에서는 다른 방법과 차별성이 있고 윤활유의 빛 투과성에 영향을 많이 받는다. 이때 불투명한 윤활유의 경우는 마모입자의 크기나 개수 측정에서 오류(error)를 포함하며 또한 선명한 사진을 확보하는데 어려움이 있다. 그리고 마모입자들이 빠르게 움직이거나 측정 창에서 겹치는 경우에는 이를 구별하기 위한 효과적인 이미지 처리 알고리즘과 이를 실행하기 위한 고성능의 하드웨어가 요구된다.

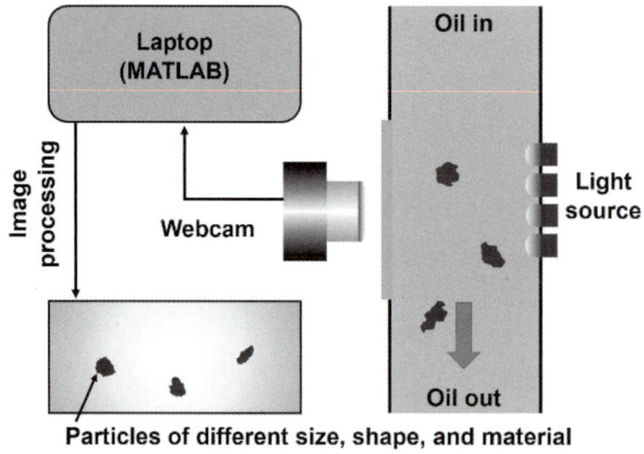

그림 6.52 **광학을 이용한 마모입자 센서**

점도는 윤활유의 대표적인 물성값으로 기계시스템에서는 적당한 범위를 유지해야 한다. 요구되는 조건보다 점도가 낮을 경우는 접촉에 의한 마찰, 마모가 발생하며 점도가 높을 경우에는 과열에 의한 문제가 발생한다. 이처럼 중요한 물성값을 측정하는 점도 센서는 그림 6.53과 같이 크게 물체의 변위(displacement)를 이용하는 방법, 음향을 이용하는 방법, 진동을 이용하는 방법이 있다. 물체의 변위를 이용한 방법은 그림 6.53의 가운데 그림과 같이 작은 피스톤을 전자기력으로 아래위로 움직일 때 걸리는 시간을 측정하여 유체의 점도를 측정하는 방식이다. 이 방법은 구조의 복잡성으로 인해 센서의 신뢰성이 높지 않다. 음향을 이용하는 방법은 구조가 간단하고 열적 안정성을 가지고 있으나 윤활유에 잠겨 있는 전극이 산 성분에 의해 부식되는 경우 정확성이 줄어든다. 진동을 이용하는 방법은 유체의 점도에 따라 공진 주파수나 진폭이 달라진다는 점을 활용한다.

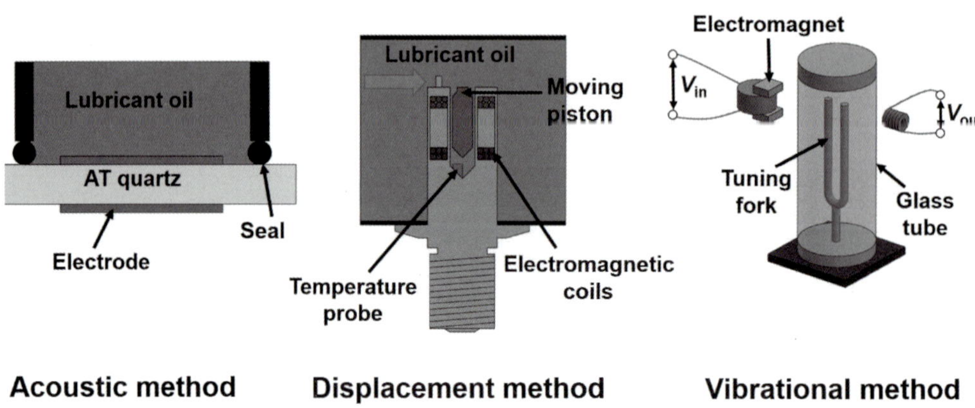

그림 6.53 **점도 센서**

6.5.3 그 외 센서들 및 활용분야

마모입자와 점도 센서 외에도 수트, 산가, 염기가, 수분, aeration 센서 등이 있다. 임피던스, 광학등을 이용하여 다양한 센서들을 개발하고 있으며 MEMS 공정이 많이 활용되고 있다. Aeration 센서는 광원을 이용하거나 x-선을 이용하여 윤활유 중에 공기의 양을 측정하는 센서로 광원으로는 금속 할로겐화물 빛을 사용하고 CCD 카메라로 측정한다. 유전상수는 유전율의 비 또는 전기용량의 비로 나타낸다. 유전율은 전기장을 전달하는 물질의 정도를 나타내고 전기용량은 축전기 등이 전하를 저장할 수 있는 능력을 의미한다. 유전상수는 비유전율(relative permittivity)이라는 용어로도 사용되고 물, 마모입자, 부동액, 연료의 혼입 같은 오염물의 존재에 대한 정보를 제공하고 산화나 첨가제의 고갈(depletion) 같은 윤활유의 화학적 변화에 대한 정보도 제공한다. 유전상수를 측정하는 센서외에도 전기 전도도 센서, 임피던스 센서 등이 개발되어 하나의 물성값 측정으로 여러가지 윤활유의 특성을 파악하려는 연구가 진행중이다. 액상 윤활유를 측정하는 센서의 개발외에도 그리스의 물성 측정을 위한 센서 개발도 진행되고 있다. 하지만 그리스의 높은 점도 조건과 유동이 원활하지 못하는 점 등이 센서 개발을 어렵게 하고 있다. 최근에는 근적외선 광원을 이용하여 그리스에 반사되는 빛을 검출기로 측정하여 분석하는 방법을 시도하고 있으나 신뢰성에 어려움이 있다.

최근의 윤활유 센서들은 하나의 물성값을 측정하는 단일형의 센서 보다는 하나의 센서로 여러가지 물성 측정이 가능한 통합형 센서들이 많이 개발되고 산업 현장에서 적용되고 있다. 하지만 여러가지 물성값을 측정하는 활용성은 좋지만 아직까지 측정오차가 크거나 신뢰성이 높지 않다는 점은 해결되어야 할 부분이다.

윤활유 분석을 통한 상태진단 분야는 과거 항공기 분야뿐만 아니라 자동차, 고속철, 장갑차, 탱크, 선박 엔진, 건설장비, 화학 및 발전 플랜트 등 다양한 분야에 적용되고 있다. 아직도 항공기 분야에서는 윤활유 센서에 의한 항공기의 상태진단은 필수 기술이며 점차 그 적용 범위가 확대되고 있으며 그 유용성에 대해서도 높이 평가된다. 하지만 윤활유 분석을 위한 윤활유 센서의 발달이 요구되고 또한 진단 알고리즘에 대한 연구가 반드시 병행되어야 한다.

참고문헌

[1] 이한영, 공호성, 성인하, 이성철, 한흥구, 홍성호, ISO 18436-4 규격에 따른 기계설비의 상태와 진단(트라이볼로지 영역 I) 개정판, 한국소음진동공학회, 2019.

[2] 이한영, 공호성, 성인하, 이성철, 한흥구, 홍성호, ISO 18436-4 규격에 따른 기계설비의 상태와 진단(트라이볼로지 영역 II) 개정판, 한국소음진동공학회, 2019.

[3] 정동윤, 고충현, 윤활공학, GS인터버젼, 2016.

[4] 양보석, 전오성, 봉석근, 김진욱, 이승원, 최병근, ISO 규격에 따른 기계설비의 상태감시와 진단 (진동, 영역 II), 한국소음진동공학회, 2015.

[5] 김주형, 임강민, ISO 18436-7 규격에 따른 기계설비의 상태감시 및 진단 (열화상, 영역 II), 2016.

[6] Lee, K. S., Kim, J. W., "A study on strategy of condition based maintenance for rolling stock", Proc. Spring Conf. Korean Society for Railway, Mokpo, Korea, May 2015.

[7] Yan, R., Gao, R. X., "Complexity as a measure for machine health evaluation", IEEE Trans. Instrum. Meas., Vol.53, pp.1327-1334, 2004.

[8] Kumar, M., Shankar, Mukherjee, P., Mohan, Misra, N., "Advancement and current status of wear debris analysis for machine condition monitoring: a review", Ind. Lubr. Tribol., Vol.65, pp.3-11, 2013.

[9] Hong, S. H., "Literature review of machine condition monitoring with oil sensors – Types of sensors and their functions", Tribo. Lubr., Vol.36, No. 6, pp.297-306, 2020.

[10] Hong, S. H., "Review of application cases of machine condition monitoring with oil sensors", Tribo. Lubr., Vol.36, No. 6, pp.307-314, 2020.

[11] Hong, S. H., Ha, J. M., Seo, M. G., Cho, J. I., Jeon, H. G., Yoo, J. H., "Machine condition monitoring system with ferrous wear debris sensor", Proc. Autumn Conf. Korean Tribol. Soc., Pusan, Korea, October 2019.

[12] Khan, M. A., Starr, A. G., "Wear debris: basic features and machine health diagnostics", Insight Non-Destr. Test Cond. Monit., Vol.48, pp. 470-476, 2006.

[13] Younus, A. M. D., Yang, B. S., "Intelligent fault diagnosis of rotating machinery

using infrared thermal image", Expert Syst. Appl., Vol.39, pp.2082-2091, 2012.

[14] Flanagan, I. M., Jordan, J. R., Whittington, H. W., "Wear-debris detection and analysis techniques for lubricant-based condition monitoring", J. Phys. E. Sci. Instrum., Vol.21, pp.1011-1016, 1988.

[15] Du, L., Zhu, X., Han, Y., Zhe, J., "High throughput wear debris detection in lubricants using a resonance frequency division multiplexed sensor", Tribol. Lett., Vol.51, pp.453-460, 2013.

[16] Cao, W., Dong, G., Chen, W., Wu, J., Xie, Y.B., "Multi sensor information integration for online wear condition monitoring of diesel engines", Tribol. Int., Vol.82, pp.68-77, 2015.

[17] Shen, M. X., Dong, F., Zhang, Z. X., Meng, X. K., Peng, X. D., "Effect of abrasive size on friction and wear characteristics of nitrile butadiene rubber (NBR) in two-body abrasion", Tribol. Int., Vol.103, pp.1-11, 2016.

[18] Zhu, X., Zhong, C., Zhe, J., "Lubricating oil condition sensors for online machine health monitoring – A review", Tribol. Int., Vol.109, pp.473-484, 2017.

[19] Controls, Gill Sensors & Controls. Oil debris sensor, https://www.gillsc.com /assets/Uploads/GScondition-CD1599-Iss-5.pdf, Accessed December 16, 2020.

[20] Murali, S., Xia, X., Jagtiani, A. V., Carletta, J., Zhe, J., "Capacitive Coulter counting: detection of metal wear particles in lubricant using a microfluidic device", Smart Mater. Struct., Vol.18, pp.37001, 2009.

[21] Wen, Z., Yin, X., Jiang, Z., "Applications of electrostatic sensor for wear debris detecting in the lubricating oil", J. Inst. Eng. Ser. C., Vol.94, pp.281-286, 2013.

[22] Liu, Y., Liu, Z., Xie, Y., Yao, Z., "Research on an on-line wear condition monitoring system for marine diesel engine", Tribol. Int., Vol.33, pp.829-835, 2000.

[23] Keller, M. A., Saba, C. S., "Monitoring of ester base lubricants by dielectric constant", Lubr. Eng., Vol.45, pp.347-351, 1989.

[24] Du, L., Zhe, J., Carletta, J., Veillette, R., Choy, F., "Real-time monitoring of wear debris in lubrication oil using a microfluidic inductive Coulter counting device", Microfluid Nanofluidics, Vol.9, pp.1241-1245, 2010.

[25] Du, L., Zhe, J., Carletta, J. E., Veillette, R. J., "Inductive Coulter counting: detection and differentiation of metal wear particles in lubricant", Smart Mater. Struct., Vol.19, pp.57001, 2010.

[26] Gastops Long Live Equipment. MetalSCAN MS4000, http://www.gastops.com /wp-content/uploads/2016/09/C008850_001.pdf, Accessed December 16, 2020.

[27] Du, L., Zhe, J., "A high throughput inductive pulse sensor for online oil debris monitoring", Tribol. Int., Vol.44, pp.175-179, 2011.

[28] Du, L., Zhe, J., "Parallel sensing of metallic wear debris in lubricants using under-sampling data processing", Tribol. Int., Vol.53, pp.28-34, 2012.

[29] Du, L., Zhu, X., Han, Y., Zhao, L., Zhe, J., "Improving sensitivity of an inductive pulse sensor for detection of metallic wear debris in lubricants using parallel LC resonance method" Meas. Sci. Technol., Vol.24, pp.75106, 2013.

[30] Nemarich, C. P., Whitesel, H. K., Sarkady, A., "On-line wear particle monitoring based on ultrasonic detection and discrimination", Mater. Eval., Vol.50, pp.525-530, 1988.

[31] Xu, C., Zhang, P., Wang, H., Li, Y., Lv, C., "Ultrasonic echo waveshape features extraction based on QPSO-matching pursuit for online wear debris discrimination", Mech. Syst. Signal Process, Vol.60, pp.301-315, 2015.

[32] Du, L., Zhe, J., "An integrated ultrasonic–inductive pulse sensor for wear debris detection", Smart Mater. Struct., Vol.22, pp.25003, 2013.

[33] Hamilton, A., Cleary, A., Quail, F., "Development of a novel wear detection system for wind turbine gearboxes", IEEE Sens. J., Vol.14, pp.465-473, 2014.

[34] Wu, T., Wu, H., Du, Y., Kwok, N., Peng, Z., "Imaged wear debris separation for on-line monitoring using gray level and integrated morphological features", Wear, Vol.316, pp.19-29, 2014.

[35] Markova, L. V., Makarenko, V. M., Semenyuk, M. S., Zozulya, A, P., "On-line monitoring of the viscosity of lubricating oils", J. Frict. Wear, Vol.31, pp.433-442, 2010.

[36] Markova, L. V., Myshkin, N. K., Kong, H., Han, H. G., "On-line acoustic viscometry in oil condition monitoring", Tribol. Int., Vol.44, pp.963-970, 2011.

[37] Saluja, A., Kalonia, D. S., "Measurement of fluid viscosity at microliter volumes using quartz impedance analysis", AAPS PharmSciTech, Vol.5, pp.e47, 2004.

[38] Salzer, S., Jahns, R., Piorra, A., Teliban, I., Reermann, J., Höft, M., et. al., "Tuning fork for noise suppression in magnetoelectric sensors", Sens. Actuators A Phys., Vol.237, pp.91-95, 2016.

[39] Heinisch, M., Voglhuber-Brunnmaier, T., Reichel, E.K., Dufour, I., Jakoby, B., "Application of resonant steel tuning forks with circular and rectangular cross sections for precise mass density and viscosity measurements", Sens. Actuators A Phys., Vol.226, pp.163-174, 2015.

[40] Mueller, C. J., Pitz, W. J., Pickett, L. M., Martin, G. C., Siebers, D. L., Westbrook, C. K., "Effects of oxygenates on soot processes in DI diesel engines: experiments and numerical simulations", SAE Technical Papers, Vol.1, pp.1791, 2003.

[41] Laget, O., Malbec, L-M., Kashdan, J., Dronniou, N., Boissard, R., Gastaldi, P., "Experimental and numerical investigations on the mechanisms leading to the accumulation of particulate matter in lubricant oil", SAE Int. J. Engines, Vol.9, pp.2030-2043, 2016.

[42] George, S., Balla, S., Gautam, M., "Effect of diesel soot contaminated oil on engine wear", Wear, Vol.262, pp.1113-1122, 2007.

[43] Ulrich, C., Petersson, H., Sundgren, H., Björefors, F., Krantz-Rülcker, C., "Simultaneous estimation of soot and diesel contamination in engine oil using electrochemical impedance spectroscopy", Sens. Actuators B Chem., Vol.127, pp.613-618, 2007.

[44] Holzki, M., Fouckhardt, H., Klotzbücher, T., "Evanescent-fieldfiber sensor for the water content in lubricating oils with sensitivity increase by dielectrophoresis", Sens. Actuators A Phys., Vol.184, pp.93-97, 2012.

[45] Smiechowski, M.F., Lvovich, V.F., "Iridium oxide sensors for acidity and basicity detection in industrial lubricants", Sens. Actuators B Chem., Vol.96, pp.261-267, 2003.

[46] Soleimani, M., Sophocleous, M., Wang, L., Atkinson, J., Hosier, I. L., Vaughan, A. S., et. al., "Base oil oxidation detection using novel chemical sensors and impedance spectroscopy measurements", Sens. Actuators B chem., Vol.199, pp.247-258, 2014.

[47] Soleimani, M., Sophocleous, M., Glanc, M., Atkinson, J., Wang, L., Wood, R. J. K., et. al., "Engine oil acidity detection using solid state ion selective electrodes", Tribol. Int., Vol.65, pp.48-56, 2013.

[48] Moon, S-I., Paek, K-K., Lee, Y-H., Kim, J-K., Kim, S-W., Ju, B-K., "Multiwall carbon nanotube sensor for monitoring engine oil degradation", Electrochem Solid-State Lett., Vol.9, pp.H78, 2006.

[49] Ippoliti, L., Steimes, J., Hendrick, P., "Investigation on an oil aeration measurement technique for the study of pump performance in an aircraft engine lubrication system", ASME Turbo Expo 2015: Trubine Technical Conference and Exposition, Quebec, Canada, August 2015.

[50] Kimura, Y., Kato, N., Kataoka, T., Takahashi, K., Kikuchi, T., "Bubble behavior in engine lubricant", Int. J. Automot. Eng., Vol.2, pp.149-153, 2011.

[51] Delta Services Industrials. Lubricant aeration, http://www.deltabeam.net/en /product/lubricant-aeration, Accessed December 16, 2020.

[52] Tandon, N., Ramakrishna, K. M., Yadava, G.S., "Condition monitoring of electric motor ball bearings for the detection of grease contaminants", Tribol. Int., Vol.40, pp.29-36, 2007.

[53] Zhao, M., Lin, J., Xu, X., Li, X., "Multi-fault detection of rolling element bearings under harsh working condition using imf-based adaptive envelope order analysis", Sensors, Vol.14, pp.20320-20346, 2014.

[54] He, Y., Zhao, Z., Luo, T., Lu, X., Luo, J., "Failure analysis of journal bearing used in turboset of a power plant", Mater. Des., Vol.52, pp923-931, 2013.

[55] Aranzabe, A., Aranzabe, E., Marcaide, A., Ferret, R., Terradillos, J., Ameye, J., et. al., "Comparing different analytical techniques to monitor lubricating grease degradation", NLGI Spokesm., Vol.70, pp17-30, 2006.

[56] Wu, T., Wu, H., Du, Y., Peng, Z., "Progress and trend of sensor technology for

on-line oil monitoring", Sci. China Technol. Sci., Vol.56, pp.2914-2926, 2013.

[57] Preethichandra, D. M. G., Shida, K., "Actual condition monitoring of engine oil through an intelligent multi-functional sensing approach", Proceedings of the 26th annual conference of the IEEE industrial electronics society, 2000. IECON: 2000, pp.2383-2387.

[58] Duchowski, J. K., Mannebach, H., "A novel approach to predictive maintenance: a portable, multi-component MEMS sensor for on-line monitoring of fluid condition in hydraulic and lubricating systems", Tribol. Trans., Vol.49, pp.545-553, 2006.

[59] Zhu, X., Du, L., Liu, B., Zhe, J., "A microsensor array for quantification of lubricant contaminants using a back propagation artificial neural network", J. Micromech. Microeng., Vol.26, pp.65005, 2016.

[60] Tavner, P., "Offshore wind turbines: reliability, availability and maintenance", Institution of Engineering and Technology, London, 2012.

[61] Dupuis, R., "Application of oil debris monitoring for wind turbine gearbox prognosis and health management", Annual Conference of the Prognostics and Health Management Society, 2010.

[62] Sheng, S., "Report on wind turbine subsystem reliability - A survey of various data bases", National Renewable Energy Laboratory, 2013.

[63] Zhong, X., Zeng, L., Zhao, C., Zhang, J., Wan, S., "Research of condition monitoring and fault diagnosis techniques for wind turbine gearbox", Journal of Tribology Transaction of ASME, Vol.197, pp.206-210, 2012.

[64] Feng, Y., Qiu, Y., Crabtree, C. J., Long, H., Tavner, P. J., "Monitoring wind turbine gearboxes", Wind Energy, 2012. DOI:10.1002/we.1521.

[65] Toms, A., "Oil debris monitoring: Part of an effective gearbox monitoring strategy", Proceedings of the 69th Annual Meeting and Exhibition, Lake Buena Vista, USA, May 2014.

[66] Yang, D., Zhang, X., Hu, Z., Yang, Y., "Oil contamination monitoring based on dielectric constant measurement", Proceedings of the International Conference on Measuring Technology and Mechatronics Automation, Zhangjiajie, China, April 2009.

[67] Coronado, D., Wenske, J., "Monitoring the oil of wind-turbine gearboxes: main degradation indicators and detection methods", Mechines, Vol.6, No.25, 2018. DOI:10.3390/machines6020025.

[68] Guan, L., Feng, X. L., Xiong, G., Xie, J. A., "Application of dielectric spectroscopy for engine lubricating oil degradation monitoring", Sensors and Actuators A: Physical, Vol.168, pp.22-29, 2011.

[69] Lvovich, V. F., Smiechowski, M. F., "Impedance characterization of industrial lubricants", Electrochim. Acta., Vol.51, pp.1487-1496, 2006.

[70] Wu, T., Peng, Y. Wu, H., et al., "Full-life dynamic identification of wear state based on on-line wear debris image features", Mech. Syst. Signal Process, Vol.42, No.1, pp.404-414, 2014.

[71] Wang, S. S., Lee, H-S., "The application of a.c. impedance technique for detecting glycol contamination in engine oil", Sens. Actuators B, Vol.40, pp.193-197, 1997.

[72] Wang, S. S., Lin, A., "A new technique for detecting antifreeze in engine oil during early stage of leakage", Sens. Actuators B, Vol.96, pp.157-164, 2003.

[73] Wang, S. S., "Engine oil condition sensor: method for establishing correlation with total acid number", Sens. Actuators B, Vol.86, pp.122-126, 2002.

[74] Gao, W., Dong, G., Xie, Y-B., Peng, Z., "Prediction of wear trend of engines via on-line wear debris monitoring", Tribol. Int., Vol.120, pp.510-519, 2018.

[75] Chun, S. M., "Development of dipstick gage type small engine oil deterioration detection sensor", Journal of the KSTLE, Vol.29, No.2, pp.77-84, 2013. DOI http://dx.doi.org/10.9725/kstle.2013.29.2.077.

[76] Eaton Aerospace Group, "Electronic oil debris monitoring system", Technical Report; Eaton Aerospace Group Electrical Sensing and Controls, Glenolden, PA, USA, 2009.

[77] Zeng, J., Zhao, C., Zhang, M., Zhao, M., "Study condition monitoring of construction equipment based on wireless sensor networks", 2010 International Conference on Computer Application and System Modeling, Taiyuan, China, October 2010.

[78] Felix, N., Jennifer A., H., Jacqueline, G., "Improving hydraulic excavator performance through in line hydraulic oil contamination monitoring", Mechanical Systems and Signal Processing, Vol.83, pp.176-193, 2017.

[79] Liu, C., Tang, X., Yu, T., Wang, T., Lu, Z., Yu, W., "Measurement of moisture content in lubricating oils of high-speed rail gearbox by Vis-NIR spectroscopy", Optik – International Journal for Light and Electron Optics, Vol.224, 165694, 2020.

[80] Pang, Z., Shi, N., Meng, G., Li, W., "Development of in-line oil contamination sensor for lubricant of scraper conveyor reducer", The Ninth International Conference on Electronic Measurement & Instruments, Beijing, China, August 2009.

[81] https://www.noria.com

[82] https://www.icmlonline.com

[83] https://www.flowfitonline.com/mintor-accessories/magnetic-plugs/hydraulic-magnetic-filter-rod

[84] https://www.ldi-industries.com/Catalog/Reservoir-Accessories/Miscellaneous/Tank-Magnets

[85] https://testoil.com/services/oil-analysis/ruler

[86] 홍성호, 윤활유 분석 기반의 기계상태진단-기본과정, 한티미디어, 2021.

[87] Hong, S. H., "Development of oil flushing system with microbubble generator", Tribo. Lubr., Vol.38, No.3, pp.109-114, 2022, https://doi.org/10.9725/kts.2022.38.3.109.

7. 표면 개질

7.1 표면 정의 및 분석 기법

기계 시스템의 성능을 개선하고 수명을 연장하기 위해서 다양한 전략이 활용되고 있다. 특히, 서로 다른 표면이 맞닿아 상호 운동을 하며 발생하는 시스템의 경우, 표면의 기계화학적 특성에 따라 성능과 수명이 크게 달라지게 된다. 이러한 기계시스템의 트라이볼로지적 특성(e.g., 마찰, 마모)을 개선하기 위해서 표면 특성을 정확하게 분석 및 이해하고, 이에 따라 표면의 기계화학적 특성을 개선하거나 향상시키고자 하는 과정이 필수적으로 요구된다. 이에 본 단원에서는 표면의 정의를 이해하고, 표면을 특성화 하는 데 필요한 분석 방법 및 원리에 대한 이해를 다루고자 한다.

7.1.1 표면 분석

앞서 언급한 바와 같이, 기계시스템의 트라이볼로지적 특성은 표면에 의해 크게 좌우되며, 예상치 못한 결과를 초래할 수 있기 때문에 표면에 대한 정보를 정확하게 분석하고, 다양한 분석 방법을 이용하여 최대한 많이 확보하는 것이 중요하다. 확보한 표면에 대한 물리화학적 특성 정보는 마찰 및 마모를 개선하는 데 많은 도움이 될 뿐 아니라, 트라이볼로지적 특성 거동에 대한 원인 메커니즘을 이해하는 데 많은 도움이 된다. 오늘날 기술이 발전함에 따라 표면에 대한 정보 분석 기술을 고도화되고 있으며, 측정 결과를 분석하는 기술 역시 발전하고 있다. 본 단원에서는 다양한 표면 분석 기법 중 특히 표면의 트라이볼로지적 특성 개선에 도움이 되는 대표적인 몇 가지를 소개하고자 한다.

적절한 분석 방법을 통하여 확보할 수 있는 표면 정보는 표면 조도(표면 거칠기), 표면 에너지, 표면 강도, 표면 전하, 표면의 화학적 조성 및 구조 등이 있으며, 그림 7.1에 나타난 바와 같이, 표면 분석 방법에는 확보할 수 있는 정보의 종류에 따라 물리적인 분석 방법과 화학적인 분석 방법으로 나눌 수 있으며, 물리적인 분석 방법에는 표면 형상, 표면 에너지, 기계적 물성 등을 파악할 수 있다. 화학적인 분석은 일반적으로 화학결합, 표면 원소 정량적·정성적 조성 등에 대한 분석을 수행한다.

소재의 트라이볼로지적 특성은 다양한 원인으로 복합적이고 동시다발적으로 일어나기 때문에 현상을 올바르게 이해하기 쉽지 않으며, 이러한 이유로 소재의 마찰 및 마모 현상을 예측하기에는 더욱 어려운 부분이 존재한다. 이러한 어려움을 해결하고자 위에 언급한 다양한 표면 분석 방법을 통하여 결과를 확보하고, 이를 기반으로 도출된 현상의 원인을 면밀히 분석한다면, 소재 표면 개질을 통하여 고내구성, 다기능성, 장수명, 저마찰, 내마모 등의 우수한 특성을 갖는 소재 개발이 가능하다.

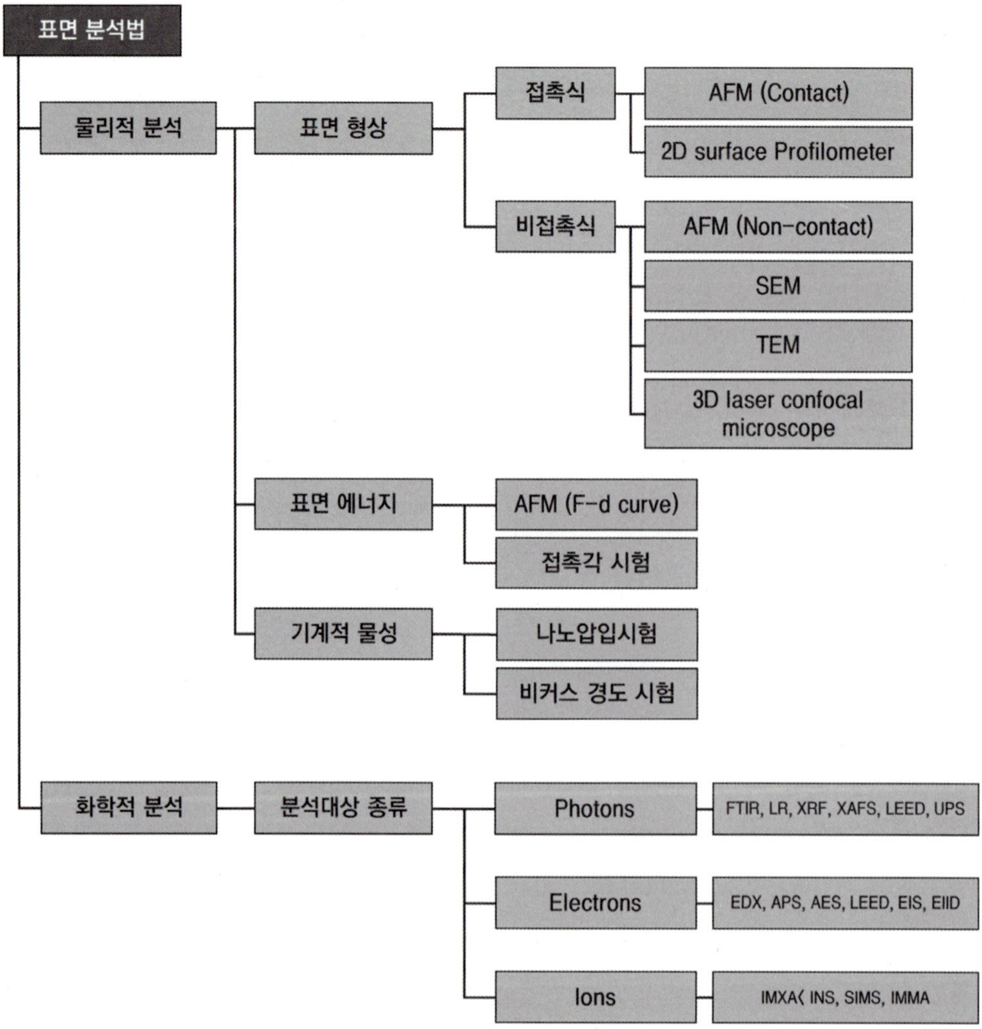

그림 7.1 **다양한 표면 분석법 및 분류 체계**

본 단원에서는 그림 7.1에 나타난 다양한 표면 분석법에 대하여 대략적으로 원리, 측정 범위, 관련 이론 등에 대해서 다루어 보고자 한다. 앞서 언급한 바와 같이 표면의 물리적 분석 기법을 통하여 표면의 형상, 표면 에너지 그리고 표면의 기계적 물성을 도출할 수 있다. 이 외에도 더 많은 분석 방법을 통해 표면의 특성을 도출할 수 있으나, 본 단원에서는 대표되는 분석 방법을 위주로 다루어 보고자 한다.

7.1.2 물리적 분석

7.1.2.1 **표면 형상** (Surface Topography)

표면 형상은 크게 접촉식과 비접촉식으로 나누어 구분할 수 있으며, 도출되는 정보는 단순히 표면의 2차원 또는 3차원 형상으로, 분석 장치에 따라 크게 다르지 않다. 다만, 측정하고자 하는 샘플의 표면 특성에 따라 형상이 왜곡되거나 충분하지 않은 해상도로 결과가 나올 수 있으므로 주의가 필요하다. 접촉식 표면 형상 분석 기법의 경우, AFM과 2D/3D surface profilometer가 있다. 이 두 분석 기법은 아주 작은 하중이 가해진 탐침이 표면을 따라 이동하면서 표면의 형상 정보를 획득하는 방법이다. AFM의 경우에는 일반적으로 수준의 x-y 면적에 대하여 z방향으로 수 Å에서 수 백 나노의 표면 형상 측정이 가능하다. 다만, 사용하는 tip의 탐침의 직경에 따라 도출 가능한 표면 해상도가 달라지게 되므로, 측정하고자 하는 샘플의 표면 형상에 따라 적절한 직경을 갖는 tip을 선택하는 것이 중요하다. 또한, 지속적으로 사용하면서 tip이 마모되거나 측정 조건에 따라 결과가 달라질 수 있으므로, 이에 대한 주의가 필요하다.

Surface profilometer는 탐침을 이용한다는 측면에서 AFM과 공통점이 있으나, 일반적으로 측정 범위가 수준의 x-y 면적에 대하여 z방향으로 수 Å에서 1 mm 이하의 표면 형상 측정이 가능하다. 일반적으로 수 mg의 힘이 다이아몬드 tip에 가해지기 때문에 가해지는 접촉 압력이 높아 soft한 특성을 갖는 소재의 표면 형상을 관찰하는 경우 적합하지 않을 수 있다. 뿐만 아니라, 표면의 파손이 일어날 수 있어 주의가 필요하다.

비접촉식 방식으로 표면 형상을 관찰하는 기법에는 non-contact 모드 AFM, SEM (Scanning Electron Microscope), TEM (Transmission Electron Microscope), 3D laser confocal microscope 등이 있다. 이 중에서 SEM과 TEM의 경우에는 3차원 표면 형태를 관찰할 수 없는 단점이 있으나, EDS (Energy-Dispersive X-Ray Spectroscopy)과 결합되어 성분 분석이 가능하고, 비파괴 방식으로 미세구조를 직관적으로 파악이 가능하고, TEM의 경우에는 결함 분석, 격자 구조 분석 등 나노 단위에서의 한 차원 다른 분석이 가능하다는 장점이 있다. 3D laser microscope은 비파괴 표면 형상 방식으로 laser에서 조사된 일정 파장의 빛이 시료에 맞아 excitation 되어 방출 (emission) 되는 빛이 confocal aperture

를 통과하여 감지부로 들어오는 과정으로 표면 형상 관찰이 가능하다. 감지부에 초첨이 정확하게 맞지 않는 빛은 confocal 조리개를 통하여 빛이 차단되어 명암차이가 발생하게 되고 이를 통하여 표면 형상 정보 획득이 가능하다. 일정 파장의 레이저 빛을 이용한다는 측면에서 매우 빠르게 넓은 면적에 대하여 형상 정보를 얻을 수 있다는 장점이 있으나, 표면의 반사 정도에 따라 표면 정보가 정확하게 측정되지 않을 수 있어 샘플 범위에 대한 한계가 존재한다.

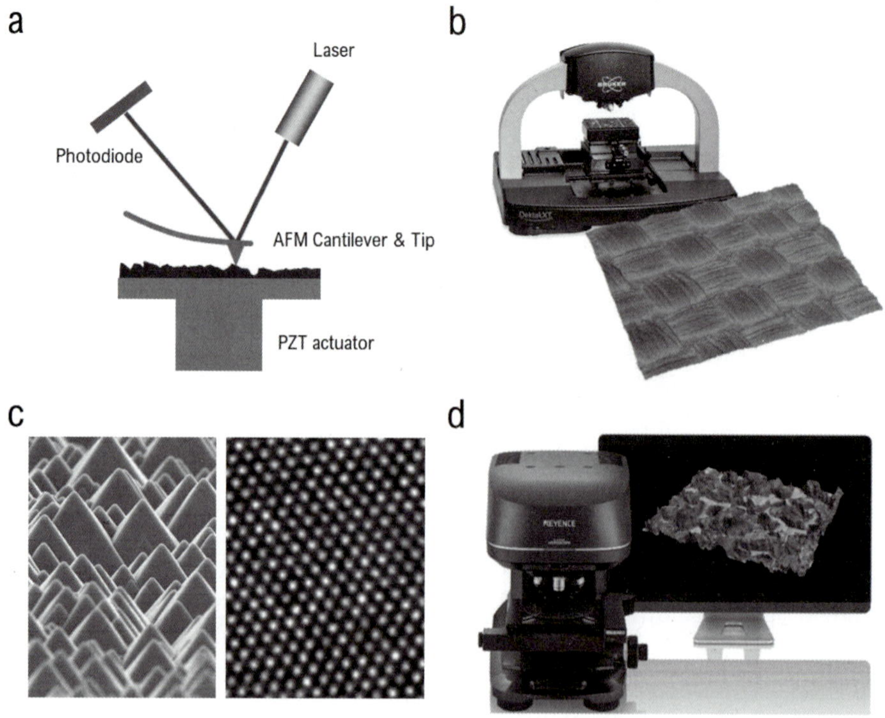

그림 7.2 **표면 형상을 관찰할 수 있는 다양한 측정 장치**
(a) AFM (b) Surface profilometer (c) SEM (**좌**)**과** TEM(**우**) **그리고** (d) 3D laser confocal microscope

이러한 표면 형상 정보를 확보하는 이유는 이러한 표면 형상이 마찰, 마모, 윤활 보존 특성 등의 트라이볼로지적 특성에 큰 영향을 미치기 때문이다. 표면 형상의 정량적 지표는 다양하나, 표면 거칠기를 파악하는 것이 일반적이다. 표면 거칠기는 평균 표면 거칠기인 Ra 값으로 정량화될 수 있으며, 평균 표면 거칠기는 다음의 식으로 나타낼 수 있다.

$$R_a = \frac{1}{L}|f(x)|dx \qquad [\mathrm{m}] \tag{7.1}$$

이때 f(x)와 L은 각각 표면 거칠기 함수와 그 함수의 중심 평균선을 나타낸다. 표면 거칠기를 나타내는 다른 방법으로 RMS (Root mean square) 표면 거칠기가 있으며, 표면 거칠기에 대한 정량적인 값을 보다 정밀하게 나타낼 수 있다. 이를 구하는 식은 다음과 같다.

$$R_{RMS} = \sqrt{\frac{1}{L}|f^2|dx} \quad [\text{m}] \tag{7.2}$$

표면 거칠기가 트라이볼로지적 특성에 큰 영향을 미치는 이유는 표면 거칠기에 따라 서로 다른 두 면이 접촉할 때 맞닿는 면의 면적이 달라지기 때문이다. 즉, 면적이 달라지게 되면 가하는 힘에 대한 지지 면적이 달라지게 되고 이에 따라 가해지는 응력이 달라지게 된다. 이를 정의하기 위해서 겉보기접촉면적 (Apparent contact area)와 실제 접촉면적 (Real contact area)의 개념이 도입된다. 겉보기접촉면적은 외부에서 힘이 가해지는 면적에 해당하고, 실제 접촉면적은 계면에서 서로 다른 두 면이 실제 맞닿는 면적의 합으로 볼 수 있다. 겉보기접촉면적은 실제 접촉면적보다 같거나 큰 것이 일반적이다. 그만큼 표면 거칠기가 아무리 낮더라도 겉보기접촉면적만큼 계면에서 접촉하는 것은 거의 불가능하다고 보는 것이 일반적이다.

마찰 및 마모 등의 트라이볼로지적 거동은 겉보기접촉 보다는 실제접촉면의 거동이기 때문에 실제 접촉면적이 중요하며, 결국 표면거칠기가 영향을 미치는 주요 변수로 작용한다. 실제 접촉면적이 겉보기접촉면적에 비하여 작아질수록 계면에서의 접촉압력이 크게 증가하게 되고 마찰 또는 마모가 증가할 수 있는 가능성이 높아진다. 따라서, 소재의 트라이볼로지적 특성을 이해하기 위하여 표면 거칠기에 대한 정보를 우선적으로 확보하는 것이 중요하다.

7.1.2.2 **표면 에너지** (Surface Energy)

표면 에너지는 표면 최외각 원자층이 결합하지 못하는 broken bond 또는 dangling bond에 의하여 남는 여분의 에너지의 총합으로 정의할 수 있으며, 단위는 단위면적 당 에너지 즉, J/m^2으로 표현된다. 표면 에너지는 결국 원자 간 결합력에 의해 좌우되기 때문에, 원자 결합력이 강한 소재일수록 표면 에너지가 높은 경향이 있다. 표면 에너지가 증가함에 따라 표면의 오염 상태, 산화 정도 등에 영향을 미칠 수 있으며, 점착 특성과 깊은 관련이 있다. 표면의 점착 특성 (Adhesion property)는 ASTM D-907에 의하면 두 표면이 원자가력 (valence forces) 또는 연동 작용 (interlocking action)에 의해 좌우되는 계면 힘에 의해 밀착되어 떨어지지 않는 상태를 말한다. 이러한 점착 특성은 트라이볼로지적 특성에 큰 영향을 미치며, 특히 마이크로에서 나노로 작은 단위로 갈수록 그 영향이 증가한다.

이러한 표면 에너지를 정량화하기 위해서는 접촉각을 측정하거나, 마이크로/나노 단위에서는 AFM을 이용하는 것이 일반적이다. 접촉각 측정 방법에 대하여 먼저 논의해보면, 눈으로 쉽게 볼 수 있는 표면 에너지의 중요한 거시적 표현 중 하나는 액체 방울이 고체 표면과 접촉할 때 형성되는 접촉각이다. 접촉각은 표면-액체 계면을 따라 그려지는 접선과 액체-증기 계면을 따라 그려지는 접선 사이의 값으로 측정된다. 측정된 접촉각과 표면 에너지의 관계식은 다음과 같다.

$$\gamma_{LV} \cos\theta = \gamma_{SV} - \gamma_{SL} \tag{7.3}$$

위 식을 Young 식으로 부르며, 이는 그림 7.3에 표시된 벡터가 액체 (L), 고체 (S), 증기 (V) 접촉선에 작용하는 힘의 벡터 (실제로 단위 길이당 힘)를 나타낸다는 사실을 고려함으로써 간단하게 도출될 수 있다. 접촉각 0°는 표면에 완전히 퍼진 액체 (완전 습윤)에 해당하는 반면, 접촉각 180°는 표면에 완전한 비습윤을 나타낸다. 물방울의 경우, 접촉각이 90° 이하인 물방울로 이어지는 표면을 친수성, 90° 이상을 소수성이라고 한다. 물방울의 부피에 따라 접촉각의 각도가 달라지게 되며, 일정한 양 (~ 2)이 표면 위에 위치할 수 있도록 주의가 필요하다. 또한, 접촉각은 환경적인 변수에 의해 영향을 많이 받기 때문에, 절대적인 값으로 의미를 가지기 보다는 상대 비교를 통하여 표면 에너지를 비교 분석하는 것이 보다 적절하다.

AFM의 Force-displacement (F-d) curve를 통하여 마이크로 및 나노 단위에서의 표면 에너지를 측정할 수 있다. AFM tip을 표면에 가까이 접근하면 접촉하게 되고 cantilever의 spring constant에 의해 거리에 따른 힘이 증가하게 된다. 그 뒤 다시 표면으로부터 tip을 떼어내는 과정을 겪게 되는데, 떨어지기 직전 특정 힘에 의해 떨어지지 않는 구간이 생기게 된다. 이때, 떨어질 때까지 측정되는 힘으로 표면 에너지를 측정할 수 있으며 이러한 일련의 과정은 그림 7.3에 잘 나타나 있다.

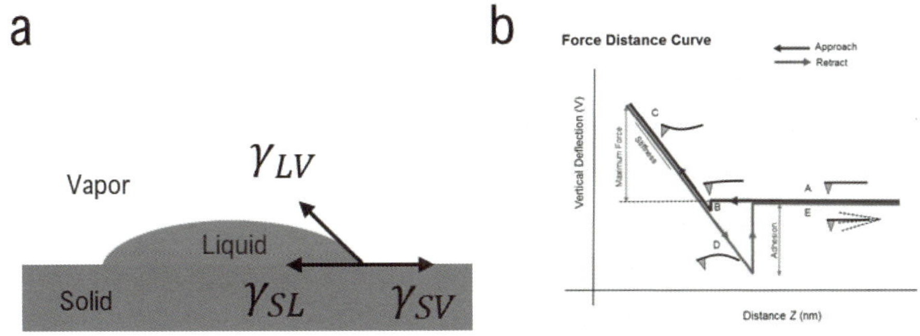

그림 7.3 (a) 접촉각 측정을 위하여 고체 표면에 위의 액체 방울을 떨어뜨린 그림과 (b) AFM을 통해 측정된 F-d curve

7.1.2.3 **기계적 물성** (Mechanical Properties)

표면의 기계적 물성은 소재의 트라이볼로지 특성에 크게 영향을 미치는 요소 중 하나이다. 즉, 소재의 경도 강화를 통해 마찰 및 마모 특성을 개선하고자 표면 경화, 고경도 박막 증착 등의 표면 개질 공정을 수행하기도 한다. 이러한 공정 전후를 정량적으로 비교하기 위하여 경도를 도출하는 분석 방법이 활용되고 있다. 본 세부 단원에서는 표면 경도를 측정할 수 있는 나노압입시험(Nanoindentation)과 비커스 경도 시험에 관하여 다루고자 한다.

기존의 경도 시험은 인덴더 하중의 함수로서 표본의 잔류 소성변형이 일어난 압흔(압입 흔적)의 크기를 통해 간접적으로 경도를 추출한 반면, 나노 압입 시험의 목표는 하중 변위 측정을 통해 곡선을 추출하고 이를 해석하여 샘플의 탄성 계수와 경도를 추출하는 것이다. 나노압입시험을 통해 형성된 압흔의 크기는 종종 수 에 불과하며, 이는 현미경이나 SEM으로 관찰하는 것이 쉽지 않다. 따라서, 나노압입시험에서는 압흔의 크기로 경도나 탄성 계수를 도출하는 것일 아닌, 시료 표면 아래의 압입 깊이(Penetration depth)와 인덴터에 가해진 하중을 측정하여 이를 통해 얻어진 F-d curve로 계산이 가능하다. 인덴터의 알려진 기하학적 구조를 통해 압입 깊이에 따른 접촉 영역의 크기를 결정할 수 있다.

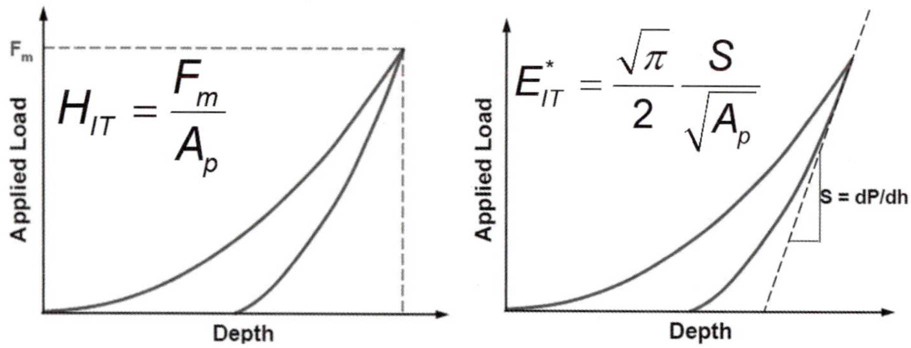

그림 7.4 **나노압입 시험을 통해 얻어진 그래프와 이를 통해 도출할 수 있는 경도(좌) 및 탄성계수(우)**

그림 7.4는 나노압입시험을 통해 얻어진 F-d curve의 일반적인 개형을 나타낸다. 그림에 나타난 F-d curve를 도출하기 위하여 Berkovich 형태 tip을 샘플에 압입하고, 압입 깊이에 따라 실시간으로 힘을 측정하는 과정을 거친다. Tip은 conical, spherical 등 다양한 형태가 있으며, 특별한 경우를 제외하고는 Berkovich 형태를 사용하는 것이 일반적이다. 위 식에 나타난 바와 같이 경도와 탄성계수를 도출하기 위해서는 A_p에 대한 정보가 선행적으로 확보되어야 한다. A_p는 압입 깊이에 대한 정사영 면적으로, 표준 샘플인 Fused silica를 사용하여 calibration을 수행한다.

나노압입시험을 수행하여 기계적 물성을 정확하게 도출하기 위해서는 몇 가지 고려해야 할 사항이 있다. ISO-14577에 따르면, 표면 거칠기와 두께를 고려하여 압입 깊이를 정해야 이에 대한 영향을 최소화할 수 있다고 제시하고 있다. 즉, 평균 표면 거칠기인 Ra값은 압입 깊이의 5 % 이내이어야 하며, 압입 깊이는 개질된 표면 또는 형성된 박막의 두께의 10 % 이내이어야 정확한 기계적 물성을 도출할 수 있다고 제시하고 있다.

비커스 경도 시험법은 압흔의 크기로 경도를 측정하는 것으로 주로 매크로 스케일에서 활용하는 경우가 많다. 시험의 첫 번째 과정으로 피라미드 모양의 다이아몬드 tip에 일정 하중을 가하여 압흔을 형성한다. 시험의 신뢰성을 높이기 위해서 여러 하중으로 반복 시험을 진행한 후, 일정한 값이 측정되는지 검증하는 것이 좋다. 시편의 표면에 생긴 압흔의 크기를 측정하여 경도를 도출한다. 이때 압흔이 매우 작기 때문에, 측정기에 장착된 현미경을 이용하여 대각선 길이를 측정하도록 한다. 압자가 피라미드 모양이기 때문에 샘플의 표면에 사각형의 압흔 형태를 형성하게 된다. 이 표면적은 측정자가 현미경을 통해 이 사각형의 각 모서리 부분을 지정한 후, 소프트웨어로 대각선 길이가 자동으로 산출되고, 이를 기반으로 비커스 경도값이 계산된다. 구하는 식은 다음과 같다.

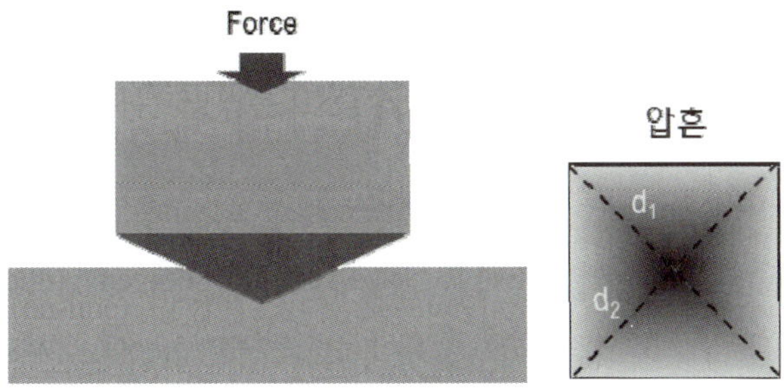

$$HV = \frac{2F\sin\frac{136}{2}}{d^2} = 1.854\frac{F}{d^2}$$

그림 7.5 **비커스 경도 시험 개요 그림 및 경도 산출식**

7.1.3 화학적 분석

표면의 화학적 분석은 원소 분석, 작용기 정보, 분자량, 분포 등 다양한 화학적 정보를 제공한다. 특히, 트라이볼로지적 거동 메커니즘을 정확히 이해하고, 이를 통해 마찰 및 마모 특성을 분석하기 위해서는 필수적이다. 현대 분석 기술이 날로 발전함에 따라 분석할 수 있는 원소의 종류도 증가하고, 극소량으로도 충분히 판별 가능하기 때문에 거의 모든 종류의 유기, 무기 물질들을 성공적으로 분석하고 있다.

앞서 표의 화학적 분석 방법 분류표에 제시한 바와 같이, 입사광과 반사광이 photon, electron, ion으로 그 종류과 조합에 따라 다양한 표면 분석 장치가 있다. 일반적으로 단단한 금속 소재의 경우, 2 nm 에서부터 유기물인 경우에는 10 nm의 표면 깊이까지의 분석 깊이가 달라지며, 원소 및 화학적 결합상태, 에너지 준위 등을 분석하는 장비로서 첨단 재료의 연구에 중요한 역할을 하는 분석 방법이다. 이렇듯 장치에 따라 각각의 기능과 표면 분석 범위가 다르며, 목적에 부합하는 장치를 적절하게 선택하여야 한다. 본 단원에서는 표면의 트라이볼로지적 특성 분석에 도움이 되는 XPS와 EDX를 통한 화학적 분석에 대하여 다루고자 한다.

7.1.3.1 Photoelectron Spectroscopy (XPS)

XPS는 X-선을 입사하고 하여 광전자를 측정하는 분석 장치로, 분석 깊이는 1-10 nm, 최소 분석 면적은 1 정도로 알려져 있다. XPS 분석을 통하여 원소 분석과 화학결합상태 등을 파악할 수 있어, 마찰 전후 화학적 조성 변화, 마모 정도, 소재 전이 (Material transfer) 상태 등을 확인할 수 있다.

XPS 분석 시, 표면의 물리화학적 상태 및 조성이 변화하지 않는 비파괴 분석법으로 표면의 성분을 검출할 수 있어 표면 분석 장치로 널리 활용되고 있는 장비이다. 또한, 우수한 에너지 분해능으로 극소량의 chemical shift 차이 측정이 가능하여 표면의 구성 원소와 그의 화학적 결합 상태를 분석할 수 있는 장점이 있다. XPS의 간단한 구동 원리를 살펴보면, X-선을 광원으로 사용하고 내부전자로부터 광전자를 방출시켜 광전자의 운동에너지를 측정한다. 일정한 에너지의 광자(AlKα 1486.6 eV 또는 MgKα 1253.6 eV)를 사용하여 분석하고자 하는 샘플의 표면에 조사하게 되면 광전 효과에 의하여 exitation된 이온과 광전자가 발생하게 된다. 이때 방출된 광전자의 운동 에너지는 분석기와 검출기에서 측정된다. 이러한 원리로 표면에서 방출되는 광전자의 스펙트럼을 관찰하여 표면의 조성, 화학 결합상태 및 구성원소에 대한 분석이 가능하다.

7.1.3.2 Energy Dispersive X-ray Spectrometer (EDX)

EDX 분석 Energy Dispansive X선 분석을 의미하며, EDS 또는 EDAX 분석으로 불리기도 한다. EDX 분석 기술은 시료의 관심 영역에 대하여 원소의 구성 성분을 확인하는 데 사용되는 기술이다. EDX 분석 시스템은 SEM, TEM과 같은 스캐닝 전자 현미경의 통합 기능으로 작동하며, 이러한 현미경이 없으면 자체적으로 작동할 수 없는 단점이 있다.

EDX 분석 시, 스캐닝 전자 현미경 내부에 전자 빔이 샘플 표면에 조사되며, 이를 통해 충돌하는 전자는 샘플 표면의 전자와 충돌하여, 그 과정에서 일부 원자의 전자를 방출시키는 과정이 진행된다. 방출된 내부 껍질 전자에 의해 비어 있는 위치는 결국 외부 껍질에서 더 높은 에너지의 전자에 의해 점유된다. 전이 전자가 방출하는 에너지의 양은 전자가 어느 껍질에서 전이되는지에 따라 달라지며, 전자가 어떤 껍질에서 전이되는지에 따라 달라진다. 또한, 모든 원소의 원자는 전달 과정 동안 독특한 양의 에너지로 X선을 방출한다. 따라서, 전자빔이 조사되는 동안 샘플에 의해 방출되는 X선에 존재하는 에너지의 양을 측정함으로써 X선이 방출된 원자의 성분 분석이 진행된다.

EDX는 SEM 또는 TEM과 결합되어 분석하는 과정으로, 표면의 형상과 성분을 동시에 매칭하여 분석할 수 있다는 장점이 있다. 즉, Mapping을 통하여 마모된 부분의 성분 변화를 파악하여 마찰 및 마모 거동의 메커니즘을 파악하는 데 활용될 수 있다. 특히, 대면적 분석이 가능하기 때문에 트라이볼로지 응용 분야에서도 널리 활용되고 있는 추세이다.

7.2 표면 개질

7.1절에서는 표면을 정의하고, 표면을 분석할 수 있는 물리·화학적인 방법에 대하여 논의하였다. 결국 이러한 분석을 통해 표면에 대한 정보를 얻는 이유는 표면 개질(Surface Modification)을 통하여 트라이볼로지적 특성을 개선하고, 나아가 기계부품 또는 기계시스템의 성능과 수명을 향상시키는데 기여할 수 있기 때문이다. 여기서 말하는 표면 개질은 서로 맞닿아 상호 운동을 하는 계면의 특성을 개선하기 위하여 표면의 물리·화학적 특성을 바꾸는 것을 말한다.

기계 시스템을 구성하는 소재 전체의 기계적 물성(경도, 강도, 피로 내구성 등)을 개선하여 구조의 안정성을 개선하는데 기여한다면, 표면 특성 개선 또는 표면 개질은 마찰 및 마모 특성을 개선하는데 주로 기여한다. 앞서 언급한 표면의 여러가지 특성을 개선하여 기계적 내구성을 확보하고 트라이볼로지적 특성을 개선하는 것은 최종 제품의 정밀도, 내구성, 수명, 품질 안정성 등을 향상시키는데 크게 기여하기 때문에 각각의 환경에 맞는 표면 특성 개선은 필수적이다.

기계시스템을 구성하는 부품은 마찰 및 마모 현상의 복잡성으로 인하여 부품의 성능 저하, 정밀도 감소, 파괴 현상 등의 원인을 정확하게 예측하기는 어렵다. 뿐만 아니라, 이러한 현상은 장시간 특정 환경과 응력 조건에 노출되어 서서히 진행되는 경우가 일반적이기 때문에 실험적으로 규명하는 것 또한 신중한 접근이 필요하다. 이러한 트라이볼로지적 특성으로 인한 성능 저하 현상은 주로 표면으로부터 시작된다. 즉, 이를 해결하기 위한 방안 중 하나로 표면 개질, 또는 표면 강화 전략이 널리 사용되고 있다. 본 단원에서는 이러한 표면 개질 전략에 대하여 다루어 보고자 한다.

7.2.1 금속의 소성변형

금속의 내마모성을 향상시키기 위한 방안을 마련하기 위하여 마모와 관련된 소성변형(Plastic deformation) 거동에 대해서 이해할 필요가 있다. 금속의 소성변형은 전위의 이동, 슬립(Slip)과 깊은 관련이 있으며, 전위의 이동을 방해하거나 소멸시킬 수 있는 전략이 결국 금속 표면 강화 원리와 일치한다.

소성변형의 전개를 살펴보면 전위의 이동과 관련이 있다는 것을 알 수 있다. 그림 7(a)에서 화살표 방향으로 소성변형을 일으키기 위한 응력보다 큰 전단 응력이 작용이 소성변형의 첫 단계로 생각할 수 있다. 다음으로 기존의 원자 결합에 깨지고 옆의 면과 재결합을 하면서 잉여면이 이동하게 된다. 이 잉여면은 전위로 생각하면 된다. 지속적인 전단 응력이 가해짐에 따라 잉여면이 이동하게 되고, 결국 최종적으로 소성변형이 이루어지는 것을 볼 수 있다. 이를 3차원으로 보면 보다 더 이해가 쉽다. 면 ABCD는 슬립면이고, 이미 슬립이 일어난 영역과 아직 슬립이 일어나지 않은 영역이 있으며, 잉여면의 경계선인 E-E를 전위(Dislocation)라고 부른다. 이와 같이 여분의 원자면이 삽입된 것과 같은 상태의 전위를 칼날 전위(edge dislocation)라고 한다. 그림에 나타난 바와 같이 전위는 표면의 CD까지 이동하여 표면에 전단이 형성되며, 이것을 슬립선이라고 한다. 이러한 일련의 전위의 이동을 통해 소재는 소성변형이 일어나게 된다.

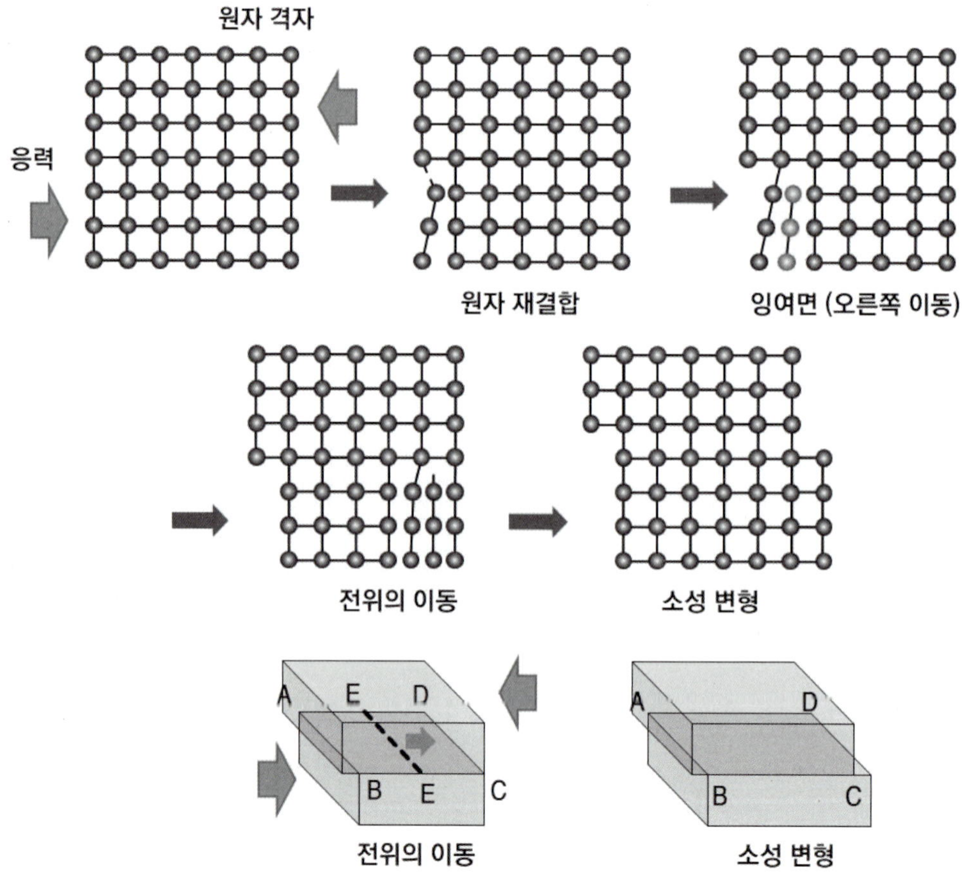

그림 7.6 **원자 단위에서의 소성변형의 전개를 나타낸 그림 [4]**

7.2.2 표면 개질을 통한 강화

앞서 설명한 바와 같이 소재의 소성변형은 전위의 이동 또는 전위의 슬립 현상에 의해 일어난다. 이를 이용한다면, 재료를 강화하는 전략으로 사용할 수 있다. 즉, 전위의 이동 또는 슬립을 방해하는 요소로 표면을 개질한다면 표면 강화를 수행할 수 있으며, 이는 결국 트라이볼로지적 특성을 향상시키는 전략으로 활용된다. 본 단원에서는 재료 강화 전략에 대하여 다루어보고자 한다.

7.1.2.1 **변형 경화** (Strain hardening)

변형 경화는 말 그대로 소재에 변형을 일으킴에 따라 강도가 더 올라가는 현상이다. 인발, 압연 등의 단면적의 변화가 생기는 가공을 통해 강화시키는 점에서 가공 경화(Work hardening)로 불리기도 하고, 온도를 가하지 않은 상태의 상온에서 강화시킨다는 점에서 냉간 가공 (Cold working)으로 불리기도 한다. 변형 경화는 결국 변형이 진행됨에 따라서 전위 밀도 (Dislocation density)가 증가하기 때문에 전위의 상호 작용이 일어나기 쉽게 되고 결국 이동이 자유롭지 못하게 된다. 그림 7.7 (a)는 냉간가공 된 Ti의 현미경 사진이다. 사진에서 볼 수 있듯이, 소성변형으로 전위가 증식되고, 서로 얽혀 이동이 어려워질 수 있음을 예측할 수 있다. 이러한 원리로 소성변형이 일어나기 어렵도록, 즉, 강도가 올라가는 공정을 변형 경화라 한다.

일반적으로 변형 경화는 연성의 재료에 많이 사용되는데 강도가 증가하는 장점이 있으나 연성이 감소하는 단점도 함께 발생한다. 그림 7.7 (b)의 그림은 냉간 가공 정도에 따른 저탄소강의 응력-변형률 선도를 나타낸다. 응력-변형률 선도를 보면 냉간 가공으로 강도 증가, 연성 감소 현상이 잘 나타남을 알 수 있다. 이러한 문제를 해결하고자 어닐링 열처리를 통해 회복-재결정-결정립 성장 과정을 유도하여 연성을 증가시킬 수 있다.

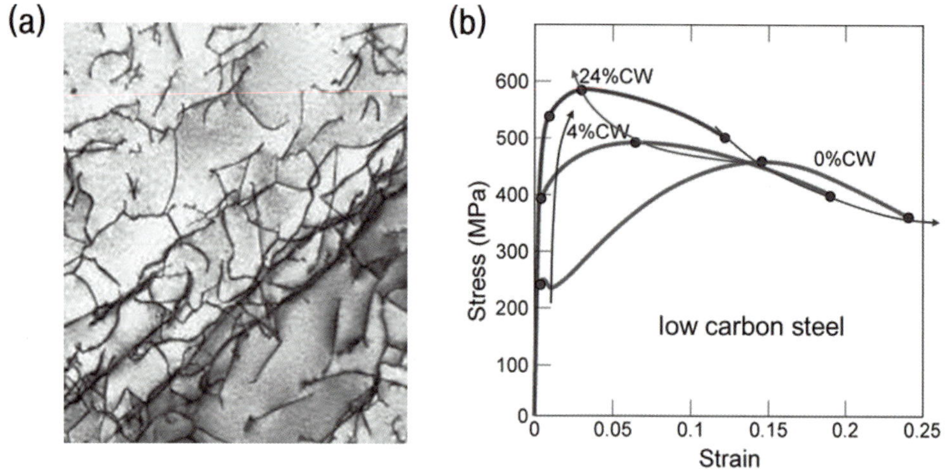

그림 7.7

냉간 가공된 (a) Ti의 표면 현미경 사진 (b) 다양한 냉간 가공률에 따른 저탄소강의 응력-변형률 선도 [4]

7.1.2.2 결정립(Grain Boundary) 미세화

다결정 금속에는 결정이 무수히 많이 무질서하게 분포되고 있으며, 이러한 무질서한 결정은 결정립계로 구분되는데, 이 결정립계에는 원자가 특정 격자 형태가 아닌 비정질 형태로 존재한다. 전위가 이동하기 위해서는 이 결정립계를 뛰어넘어 이동해야 하는데 추가적인 에너지가 필요하다. 즉, 결정과 인정한 결정은 서로 다른 결정 방향을 가지고 있으므로, 전위이 이동 시 방향이 바뀌어야 한다. 또한, 결정립계에는 무질서한 원자가 존재하기 때문에 한 결정립의 슬립면은 인접한 다른 결정립의 슬립면으로 연속성을 갖지 않는다. 결국 전위가 결정립계를 건너가지 못하고 결정립계 주위에 집적하게 되며 이는 전위의 운동을 방해하게 된다. 이러한 원리를 적용하기 위해서 결정립을 미세화함으로서 결정립계의 밀도를 증가키시면 전위의 이동을 억제할 수 있어서 소재의 강도를 향상시킬 수 있다.

지난 수 년간 결정립 미세화의 표면 개질을 통해 경도를 향상시켜 트라이볼로지적 특성을 향상시키고자 하는 연구가 활발하게 진행되었다. 표면에 빠른 주파수로 응력을 가하여 결정립이 미세화될 수 있도록 하는 것이며, 그림 7.8에 나타난 바와 같아 shot peening, laser shock peening, ultrasonic surface hardening 등이 보고된 바 있다. 보다 트라이볼로지적 특성을 극대화하기 위하여 열을 따로 가하기도 하는 등 다양한 전략을 동시에 활용하고 있으며, 이를 통해 경도 특성 향상 외에도 피로 수명이 연장되고, 경화되는 표면의 두께를 증가시킬 수 있으며, 내마모성을 향상시키고자 하는 다양한 연구가 보고된 바 있다.

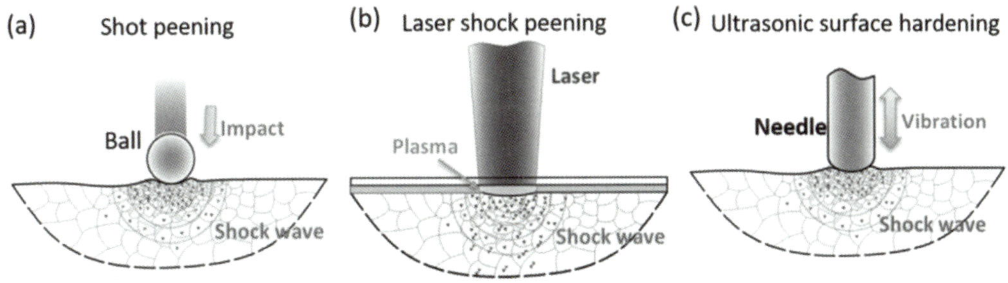

그림 7.8 **결정립 미세화를 통해 표면 경화를 하는 다양한 방법**

7.1.2.3 **고용체** (Solid solution) **강화**

고용체 강화는 재료의 표면을 강화시키는데 널리 활용되는 방법이다. 침입형 고용체 또는 치환형 고용체를 이용하는데, 일반적으로 순수 금속의 경우 강도나 트라이볼로지적 특성이 좋지 못하기 때문에 이종 원소를 주입시켜 인장 강도와 경도 등의 기계적 특성을 향상시키는 것이다. 서로 크기가 다른 고용체를 주입할 경우, 원자 격자 변형장이 발생하게 되고, 이러한 변형장을 전위가 이동하기 위해서는 여분의 에너지가 필요하게 된다. 왜곡된 변형장은 전위의 이동을 제한하게 되고 소성변형을 어렵게 만들며 이로 인하여 경도와 강도가 증가하게 된다.

그림 7.9에 나타난 바와 같이, 원자의 크기에 따라 원자 격자에 인장 또는 압축 변형률을 발생시킨다. 고용체 내 불순물 원자 주변에 격자 왜곡과 응력장이 형성되어 슬립이 일어날 때 응력장이 장애물 역할을 하여 전위 이동 방해하게 된다. 또한, 주입 원자는 전위 주변에 위치하게 되고, 이는 전위에 의해 발생하는 변형률을 감소시키는 효과를 가져오며, 결국 전체 변형률 에너지를 감소시키게 된다. 이러한 상태에서 전위가 이동하기 위해서는 주입된 원자와 결합을 끊고 이동해야 하기 때문에 더 큰 작용 응력이 요구된다. 즉, 슬립에 대한 저항성은 증가하게 되면, 강도와 경도 또한 증가한다.

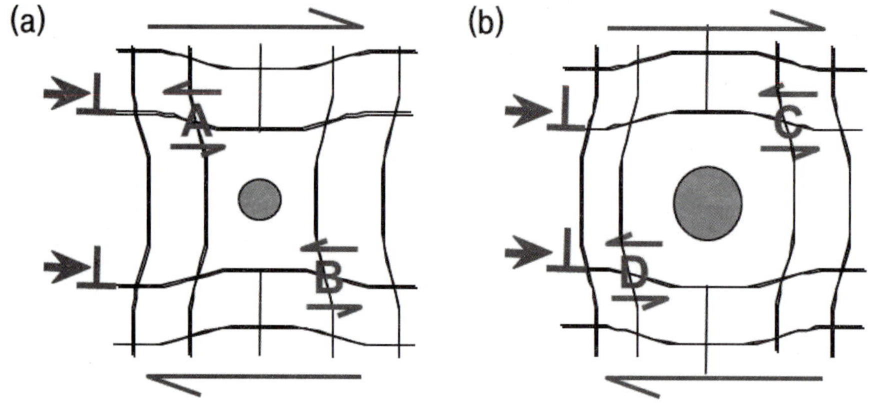

그림 7.9 **치환형 이종 원자에 의해 발생되는 (a) 압축된 격자와 (b) 인장된 격자 [4]**

이러한 원리를 이용하여 표면 경화(Case hardening)를 진행하며, 주입된 이종 원자에 따라 침탄법(Carbutizing) 또는 질화법(Nitriding) 등으로 구분된다.

7.3 표면 개질과 트라이볼로지적 특성

표면 개질을 통해 트라이볼로지적 특성을 개선하기 위해서 소재의 경도 또는 강도를 증가시키려는 다양한 전략이 사용되었다. 오늘날 이러한 기술이 실제 산업에 적용되어 비교적 간단한 공정으로 기계적 내구성, 내마모성, 저마찰 등이 향상된 기계 부품이 보급되고 있다. 현재 결정립을 나노 담위로 미세화하거나 신소재 주입을 통한 소재 강화, 2차원 물질을 주입을 통한 극저마찰 특성 도출 등 다양한 표면 특성 개질을 통해 트라이볼로지적 특성을 향상시키고자 하는 노력이 활발히 진행되고 있다.

그러나 경도 또는 강도 특성 향상만이 트라이볼로지적 특성을 극대화할 수 있는 방안은 아님을 인시해야 한다. 즉, 경도가 증가함에 따라 취성 특성 또한 증가하게 되므로, three body motion으로 인하여 국부적으로 큰 압력이 인가되면 표면이 깨지는 현상이 발생할 수 있다. 이는 다량의 마모입자를 발생시켜 예상치 못하게 빠른 성능 감소로 이어질 수 있다. 이에 외부로부터 받은 응력에 대하여 표면이 효과적으로 에너지를 흡수할 수 있는 표면 특성이 중요하다. 즉, 표면이 흡수할 수 있는 탄성 에너지가 많아질수록 마모에 대한 저항성이 증가하게 된다. 이는 연성 특성을 긋는 층과 경도가 높은 층의 다층 설계로 가능하며, 이 외에도 표면 구조를 변경하여 달성 가능하다.

참고문헌

[1] D. Briggs, M. P. Seah, Practical surface analysis, John Wiley and Sons Ltd, Chichester, 1983.

[2] 김청균, 트라이볼로지, 형설출판사, 2006.

[3] 박인규, 이재갑, 김용석, 김형준, 재료과학과 공학, 시그마프레스, 2018.

[4] Mang, Theo, ed. Encyclopedia of lubricants and lubrication. Berlin Heidelberg: Springer, 2014.

[5] Chung, Yip-Wah, ed. Micro-and nanoscale phenomena in tribology. CRC Press, 2011.

[6] Fischer-Cripps, Anthony C., Applications of nanoindentation., Springer, New York, NY, 2011.

[7] Liu, Jun, Chang Ye, and Yalin Dong. "Recent development of thermally assisted surface hardening techniques: A review." Advances in Industrial and Manufacturing Engineering, Vol. 2, 2021.

[8] Totten, George E., and Hong Liang, eds. Surface modification and mechanisms: friction, stress, and reaction engineering. CRC Press, 2004.

[9] Jeong, Mun-Su. “트라이볼로지 개론,” Plant Journal, Vol. 3, pp. 41-52, 2007.

8. 코팅

8.1 증착공정 (Deposition)

본 장에서는 여러 가지 이유로 선정된 다양한 모재 (Substrate) 상 마찰 및 마모 성능 등의 향상을 위한 코팅 기술과 이를 위한 코팅 방법을 소개하고자 한다. 코팅기술은 상호 접촉하는 두 표면 또는 계면에서 발생하는 표면 현상의 관점과 모재의 치수공차 (Tolerance)에 대한 변화 없이 기능을 업그레이드 하는 관점에서 매우 중요하다.

코팅 기술은, 화학기상증착 공정 (Chemical Vapor Deposition, CVD)과 물리기상증착 공정 (Physical Vapor Deposition, PVD)공정으로 구분하고 설명하였다. 또한, CVD, PVD 공정의 주요 차이점과 코팅 막의 기능적 거동에 중요한 사항을 다루었다.

먼저, CVD 또는 PVD의 어떤 코팅 공정에서라도 치밀하고 우수한 코팅 막의 합성을 위해서는 사용되는 이온 (Ion)이 코팅 막의 성장 표면에 50 ~ 500 eV의 에너지를 가지고 충돌해야 한다. 따라서, 모든 합성 장비는 이온 생성을 위한 (1) 이온 소스 (Ion source) 부분과 생성된 이온을 가속하여 기판에 충돌시켜 (2) 코팅 막의 합성이 일어나는 부분으로 구성되어 있다. 이러한 기판 부분은 소스로부터 생성된 전기적 이온에너지 (Ion energy)에 전위 에너지를 인가하므로 기판에 도달할 때의 에너지를 제어하기 위해 음의 바이어스 전압 (Negative bias voltage)을 사용한다.

이온 에너지에 따른 증착공정의 분류는 아래 그림 7에 표시하였으며 다양한 코팅 막의 응용을 위한 제조공정에 있어 가장 핵심적인 구분이 된다.

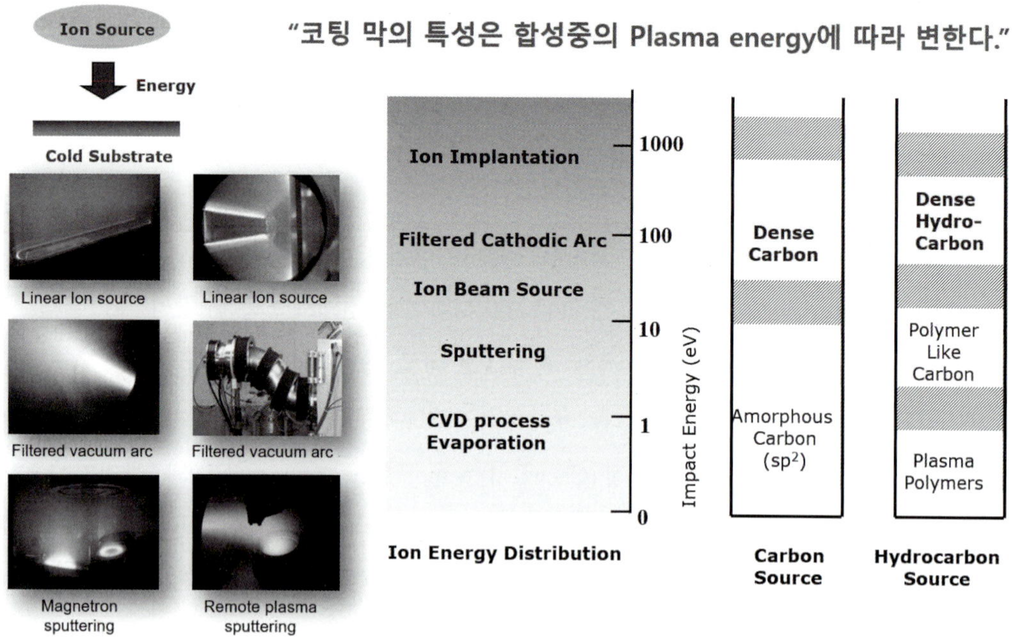

그림 8.1 **공정방법에 따른 이온 에너지 (Ion energy, eV) 크기 분류**

8.1.1 화학적기상증착법 (Chemical Vapor Deposition, CVD)

화학기상증착법, 즉 CVD 방식의 증착은 기본적으로 유체에 의해 분자나 이온들이 운반되어 기판 위에 고체 박막 층을 형성하는 것이다. Chemical 의 단어로부터 화학적 반응을 포함하는 것을 짐작할 수 있는데, 원료 기체 (Precursor gas) 로부터 증기화 (Vapor) 됨으로 전달 유체에 의해 분자나 이온이 운반되며 화학적 반응을 통해 고체화 되며 퇴적 (Deposition) 된다. 또한, 올바른 화학반응을 위해 공정 조건과 환경 요소에 대한 정밀한 제어가 요구되며 화학반응을 위한 활성화 에너지 (Activation energy) 가 필요하다.

CVD 장치를 살펴보면 원료 (기체) 물질을 공급하기 위한 샤워 헤드 (Shower head), 진공부 (Vacuum), 원료물질 이동을 위한 gas 방출 부 및 활성화 에너지 부여를 위한 히터 (Heater)로 구성된다. 공정의 원천적 특성 상 화학적 반응에 따라 코팅 막의 성질이 달라지므로 원료 물질로부터 기체화 된 gas의 균일한 이동과 활성화 에너지원인 온도의 균일한 가열 방법이 매우 중요하다.

그림 8.2 CVD **장치의 주요 구성** (Shower head, Vacuum, Gas & Precursor feeding system and Energy source)

CVD 공정에서 가장 첫 번째로 증착된 물질은 텅스텐(W)으로 초창기 백열등의 카본 필라멘트의 수명 향상을 위해 적용되었다 [1]. 텅스텐 플로라이드(WF_6) 과 수소 가스를 동시에 주입하고 1000 ℃로 가열 하면 원료물질의 플로린과 Hr이 반응하여 W 박막이 증착되며 부산물인 HF가 발생되고 이를 배기한다. 초창기 장비의 개념을 보면, 튜브 퍼니스에 히터로 가열하고 2개 물질을 동시에 주입하고 가열부에서 W 박막을 증착하고 부산물은 진공배기 펌프를 통해 제거해주는 방식이다.

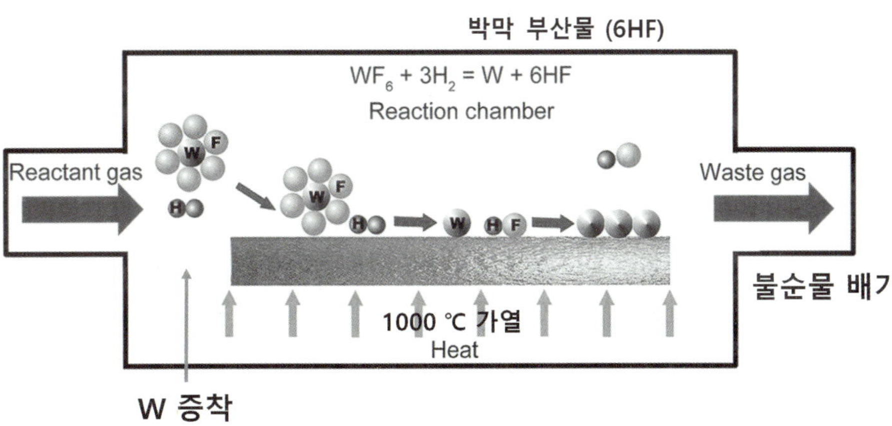

그림 8.3 **CVD 공정을 활용한 텅스텐 (W) 박막 증착 공정의 예 (재구성) [1]**

CVD 기술은 현재 다양한 산업에 활용 중으로 복잡한 형상에 증착 시 유리하여 반도체(Memory), 디스플레이(LCD, LED, PDP), 에너지(Solar cells), 연료전지용 보호코팅, 절삭공구, 자동차 부품 및 로켓 엔진용 터빈 등에 활용되고 있다. 최근 시스템의 구동환경 가혹화에 따라 자동차 부품, 우주항공 등의 분야에서는 추후 다루게 될 물리적 기상증착(PVD) 방식을 활용한 보호막 코팅 등으로 변천 추세이다.

아래 표 8.1에 CVD 방식의 장점과 단점을 요약하였다.

표 8.1 CVD **방법의 장점과 단점**

장점 (Advantage)	**단점** (Disadvantage)
- 화학반응 중심으로 원료물질과 반응물질의 무수한 조합으로 증착이 가능함(다양성) - 온도에 따라 화학반응을 제어 할 수 있음 - 대용량화 양산 공정에 적합(고품질) - 온도에 따라 높은 코팅 속도를 얻을 수 있음	- 화학반응을 위한 고온가열로 저온공정에 불리함 - 고온가열 방법이므로 CVD 장치의 복잡성 - 물질별 필요한 반응온도를 고려해야함 - 화학반응이 잘 되지 않으면 불순물로 배출되어 코팅 막의 물성 저하 있음(민감한 합성 조건)

통상, CVD 방식으로 통칭되는 증착 기술은 크게, (1) 가열하는 에너지원(Energy source)이 무엇인지, (2) 증착 시 압력(Pressure)의 범위는 어떠 한지와 (3) 사용되는 원료 물질(Precursor gas) 이 무엇인지에 의해 세분화 되며 표 8.2에 나타내었다.

표 8.2 CVD **공정 분류**

Energy source	Thermal energy	Extrinsic energy
Energy source Pressure	Thermal CVD (일반적 CVD 공정의 총칭)	Plasma Enhanced (PE-CVD) (플라즈마를 이용하여 원료기체를 활성화)
Pressure Precursor type	Atmospheric CVD	Low pressure CVD (LP-CVD)
	대기압 압력 이용	수~수백 mTorr의 낮은 압력을 이용
Precursor type	(H-CVD) Halide CVD	Metal-organic CVD (MO-CVD) 금속원소에 유기물 반응기가 결합한 형태로 기체 분자를 원료로 사용

CVD 공정은 일반적으로 5단계의 반응으로 (1) 확산, (2) 흡착, (3) 화학반응, (4) 탈착 및 (5) 잔류물 배기로 나뉜다. 증착하고자 하는 대상인 모재가 존재하고 원료물질과 반응물질을 공급하게 되면 기체의 흐름과 모재 간의 마찰력에 의해서 기체의 이동속도가 달라지는 부분과 기체의 이동속도가 같아지는 구간으로 나뉜다. 이때, 기체의 이동속도가 달라지는 구간을 경계층(Boundary layer) 이라고 하고 경계층 위쪽은 모재와의 마찰이 없으므로 유속(Velocity, m/sec)이 일정한 구간으로 구분할 수 있다.

CVD 공정에서는 기판과 기체의 이동속도가 달리지는 구간이 매우 중요한데, 그림 8.4에서 보는 것과 같이 기체가 흘러 유동할 때 진행방향에 반대방향으로 기판이 놓여지게 되면 기판과 기체가 만나는 순간부터 기체 흐름에 대한 마찰이 발생하고 기판 표면에서의 기체 속도는 0으로 수렴하며 표면으로부터 멀어지게 되면 기체의 이동속도는 점차 증가하게 된다. 따라서, CVD 공정에서 화학반응을 유도할 수 있는 경계층은 매우 중요한 구간으로 작용한다.

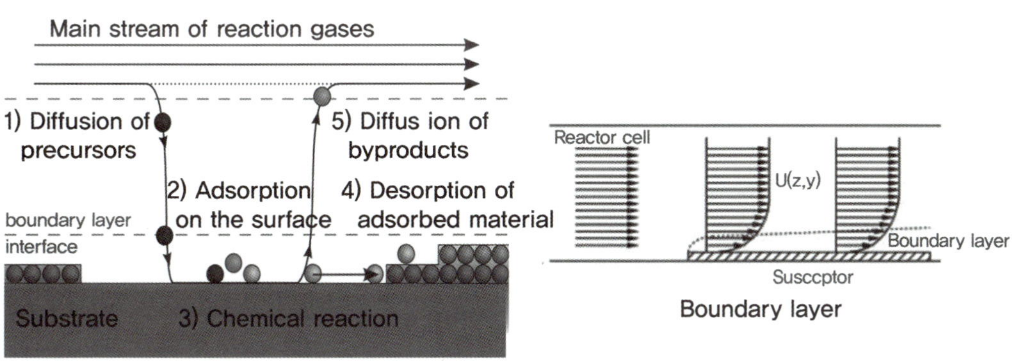

그림 8.4 **CVD 공정 시퀀스(재구성) [2]**

상기와 같이 CVD 방식의 종류와 원리를 살펴보았으며 CVD의 사전적 정의는 증착될 재료의 후발성 화합물을 화학적으로 반응시켜 적절하게 배치된 기판에 원자적으로 증착되는 비 휘발성 고체를 생성하는 공정으로 설명하였다. 표 8.3에 다양한 Precursors와 Reactants를 나타내었다. 여기서 전구체란 전구물질 또는 선구물질로 화학반응이 참여하는 화합물을 말한다.

표 8.3 CVD **방법에 사용되는 전구체 및 반응물 종류**

Precursors (**전구체**)		Reactants (**반응물**)			
Halides precursors	Metal organic precursors	Oxide CVD	Nitride CVD	Sulfide CVD	Metal CVD
$TiCl_4$	$Al(CH_3)$, $Zn(C_2H_5)_2$	H_2O, O_2	NH_3 plasma	H_2S Plasma	H_2
TaF_5	Ru(EtCp)2	H_2O_2, O_3, O_2 plasma	N_2 plasma etc	S Plasma	H_2 plasma
$CuCl_3$ etc.	CH_4, C_2H_2, C_2H_6 etc.	N_2O plasma etc.		etc	etc

아울러, CVD 공정에서는 원료가스의 조성에 따라 크게 영향을 받으므로 원료 가스의 조성에 대한 선택이 중요하다. 가스의 유량은 질량 유량 제어 방식(Mass Flow Control, MFC) 에 의해 제어되며 발화성, 폭발성, 독성 등의 관점에서의 위험한 가스를 사용하는 일이 빈번하여 취급에 주의를 요한다. 또한, 배기가스의 처리에도 충분한 주의와 안전장비를 활용한 처리가 요구된다.

8.1.2 물리적 기상 증착법(Physical Vapor Deposition, PVD)

PVD 방식의 코팅은 원료재료(고체의 target)을 물리적으로 기화시켜 모재 위에 증착하는 방법이다. 물리적인 기화 방법은 크게 (1) 증발법(Evaporation)과 (2) 스퍼터링(Sputtering) 방식으로 구분된다. 그림 8.1에 나타낸 것과 같이, 사용하고자 하는 에너지원의 크기로 쉽게 구별이 가능하며 증발법의 경우 원료물질을 가열하여 증기화 하는 것이다. 증발법의 경우, 증발 시키기 위한 에너지원(Energy source)이 무엇인가에 따라 열에너지와 외부에너지 공급방식으로 나눌 수 있고 아래 표에 나타내었다.

열 에너지(Thermal energy)	**외부 에너지**(Extrinsic energy)
- Thermal Evaporation	- E-beam Evaporation - Ion-beam assisted Evaporation

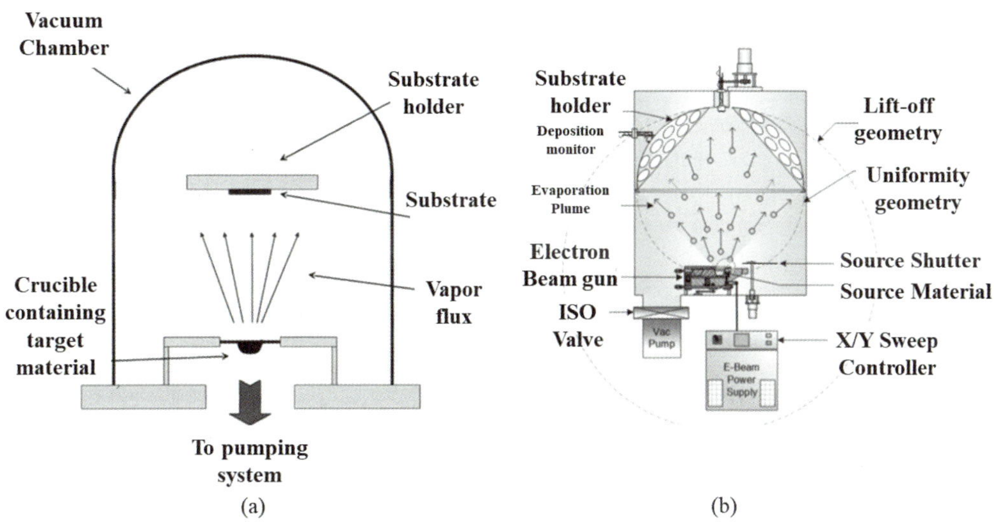

그림 8.5 **PVD 공정 (a) Thermal evaporation, (b) E-beam evaporation (재구성) [3,4]**

Thermal evaporation의 경우, 우리가 냄비에 물을 넣고 끓을 때 발생하는 증기압 현상과 유사하다. 물은 끓는 점에 도달하지 않아도 가열되는 물의 증기압 증가에 따라 표면에 존재하고 있던 물 증기가 증발하게 되며 증발한 입자는 냄비 뚜껑 부분에 응축되어 물방울 (water drop)이 발생하는 것과 같다. 이러한 현상을 진공 환경에 적용하면 진공 증발 법이 된다. 그림 8.5 (b)는 전형적인 E-beam 장비로 진공 챔버 내에 특정 target이 있으며 타겟부에 직접 가열도 가능하고 전자총 (Electron gun) 을 활용하여 가열하여 증발 하는 방법이다.

PVD 방식의 원리와 개념 소개에 앞서 표 8.4에 PVD 방식의 장단점을 정리하였다. 그림 8.5 (a)에 나타낸 것과 같이 Thermal evaporation은 진공 중에 증착시킬 물질을 가열과 증발을 시켜 목적 물질의 표면에 응축하게 하여 코팅 막을 형성시키는 방법이다. 10^{-5} ~ 10^{-6} Torr 정도의 고진공 환경에서 코팅 외 물질의 오염을 방지하고 가열 온도에 따라 코팅 속도가 증가하므로 속도 제어가 용이하다. 코팅 공정에 있어 4가지 과정을 거친다. (1) 증발, (2) 타겟 물질에서 모재로 이송, (3) 기체 흡착, (4) 물질의 결정구조에 따른 재정렬 및 안정화 단계이다. 증발 (Evaporation) 후 이송 (Transport) 단계에서는 고진공 환경 하에서 충돌 없이 이동하므로 직진성이 우수하여 코팅 초기 단계에서는 균일한 코팅 막이 제작되나 원자들이 모여서 흡착과 증착이 발생될 때는 그림자 효과로 불균일 코팅 막 (Pin hole defect) 이 존재하기도 한다.

표 8.4 PVD 방법의 장점과 단점

장점 (Advantage)	**단점** (Disadvantage)
- 코팅 공정을 위한 장치 구성이 CVD 보다 단순함 - 타겟 물질의 순도가 높을수록 좋다 - 증착 속도가 빠르다 - 상온 코팅이 가능하여 열에 대한 부담이 적다 - 물질 효율적 측면에서 유리하다	- 고 진공하 단차 피복성이 낮다 - 증착 물질의 한계성 - 고정밀 두께 제어가 힘들다 - 재료 설계에 대한 공정 자유도가 낮다 - 표면 결합 (Defects)이 존재한다

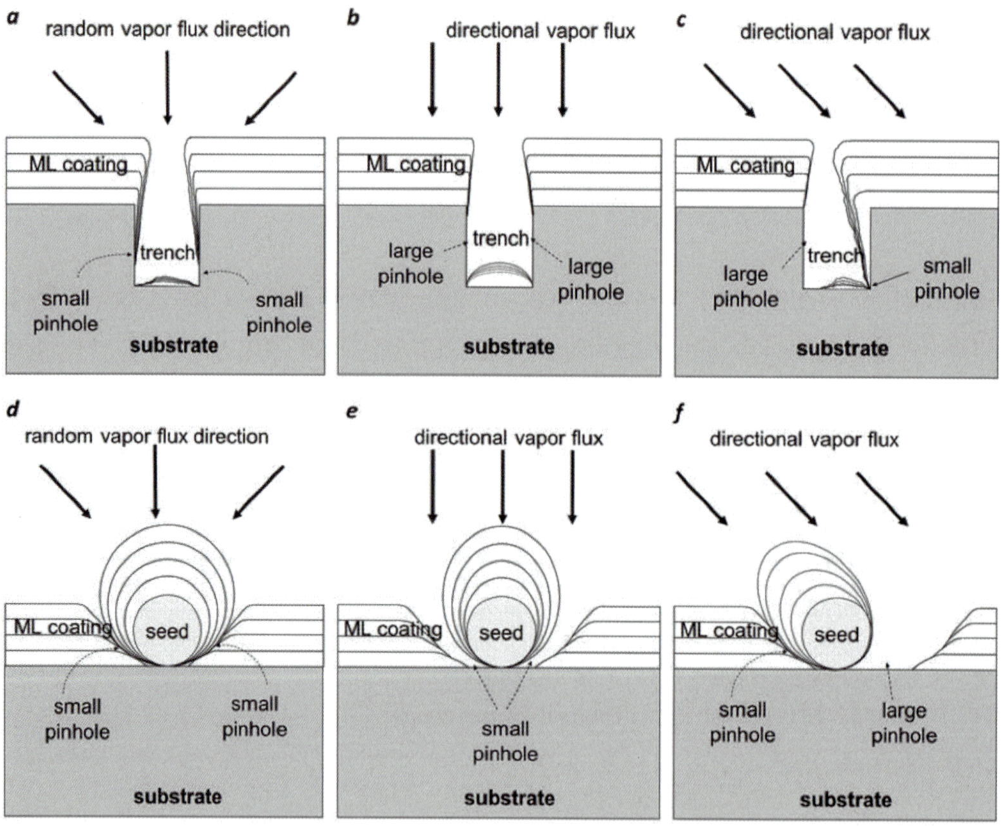

그림 8.6 Surface defect in thermal evaporation [5]

장비 관점에서의 Evaporation은 그림 8.5 (a)에서 도시한 것과 같이, (1) 원료 물질을 담는 그릇 (Support materials)과 (2) 증착할 원료 (Heating source)로 구성 된다.

표 8.5 Evaporation equipment

Support materials	Heating source
- 증발 물질과 화학적 반응하면 안됨 - 자체 증기압이 낮아야 한다 - 코팅 중 분해 가스(산소, 질소, 수소 등)이 나오면 안된다.	- 저항체로 구성되어야 함 - E-beam 히팅 또는 Laser 히팅으로 소스원을 사용

Thermal evaporation은 증발 물질의 가열 방식에 따라 (1) 직접 가열 방식과, (2) 원료 물질을 담는 그릇을 가열하여 증발하는 방식으로 구분할 수 있다. 그림 8.7에 개념도를 나타내었다.

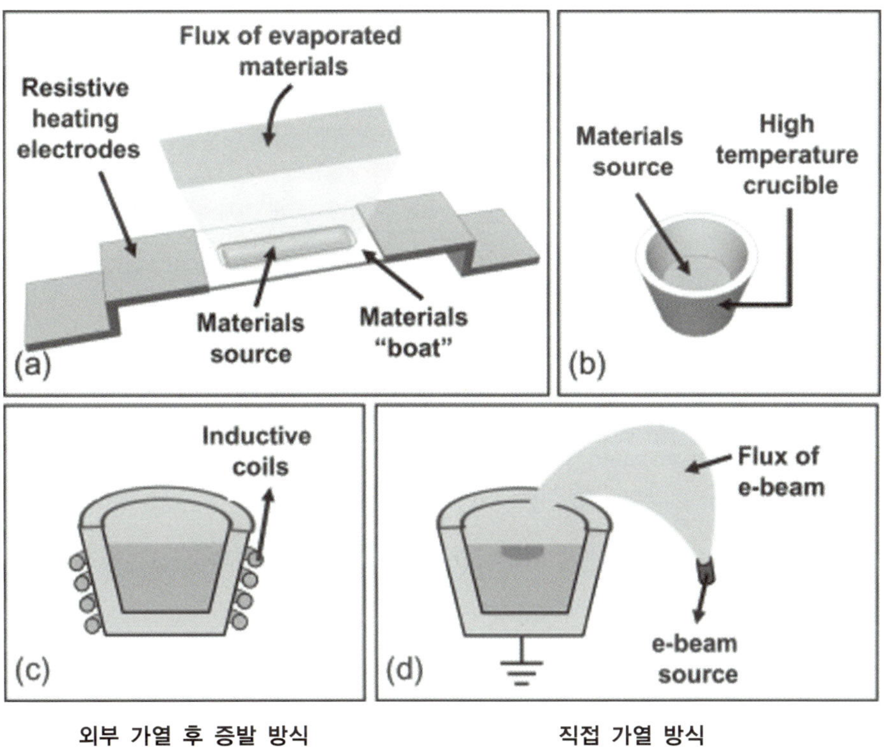

그림 8.7 증발 물질의 가열 방식에 따른 Thermal evaporation 방법 [6]

그림 8.7(d)에 나타낸 E-beam 방식의 증발법은 최근까지도 가장 많이 사용되는 방법으로 직접 가열의 효율성 증대를 위해 고안된 방법이다. Electron beam을 활용하여 특정 지점에

전자를 집중시켜서 증발 물질을 녹여내어 이송 시키는 것으로 특정 위치에만 높은 온도로 가열 할 수 있어 매우 효과적이다.

표 8.6 **직접가열 방식의 장점과 단점**

장점 (Advantage)	**단점** (Disadvantage)
- 장치 구성이 비교적 간단함 - 다양한 물질에 쉽게 적용 가능하다 - 코팅 막 형성이 단순하다 - 다른 결정 구조를 가진 물질과 화합물 생성이 용이하다	- 코팅 막과 모재 사이의 계면 밀착력이 좋지 못하다 - 코팅 막의 제조 재현성이 좋지 않다 - 증기압이 낮은 물질을 코팅하는 것이 곤란하다 (Pt, Ta, Ti, W 등) - 증발 히터가 오염되면 불순물 등이 첨가되어 순도가 좋지 못하다

표 8.7 E-beam **방식의 장점과 단점**

장점 (Advantage)	**단점** (Disadvantage)
- 전자빔을 사용하여 증발체를 국부가열함 - 녹는점이 높은 물질도 사용하여 코팅 물질 제한성 극복 - 화합물, 합금, 증발이 어려운 물질에도 국부적 가열로 활용 가능하고 반응성이 높은 원소도 사용가능 함	- 코팅 막의 단차 균일도가 좋지 않다. - Pin-hole defect 등 evaporation 방법의 단점은 공통적으로 가지고 있음

다음으로, PVD 방식 중 스퍼터링 (Sputtering) 공정에 대해 기술하고자 한다. 스퍼터링의 경우 원료 물질을 플라즈마 상태에서 이온 충돌에 의해 동적 에너지에 의한 입자를 충돌과 운동량 전달 (Momentum transfer)에 의해 증기화 하는 것이 가장 큰 차이점으로 설명할 수 있다. 다시 말하면, 에너지 입자 (일반적으로 이온 에너지)에 의한 표면 충격과 관련된 운동량 교환으로 인해 고체 표면에서 원자가 방출되는 과정으로 정리된다.

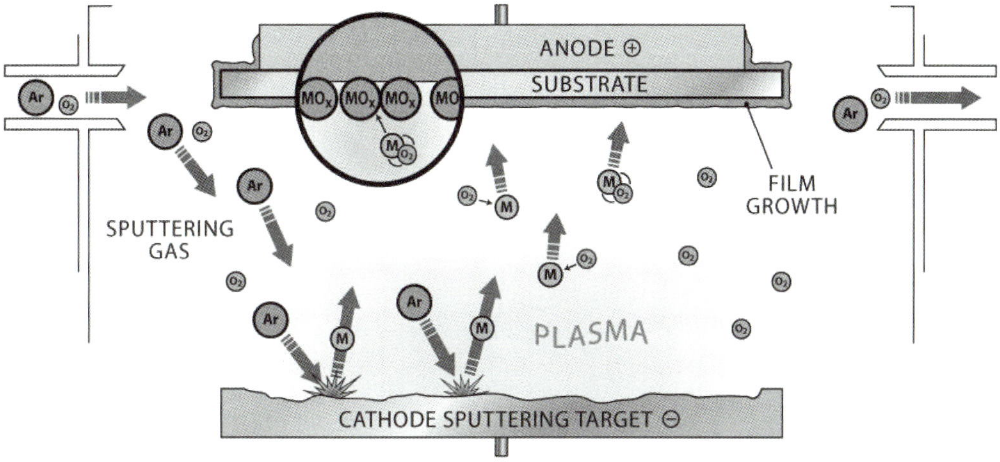

그림 8.8 Sputtering process [7]

이와 같은 현상은 1852년 W.R. Grove에 의해 최초 관측 되었다. 스퍼터링 중 타겟(Target)에서 방출되는 전자를 2차 전자라고 하며 입사된 고 에너지의 이온이 타겟의 원자들과 연속적인 충돌 과정을 거쳐 방출된다. 모재로의 입사이온은 충돌에 의해 표면 구조를 바꾸며 타겟에 전달된 대부분의 에너지는 열에너지로 변형되어 표면을 가열하게 된다. 이때 1개 이온의 충격에 의해 Target 표면으로 튀어나온 원자의 수를 스퍼터율(Atoms/Ion)이라고 정의 한다. 스퍼터율(Sputtering yield)이 크면 클수록 코팅 막의 형성 속도는 크다.

스퍼터율은 입사이온의 에너지, 입사 이온 종류, 입사각도 및 타겟 재료와 중요한 관계성을 가지고 있다. 스퍼터링 방식은 플라즈마를 직접이용하는 방식(그림 8.8)과 플라즈마를 이온화원으로 활용하고 이온빔을 사용하는 방식(그림 8.9)으로 분류 할 수 있다. 또한, 최근에는 기판 온도가 저온 환경 및 고속 증착률을 가지고 스퍼터링이 수행되는 Magnetron 방식이 가장 많이 이용 중이다.

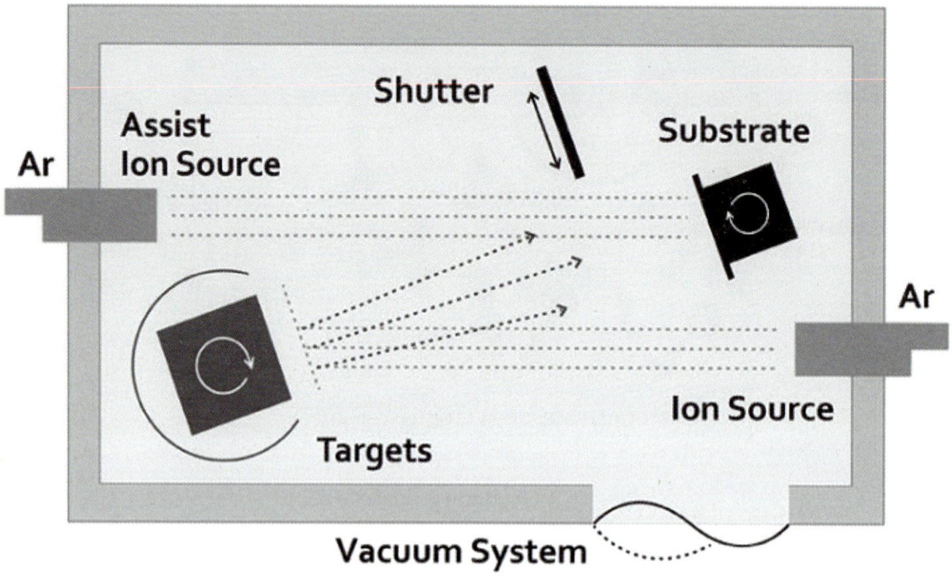

그림 8.9 Ion beam 을 이용하는 Sputtering process [8]

스퍼터링의 종류와 특징을 표 8.8에 요약하였다.

직류 스퍼터링(DC sputtering)은 사용하고자 하는 타겟(음극, Cathode)과 모재(양극, Anode)으로 구성되며 주로 금속 박막 형성에 사용된다. DC 스퍼터링의 작동압력구간은 30 mTorr ~ 100 mTorr 범위로 압력성을 이루고 있고 작동 전압 500 ~ 5000 V의 범위에서 가동된다. 일반적으로 코팅 증착률(Deposition rate)은 평균적으로 10 ~ 40 nm/min 의 속도를 가지고 있다. 예를 들어, 진공펌프로 고진공이 유지된 챔버에서 스퍼터 기체로 Ar gas를 흘려주고 작동압력구간을 60 mTorr 정도를 유지하고 코팅 하고자 하는 물질 타겟에 10 W/cm^2 정도의 직류 전원을 인가하면 기판과 타겟사이에 플라즈마가 발생하며 플라즈내 내에서 Ar gas의 양이온은 직규 전류에 의해 음극(타겟)으로 가속화 되어 충돌한다. 충돌 후 충돌 에너지에 의해 원료물질(타겟)으로부터 코팅에 필요한 원자가 튀어나오며 기판에 도달하며 코팅 층을 형성하게 된다. 이때 타겟 뒤쪽에 자력형성을 통해 전자이동 궤적을 제어하며 Ar 원자의 이온화를 촉진시켜 증착 속도 등을 제어한다.

표 8.8 스퍼터링 종류 및 특징

코팅 공정	방법	특징
직류 스퍼터링	전압 차이에 의한 스퍼터링	금속 박막 형성 (Metal sputter coating)
비대칭 펄스 직류 반응 스퍼터링	금속 타겟 사용 코팅 산화반응 형성	금속 타겟 사용 경제적, 재현성 우수
고주파 스퍼터링	고주파 플라즈마 활용	다양한 성분 및 제조 재현성 우수
이온 빔 스퍼터링	이온 빔 활용 타겟 스퍼터링	음극 형상 간단하지만 대면적 코팅이 어렵다
할로우 캐소드 디스차지 스퍼터링	고주파 플라즈마 아크이용	증착 속도 빠르고 대면적화 가능하다

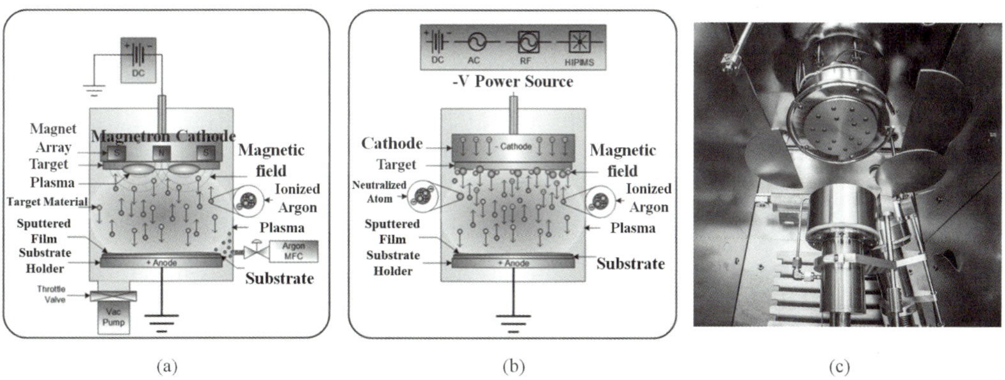

그림 8.10 Sputtering process (a) DC, (b) RF 및 (c) Reactive gas sputtering [9]

무선 주파수(Radio Frequency, RF) 스퍼터링은 교류(AC) 전파를 사용하여 전도성 재료뿐만 아니라 절연 재료의 코팅에도 사용되는 방법이다. 보통 낮은 작동압력 범위(1 mTorr 이하)에서 사용되며 입사 이온에너지의 감소를 최소화 하여 챔버 벽 등으로 손실을 감소시킨다. 방전 전압은 DC 스퍼터링과 유사하며 낮은 작동압력에서 가동되므로 상대적으로 높은 증착율과 코팅 막의 제조 재현성이 우수하다. 그러나, 세라믹 타겟을 활용하여 증착 할 경우, 큰 크기의 세라믹 타겟 제조가 힘들고 열 충격에 타겟 소재가 파손될 우려가 있어 단점이 된다.

또한, 스퍼터링 시 반응성 기체를 장입하여 기판 표면에서의 화합물을 형성하여 증착할 수 있다. 또한 타겟의 스퍼터링 율과 기체유량, 인가전압 및 가스압력 등에 의해 영향을 받는다. 스퍼터링 시 주요 변수는 크게, 초기 진공도, 스퍼터링 가스와 반응가스, 스퍼터링 압력, DC 및 RF의 전력밀도, 기판온도, 기판 종류, 타겟 물질 및 종류에 영향을 받으며 아래 표에 정리하였다.

스퍼터링 타겟으로는 대부분의 모든 재료를 활용할 수 있다. 종류 분류로는 조성이 균일한 단일 재료를 사용한 1 종류 타겟, 2 종류 이상의 재료로 구성하여 합금 제작하는 복합용 타겟 및 여러 개여 단일 타겟을 이용해서 다층 막 또는 합금을 만드는데 유리한 복수의 타겟 등이 있다. 스퍼터링에서는 제작 방법에 따라 금속, 무기, 유기 재료에 이르기 까지 여러가지 물질을 타겟으로 사용할 수 있다. 공정 조성을 제어하여 코팅 할 때, 진공 증착법에 비교할 경우 다루기가 수월하고 계면 밀착특성도 우수하다. 그러나, 추후에 소개할 이온 플레이팅법에 비하면 코팅 속도가 낮고 코팅 막을 두껍게 제작하는데 불편하다.

표 8.9 **스퍼터링 주요 변수**

주요 변수	특징
초기 진공도 (Base pressure)	최대 진공도를 되도록 고진공이 되도록 함으로 진공 챔버내부의 잔류가스 함유율을 낮추어 불순물 효과를 줄여야 함
스퍼터링 가스 (Sputtering gas)	스퍼터링 시 플라즈마 형성을 위해 사용 gas는 이온화가 용이하고 타겟 또는 코팅 막과 반응이 없는 불활성 가스를 사용 해야함 (Ar gas가 주로 사용됨)
스퍼터링 압력 (Sputtering pressure)	스퍼터링 시 압력이 낮아지면 플라즈마 저항이 증가하므로 일정 전류를 유지하기 위해 전압조정을 해야 한다. 이때 일정 전류 하에서는 압력이 감소 할수록 증착속도는 증가함
DC/RF **전력밀도** (Voltage and current)	스퍼터링 효율은 이온 당 방출되는 원자 또는 분자 수로 정의 되며 입사이온 에너지에 좌우됨 매우 높은 에너지는 이온 주입이 되고 효과적인 이온에너지는 수백 볼트로 최적의 효율적 스퍼터링 제어 가능
기판 온도 (Substrate temperature)	기판 온도는 외부 가열에 의해 변화기도 하지만, 증착중 높은 에너지를 가진 입자가 계속 충돌하므로 온도가 상승하게 됨. 또한, 코팅 막의 구조와 증착속도에 주요 변수가 됨으로 적정한 온도 제어가 필요
기판 종류 (Substrates)	기판 종류에 따른 코팅 막과 모재간 열팽창계수 차이가 있어 계면 접합력 특성에 대한 인자가 됨

상기와 같이 CVD, PVD 방식을 구분하고 코팅 법에 대한 간략한 특징을 살펴보았다. 특히, 증발법, 스퍼터링과 같은 PVD 방식은 공정에 사용되는 작동 압력과 입사 이온에너지의 크기에 따라 스퍼터링, 아크 방식 등으로 세분화 되었다. 또한, 치밀하고 높은 경도 및 윤활성이 우수한 코팅 막을 합성하기 위해서는 발생 된 이온이 코팅 막의 표면에 50 ~ 500 eV의 에너지를 가지고 충돌 해야한다. 따라서, 최근의 PVD 기술은 기술적인 특징에 따라 이온을 이용하는 공정인 스퍼터링 (Sputtering), 자장여과 아크필터법 (Filtered Cathodic Vacuum Arc, FCVA), 및 레이저 아크법 (Laser Arc) 으로 세분화 되었다.

표 8.10 PVD 기반 스퍼터링, 자장여과아크필터법 및 레이저 아크법 특징

주요 변수	특징
스퍼터링 (Sputtering)	- 공정 압력 5×10^{-3} Torr 범위의 비교적 낮은 진공도에서 작동하며 코팅 막 두께의 균일성이 우수금속, 합금, 화합물, 절연체 등 다양한 재료에 증착가능 - 금속, 비금속, 절연체, 산화물 증착과 화합물 코팅을 위한 DC, RF, Magnetron 및 반응성 스퍼터링 기술이 있음
자장여과아크플라즈마 (Filtered Cathodic Vacuum Arc, FCVA)	- 공정 압력 $5 \times 10^{-5} \sim 5 \times 10^{-4}$ Torr 범위의 고진공에서 작동하며 DLC (비정질 탄소코팅) 제작 시 sp^3 phase가 최대 85 % 까지 포함시킬 수 있고 공정방법에 따라 최대 8,500 HV 까지 고경도 저마찰 코팅이 가능함 - 자동차 부품 및 대형화에 따라 양산용 대면적 코팅이 가능함
레이져 아크 (Laser Ablation)	

특히, 자장여과아크플라즈마 (FCVA) 방식과 Laser Ablation 공정을 활용하여 DLC (비정질 탄소코팅, Diamond-like Carbon) 코팅 막에 대한 합성은 고상의 흑연 타겟을 이용하고 수소 (Hydrogen) 함유를 원칙적으로 배제할 수 있어 물리화학적으로 우수한 특성을 지닌 코팅 막을 얻을 수 있다.

최근 자동차의 효율 향상과 복합재 및 비철금속의 가공 시장이 확대됨에 따라 수요는 증가하고 있다. FCVA 방식은 우수한 물성을 갖는 공법이지만 양산화를 위한 대면적 연구개발이 어려워 최근에서야 활발히 진행되고 있다. 흑연 타겟 상 아크 스팟 제어를 못하면 타겟 사용이 불안정해지는 문제가 있어 대면적화의 어려움이 있고 거대입자 제거로 상대적으로 증착률이 낮아지며 내부응력이 높아 1 μm 이상의 두꺼운 막 증착 시 막의 파손과 모재 불량이 이어지기 때문이다.

표 11에 스퍼터링의 응용분야 및 사용 코팅 막에 대한 예를 나타내었다.

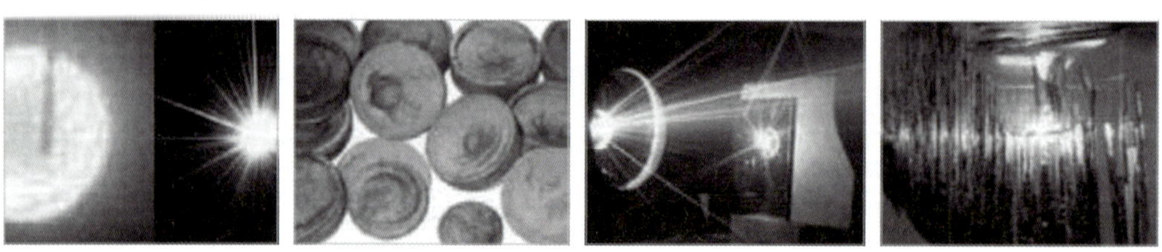

단일 아크 스팟 　 타겟 사용 어려움 　 거대입자의 발생 　 높은 응력

그림 8.11 FCVA 방식 활용 시 ta-C 코팅 막의 대면적화 어려움 (재구성) [10]

표 8.11 스퍼터링 응용분야 및 사용 재료

분야	소자	용도	대표 재료
전자공업	집적회로, 반도체소자	전극, 배선	Au, Al, Ti, Pt, Mo-Si, Pt-Si
		절연막, 보호막	SiO_2, SiO, Si_3N_4, Al_2O_3
		반도체	Si, Ge, Se, Te, CdS, ZnO
	표시 소자	투명 도전막	In_2O_3, SnO_2
		Electro cromic 막	WO_3, IrO_3, MoO_3, V_2O_5
		절연막, 보호막	SiO_2, Al_2O_3, Y_2O_3
		형광채	ZnS, ZnSe, CdS
	자기소자	연자성막	Fe-Ni, Fe-Si-Al
		경자성막	Fe_2O_3, Co, Fe_3O_4
		캡재, 절연막	Cr, SiO_2, Al_2O_3
	광학전자 소자	광 도파로	ZnO, BeO
		광기록	TeOx, Te-C, In-Se
		광자기기록	Gd-Tb-Co, Gd-Tb-Fe, Pt-Mn-Sb
	기타	저항막	Ta, Ta_2N, Ta-Si, Ni-Cr
		유전체막	$LiNbO_3$, AlN, SiO_2, PLZT
		압전체막	ZNO, $VaTiO_3$, PZT
		Thermal-head	Ta_2N, SiO_2, Ni-Cr, SiC
광학공업	태양전지	전지	a-Si, Si
		투명도전막	In_2O_2 + SnO_2
		전극	Al, Ag, Ti
		반사방지막	SiO_2, SiO
	광열변환소자	선택 흡수막	ZrC-Zr
		반사막	Ag, Al
		선택투과막	In_2O_3, SnO_2
기계공업	-	내마모	Cr, Ta, Pt, TiC, TiN
	-	내식	Al, Zn, Cd, Ta, Ti, Cr
	-	내열	W, Ta, Ti
	-	윤활	MoS_2, DLC
플라스틱 공업	-	장식	Cr, Al, Ag, Au, TiC, Cu

8.1.3 이온 및 레이저 빔 보조증착법

코팅 막의 제조 시 코팅의 미세구조는 증착 조건에 의해 결정적 영향을 받는다. 아래 그림 8.12에 1세대 구조인 Movchan, Demchisin (1969) 의 structure-zone model (SZM)을 도시 하였다. 1세대 모델의 경우 3가지 영역의 박막에 대한 미세조직 변화를 설명하였으며 순 금속 상태를 기준으로 제시되었다. 특히, 온도의 함수에 따른 미세조직 변화를 고찰 하였으며 기판의 온도 증가에 따라 Zone 1, Zone 2 및 Zone 3의 영역과 함께 기판의 온도와 재료의 녹는점이 0.45 이상으로 증가하면서 새로운 미세조직이 있음을 제시한 모델이다.

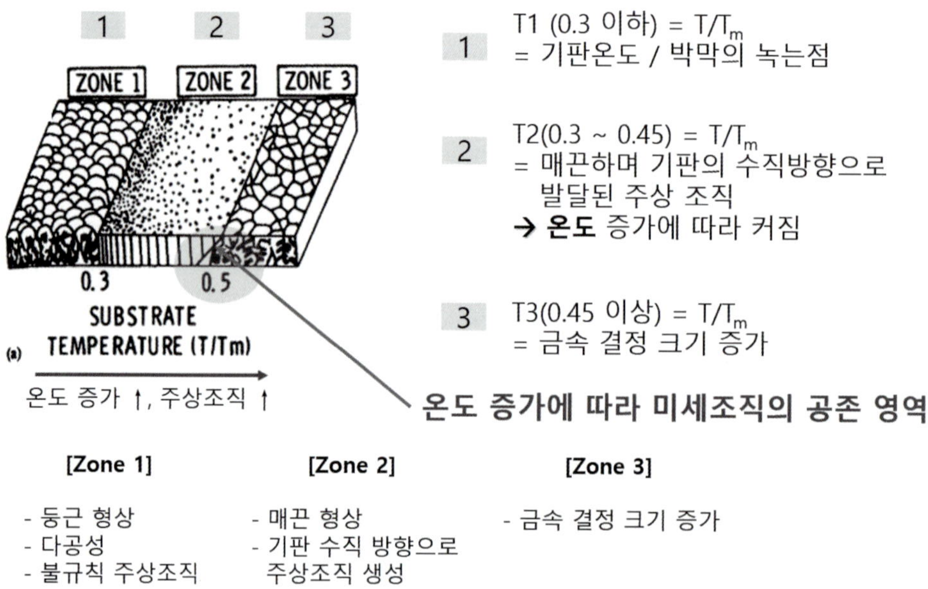

그림 8.12 Movchan & Demchisin 의 SZM (1969)

이후, Thornton (1977년)의 새로운 SZM 모델이 발표되었다. 미세조직의 변화는 기판 온도와 작동 압력에 의해 치밀한 섬유 모양의 결정 입자를 가지는 천이 구조가 존재하는 영역 (Zone T)이 있는 것을 새롭게 발표 하였다.

특히, 작동 압력의 변수에 따라 미세구조의 변화 구간이 변화되는 새로운 천이구조 (Zone T)를 다루고 있다.

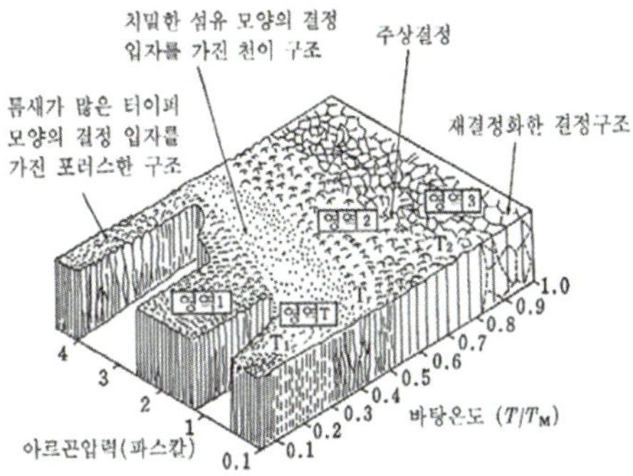

∴ 압력이 낮을 경우,
(1) MFF 길어져 고이온에너지가 기판으로 전달
(2) 코팅 막 표면에서 충돌 에너지 증가
(3) Zone 1의 조직은 변형

→ 치밀한 섬유 모양의 결정 입자를 가지는 천이구조 (Zone T) 등장

그림 8.13 **Thornton의 SZM (1977)**

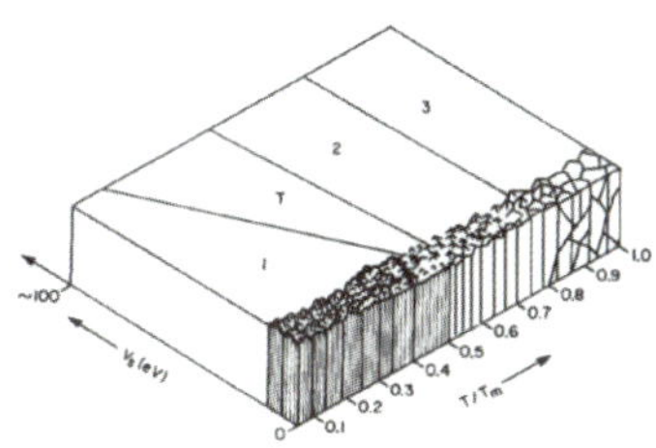

(1) 박막의 표면에 ion이 강하게 충돌 하면 ?

→ Re-sputtering 발생
→ 박막의 표면 에너지 증가에 따른 원자의 확산
→ 박막 성장에 영향 및 Zone 1 영역 축소

(2) 기존 model의 경우,
온도가 증가해야 Zone 2로 진입하지만
기판 바이어스 전압 증가에 따라 Zone T가 나타남

→ 온도는 고정하고 기판 바이어스를 활용!!!
(이온충돌 증대로 zone T의 생성)

이온 충돌 = 온도 증가

그림 8.14 **Messier 의 SZM (1984)**

대표적 예시로, 스퍼터링 공정 중 출력 파워의 변화를 통해 기판의 온도를 증가시키고 Ti 코팅 막의 구조 변화를 실험적으로 구현해보았다. 이를 그림 8.15에 나타내었으며 온도가 증가할수록 Porous 구조에서 Columnar 구조로 변화 되는 것을 알 수 있다.

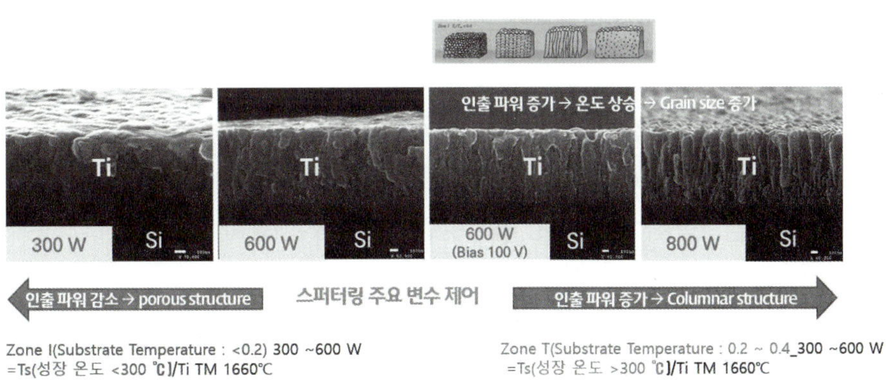

그림 8.15 **Ti 스퍼터링 변수 제어에 따른 코팅 막의 구조 변화 거동 관찰 (KIMS 극한환경코팅연구실)**

8.2 코팅 트라이볼로지

본 장에서는 코팅의 마찰 거동에 대해 다루고자 한다. 코팅의 마찰 거동은 접촉 조건, 접촉 재료, 접촉 미세구조(Micro-structures) 및 복합 코팅/모재간 시스템에 의해 영향을 받는다. 따라서, 본 장에서는 코팅 표면에 대한 실험적 마찰 결과를 다루고 논의하고자 한다.

소프트 코팅(Soft-coating)은 3가지의 카테고리로 설명하고자 하며 (1) 폴리머, (2) 층상 구조를 갖는 고체(Lamellar solids), 및 (3) 연질 금속으로 구분할 예정이다. 대부분 표면 코팅에 대한 트라이볼로지 거동은 Lab. Scale 환경과 건식환경에서 수행된 예시를 다룰 예정이며 윤활제가 접촉에 포함되지 않는 것을 나타낸다. 그러나, 오일 윤활(Oil lubrication) 은 실제 많은 마찰 응용 분야에서 일반적으로 다루며 마찰과 마모를 줄이는 역할을 하므로 본 장에서 제외하였다.

8.2.1 소프트 코팅(Soft coating)

소프트 코팅의 목적은 단단한 모재(Harder substrate)에 부드럽고 얇은 코팅 막 제조를 통해 미끄럼마찰(Sliding friction)을 줄이는데 목적이 있다. 특히, 이러한 접근을 통해 마모와 수명(Lifetime)을 개선하는데 중요하게 사용된다. 만약, 소프트 코팅 막의 설계가 올바르게 되지 않으면 표면으로부터 박리(Delamination) 또는 파손(Failure) 이 발생 될 수 있지만 대다수의 연질 코팅 재료는 이러한 단점을 극복하여 마모가 낮고, 수명을 증대를 위해 사용되고 있다.

소프트 코팅에서 공정 최적화를 위한 매개변수는 코팅 방식, 필름 두께, 표면 거칠기, 사용되는 환경에서의 미끄럼 속도, 하중, 환경 및 상대 재료 등이 고려된다.

소프트 코팅 중 (1) 폴리머 코팅은 내식성, 자기 윤활성(Self lubricating properties), 지소음, 낮은 생산단가 등의 장점이 많고 여러 가지 이유로 중요한 마찰 재료로 사용된다. 폴리머(Polymer)는 진공 증착법, 전기 화학법, 및 압력 주조법(Pressure casting) 등을 활용하여 수 마이크로미터 크기에서 수 밀리미터 두께로 제작이 가능하다. 그러나 본고에서는 가장 대표적인 PTFE, 폴리이미드 및 엘라스토머 코팅에 한정하여 설명하였다.

8.2.1.1 **폴리머 코팅** (Polymer coating)

PTFE는 열가소성 (Thermoplastic) 중합체 (Polymer)로 약 2,200 kg/m^3의 밀도를 가지고 있으며 상온에서 백색 고체이며 -268.15 ℃까지 저온에서 고강도, 인성 및 자기 윤활성을 유지하며 -79 ℃ 이상의 온도에서 우수한 유연성을 유지한다. 또한, 내화학성이 우수하여 실온에서 PTFE를 녹일 수 있는 용매는 없다고 보고된다. PTFE는 일반적으로 액체 분산에 의한 박막 코팅으로 적용되며, 건조된 코팅 막의 두께는 일반적으로 0.02 mm에서 0.05 mm 사이로 다양하지만 내마모성, 전기 전도성 증대와 같은 특정 요구 사항에 맞게 조정이 가능하다. PTFE의 주요 응용 분야는 항공 우주 및 PC 절연 배선 등에 사용되며 특히 낮은 유전특성과 높은 무선 주파수를 보이므로 절연체 등에 사용 중이다. 또한, 높은 용융 온도 특성에 기인하여 저융점 폴리에틸렌의 고성능 대체재로 사용된다. 베어링 씰, 기어, 씰 및 윤활제로서 PTFE의 미세화 분극화 형태로 에어로졸 윤활제 스프레이에 사용된다. 소수성의 성질과 높은 내열성 특성에 기인하여 프라이팬 및 조리 기구 코팅으로 사용 중 이다. PTFE 코팅은 흔히 Teflon, Xylan, Fluoroplastic, Fluoropolymer 또는 fluorocarbon z코팅으로도 알려져 있으며 대표적 물성을 표 8.12에 정리하였다.

표 8.12 PTFE **대표적 물성**

	값
밀도	2,200 kg/m^3
유리전이온도	114.85 °C
녹는점	326.85 °C
열 팽창	112 ~ 125 × $10^{-6}K^{-1}$
열확산율	0.124 mm^2/sec
영률	0.5 GPa
항복강도	23 MPa
마찰계수	0.05 ~ 0.10
절연 강도	60 MV/m

PTFE 코팅의 성공적 적용을 위해서는 (1) 세척, (2) 표면 준비 및 (3) 합성 방법의(코팅 두께, 압력, 진공도 등) 조건 변경을 통해 구현할 수 있다. 특히 모재와 PTFE 코팅 사이의 기계적 결합이 코팅 막의 성능을 좌우하므로 공정 프로세스가 특히 중요하다.

코팅 두께는 코팅 공정 및 코팅 막 제조에 있어 매우 중요한 변수이며 Bely rt. al. [11] 에 따르면 마찰 계수에 영향을 주는 두께 범위는 반드시 존재한다고 보고된다. PTFE 코팅 막의 최적의 코팅 두께는 2 ~ 25 μm, 폴리아미드 레진과 폴리카프로아디드가 함께 사용될 경우 코팅 막의 두께는 약 250 ~ 500 μm로 높아진다. 또한, 수직 하중이 경부하 조건을 가질 경우 최대 1000 μm로 설정한다. 이러한 사유는 최소 마찰을 얻기 위한 코팅 막 두께의 영향성을 고려하는 것에서 기인되었으며 하중, 속도, 표면 형상 및 표면 형상 (Surface topography) 같은 조건을 포함한다. 따라서, 폴리머 코팅에서는 최적의 두께 결정은 변형률과 열 특성 (Thermal properties)을 코팅 두께 변수로 모두 포함하는 것을 정의 하고 있다.

일반적으로, 불소수지 (Fluoropolymer) 는 낮은 표면 에너지, 화학적 불활성, 높은 산화 및 열저항성을 가지고 있다. 그 중, PTFE (Polytetrafluoroethylene) coating은 가장 많이 사용되는 저마찰 재료로 트라이볼로지적 재료로 활용되고 있다. PTFE의 마찰계수는 고하중, 저속, 및 적절한 온도 환경하에서 최저 0.05 이하로 얻을 수 있는 것으로 보고된다 [12]. 특히, PTFE의 장점은 일반 대기중 또는 진공 환경하 마찰 특성이 모두 유사한 것이 매우 중요한 특성이다.

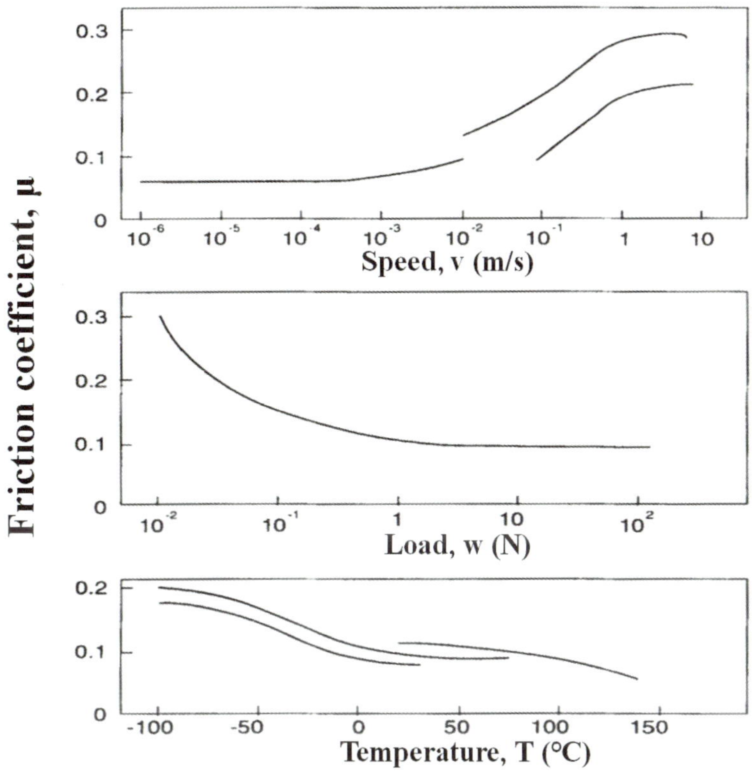

그림 8.16 **미끄럼 운동 조건에 의한 PTFE 코팅의 마찰계수 특성 (Evans et. at. 보고서 재구성)**

이러한 특징은, PTFE 분자들의 매우 높은 응집과 낮은 분자간 강도 때문으로, 미끄럼 운동 중 발생하는 전단강도에 쉽게 항복하므로 저마찰 특성이 나타나기 때문이다. 그러나 접촉 응력 (Contact stress)이 1200 MPa을 초과 해서 사용하는 것은 불가하며 PTFE 코팅이 가지는 장점을 활용할 수 없다.

그러므로, PTFE는 bulk 재료로 복합 물성을 가지는 소재의 개발로 내마모 특성을 만족하고 있다. 게다가, 대부분의 무기 및 유기물 및 fillers를 PTFE에 같이 사용할 경우 내마모 특성은 최대 100 배 증가하는 보고도 있다. 이때, 탄소, 유리섬유 및 청동 등은 상업적으로 PFFE에 가장 많이 사용되는 충전재로 사용된다.

PTFE의 마찰특성은 광범위하게 연구되었으나 마찰에 대한 정보는 거의 없는 실정이다. 1981 ~ 1990년에 최초로 sputtering을 활용하여 약 1 μm 두께의 얇은 코팅 막이 만들어졌다. 그러나, 앞서 언급한 바와 같이 Bulk PTFE 대비 낮은 열적 특성과 2배 높은 마찰특성이 보고되었지만 PTFE coating을 통한 내마모성은 우수한 것으로 Nishimura et.al

의 보고에 의해 나타났다. 그림 8.18과 같이 질소 및 진공환경에서의 초기 마찰계수는 0.3 ~ 0.35로 시작하여 0.4 이상으로 급격히 증가 하였다.

그러나, PTFE bulk plate의 마모율은 스퍼터링 PTFE coating 보다 10배 높았다. 이는 Bulk PTFE에서 발생되는 마모입자의 기계적 특성보다 sputtering coating에서 발생되는 입자가 소프트하고 비교적 작은 취성(Brittleness) 특성 때문으로 나타났다. 보다 자세히는, PTFE의 스퍼터링 공정 중 코팅 필름의 구조적 변화가 가장 큰 원인으로 비정질 구조를 갖는 PTFE 특성으로 Bulk PTFE 보다 부서지기 쉽고 화학적으로 활성화 된 상태이기 때문에 열 안정성이 낮기 때문이다.

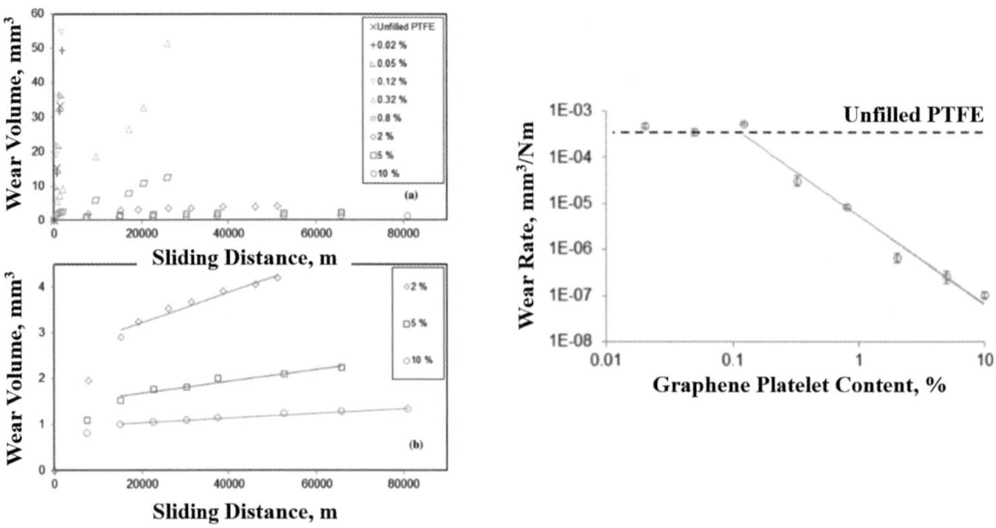

그림 8.17 PTFE 및 PTFE내 다양한 물질 첨가에 따른 마모 체적 및 마모량 변화(재구성) [13]

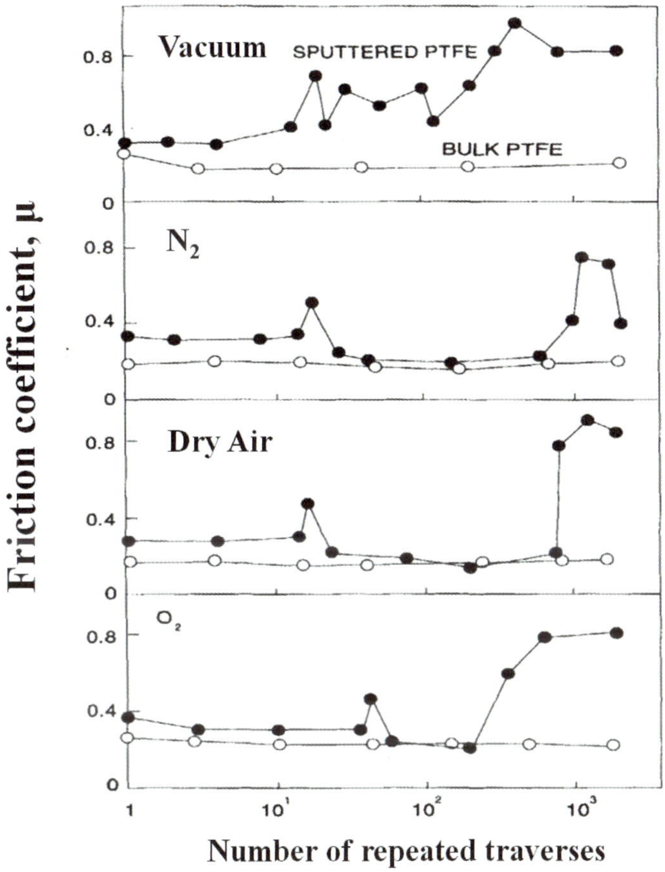

그림 8.18 **PTFE 및 PTFE 내 다양한 물질 첨가에 따른 마모 체적 및 마모량 변화 [12]**

이는 Nishimura et. al.의 열 안정성 시험결과를 살펴보면, 약 60 ℃에서 서서히 증발하고 무게 감소(Weigh loss)가 급격히 증가하며 온도가 240 ℃에서 증발이 시작되었다. 반면에 Bulk PTFE는 가열온도가 500 ℃ 이상 초과하여도 증발은 관찰되지 않았으므로 스퍼터링 PTFE가 저분자량 입자로 구성되었기 때문이다.

8.2.1.2 **폴리이미드**(PI) **코팅** (Polyimide coatings)

고온 안정성, 솔벤트 안정성 및 고강도와 같은 우수한 특성을 가진 고성능 폴리머인 폴리이미드(PI)는 항공 우주 및 항공, 의료 또는 전자 산업의 첨단 응용 분야에 다양한 형태(필름, 섬유, 나노 섬유, 멤브레인, 폼, 접착제 또는 코팅)로 사용 중이다. 이 중 PI 코팅은, 경제적이고 실현 가능한 방법을 통해 하이테크 산업을 위한 고온 내성, 난연성 등의 첨단 구조를 개발하는 데 사용된다. 특히, PI 코팅은 탁월한 광학 특성(투과성 및 낮은 흡수와 적외선 방출), 내방사선성, 전기 절연성(유전율 3.4 ~ 3.5), 저밀도, 인성, 유연성, 기계적 안정성 및 높은 열 안정성으로 넓은 사용 온도(−300 ~ +300 °C) 범위로 열 제어 코팅 및 전자 장치 및 우주 응용 분야의 보호 층으로 사용 중이다.

PI 박막 코팅은 적은 양의 폴리머를 사용하여 재료의 비용을 절감할 수 있으므로 기능성 재료를 경제적으로 얻을 수 있으며 제작이 용이하고 고부가치 소재를 제공할 수 있는 장점이 있다. 그러나, 현재까지 PI 소재와 관련하여 화학 특성, 재료적 응용에 대한 많은 보고서가 있으나 코팅 기술의 적용에 초첨을 맞춘 연구는 찾아보기 힘들다.

PI coating은 다양한 모재(Metal, Polymer, Carbon, Silica based materials 등) 상 계면 밀착력(Interfacial adhesion)이 우수하여 코팅을 통한 응용 분야에 적합하다. 일반적으로 방향족(Aromatic) PI 코팅은 2단계로 진행된다. 첫 단계는 기판에 폴리아믹 산(Polyamic acid)을 코팅하는 것이며, 두번째는 열적 또는 화학적 이미드화(Imidzation)을 거친다. 또한, Solution-coating, Dip coating, 스핀 코팅(Spin coating) 또는 증발 법(Vapor deposition)을 통해 코팅이 가능하다.

최근에는 다양한 기판 상 PI 코팅을 위해 글로우 방전 증발법과 액체 화염 스프레이 법 등이 소개되었다. 일반적으로 PI 코팅 공정에는 4단계의 공정이 포함되며 아래와 같이 요약하였다.

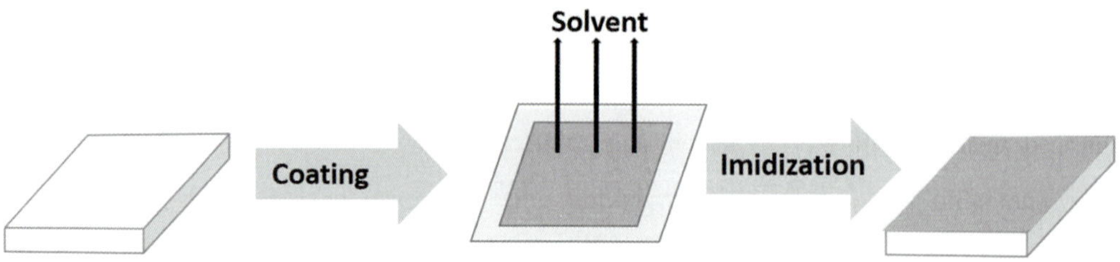

그림 8.19 PI coating step[ref]

(1) 모재 표면의 불순물을 제거 공정, (2) PAA 용액 증착, (3) 150 °C 이하 온도에서 용매 제거 및 건조 공정. (4) 150 ~ 400 °C 환경 하 PI 반응 완료 및 경화 공정을 거치게 된다.

PI 코팅의 품질은 코팅 방법, 건조 속도 및 온도, 가열 속도 및 이미드화 단계의 온도와 같은 생산 매개변수 및 조건에 따라 달라진다. 또한, 코팅 방법 및 두께는 분자 배향 및 잔류 응력에 영향을 주어 균열 손상을 유발하므로 최적의 코팅 법을 찾는 것이 중요하다.

예를 들어, 용액 주조법 (Solution casting method)으로 제조된 PI 코팅 층의 두께는 스핀코팅법으로 코팅된 것보다 두꺼우므로 용액 주조된 PI의 잔류응력은 스핀 코팅된 것보다 낮다. 또한, 용매의 빠른 증발은 열 수축을 유발하므로 초기 및 최종 온도에 대한 가열 속도는 최종 코팅의 형태에 대한 영향을 고려해야 한다.

트라이볼로지 측면에서의 Polyimides (PI) 코팅은 조성 및 첨가제 종류에 따라 0.1 ~ 0.6 범위의 마찰계수를 보인다. 특히, 진공 환경에서 마찰계수는 0.1 미만으로 매우 낮으며 일부 (80 % PDMA / 20 % BTDA) PI 코팅의 경우 진공 환경 (압력: 0.13 Pa) 하 마찰계수는 0.02 이하로 보고된다. 1977년도에 PI 재료에 대한 온도에 따른 마찰 특성 연구가 최초 시작되었으며 온도에 따라 마찰계수는 가역적으로 변화하는 특성을 확인 하였다. PI 코팅은 마찰계수 최소 0.03에서 온도 증가에 따라 증가하며 70 ℃ 이상에서 0.2 ~ 0.3 수준이며 이 후 온도 상승에 무관한 저마찰 특성 가지고 있다.

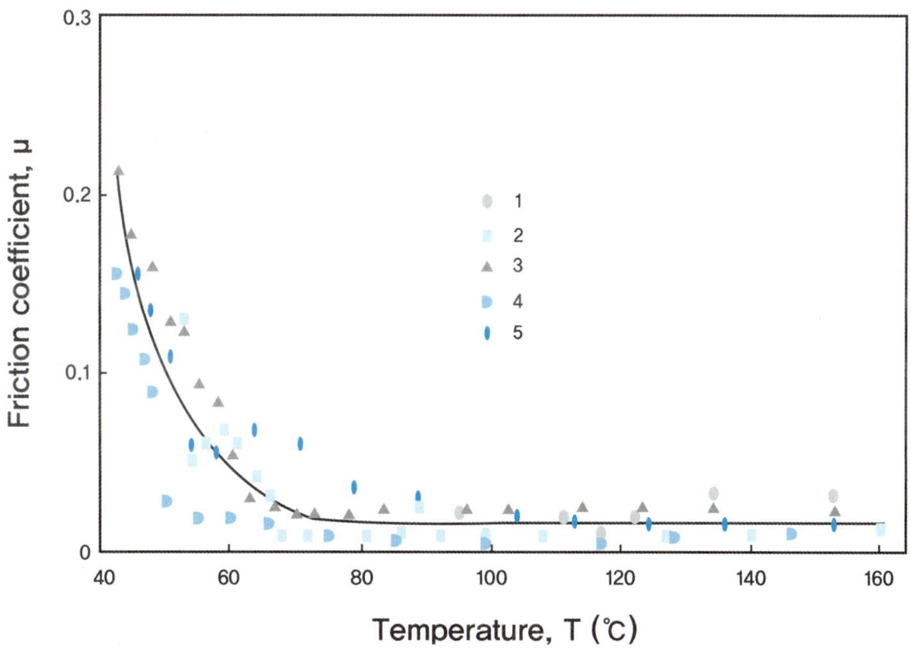

그림 8.20 **온도에 따른 PI 코팅의 마찰계수 변화 (재구성) [12]**

아울러, 환경적 측면에서 PI의 마찰계수 변화는 Dry 상태의 아르곤, 일반 대기중 높은 마찰과 마모 특성이 있으며 습한 대기환경에서는 낮은 마찰과 마모 특성의 성질을 가지고 있다. 그러나, 온도가 100 ~ 200 ℃ 에서는 마찰 특성은 반대 거동을 보이며 dry 상태의 아르곤 분위기하에서는 최대 600배의 낮은 마모 특성이 나타났다. 따라서, 온도에 따른 PI 코팅의 마찰거동은 일반 대기중 수증기 내의 수소가 폴리이미드 사슬에 결합하여 확장된 분자 사슬 유형 구조에 따른 취성 증대와 파괴에 따라 높은 마찰이 발생하며 온도가 증가할 경우, 물 분자의 결합은 끊어지거나 영향성이 미미하여 미끄럼 접촉부의 계면에 매우 얇은 소성유동 표면층의 생성으로 마찰력은 감소하는 것이 대표적 마찰 및 마모 메커니즘으로 보고되었다.

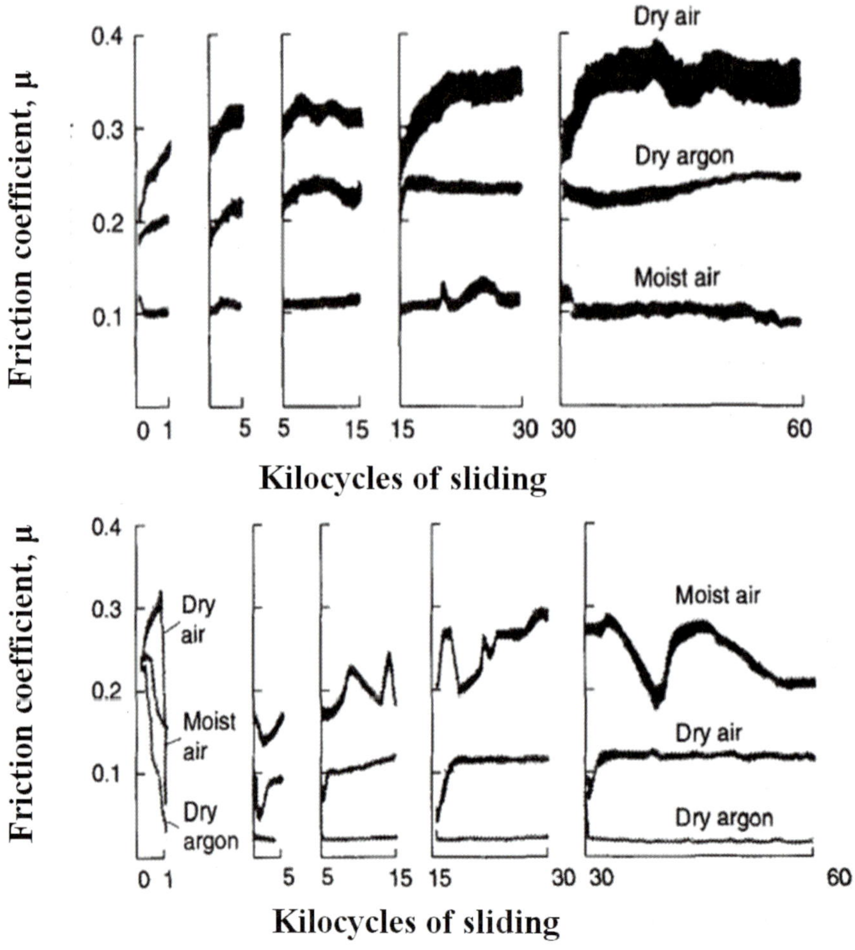

그림 8.21 **온도에 따른 PI 코팅의 마찰계수 변화 (재구성) [12]**

8.2.1.3 엘라스토머 코팅 (Elastomeric coatings)

엘라스토머의 특징은 큰 손상으로부터 회복하는 능력을 말한다. 마찰 계수는 일반적으로 건조한 상태에서 미끄러질 때 높지만, 다른 고체 물질에 대한 조건과 히스테리시스 현상이 중요한 역할을 할 수 있다. 침식성(Erosion)을 가지고 있어 탄성적으로 변형할 수 있는 능력이 있어 적정한 마모 저항을 가지고 있다(Moore, 1975). 엘라스토머는 일반적으로 건조 환경하 미끄럼마찰 특성이 좋지 않은 것으로 잘 알려져 있다. 그러나 코팅 계면의 접착력이 우수하여 아스팔트, 폴리우레탄, 실리콘, 합성 고무와 함께 다양한 산업 현장에서 사용 중이다.

표 8.13 Types of elastomeric coatings and uses

종류	특징
아스팔트 (Asphalt)	- 아스팔트 코팅은 아스팔트와 고무 중합체로 구성 - 지붕에 가장 많이 사용되며 열을 흡수하고 전달을 위해 검정색을 사용 - 지붕에 단독으로 사용할 경우 건물의 온도 상승과 솔벤트, 자외선 노출 시 연화 및 열화 발생 단점
폴리우레탄 (Polyurethanne, PU)	- 스프레이폼, 목재 데크 및 건축자재 보호용 - 부식방지, 목재 수명 연장에 도움
실리콘 (Silicone)	- 실리콘 타입의 일라스토머 코팅은 사용 용도에 제한적 - 통기성이 필요한 산업적 부분에 사용
합성고무	- 지붕, 냉각기 등 난연제 및 방수제로 활용 - 냉동고, 극저온 저장장치, 연못, 수영장, 지붕에 사용

8.2.2 층상 구조를 갖는 코팅 (Lamellar solids coating)

MoS_2 (Molybdenum disulphide) 코팅은 Hexagonal-layered 결정구조를 가지며 같은 원자 층 내에서 원자간 결합력은 매우 강하지만 층간 결합은 약해서 작은 전단응력으로 인한 쉬운 미끄러짐 현상이 있어 고체 윤활 효과가 우수하다. 일반 대기중 MoS_2의 최대 사용 온도는 400 ℃ 이하 분위기에서 윤활효과가 유지되며 이후 산화에 의한 문제가 있다.

대부분의 MoS_2 코팅 막의 수명 한계는 마모 보다는 산화에 의한 것이 더 크다. 표면에 존재하는 산화물의 양이 코팅 층의 파괴를 유발시키게 되고 마찰계수를 크게 증가시키는 요인이 되기 때문이다. 따라서, MoS_2와 같은 재료는 진공이나 불활성 분위기에서 가장 좋은 윤활 효과를 나타내는 고체윤활제이다.

8.2.3 하드 코팅 (Hard coating)

하드 코팅이란 경도 (Hardness)를 증대시키는 고경도 코팅을 말하며 코팅 막을 두껍게 할수록 경도는 높아질 수 있으나 취성이 강하여 파손, 파괴 및 박리 등이 발생 될 수 있으므로 코팅 시 고려요소가 매우 많은 코팅이다. 특히, 절삭공구 등의 코팅에 사용되며 공구의 내수명 및 기능성 향상에 주로 이용된다. 특히 가공 산업에 있어, 피삭재의 경도가 증가함에 따라 절삭공구의 마모를 줄이고 가공성 향상을 위해 보다 높은 경도의 새로운 하드 코팅이 개발되어 왔다.

새로운 하드 코팅의 개념은 (1) 경도와 내마모성이 우수, (2) 내충격성 및 파괴인성이 우수해야하며 이를 위해 제조된 코팅 막은 적정한 내부 압축응력을 가져야 한다. 또한 (3) 저마찰 특성과 더불어 (4) 고온 안정성, 화학적 비대칭성이 우수 해야하며 (5) 단열차단 (Thermal Barrier) 특성이 우수해야 한다.

이를 위해 진공 플라즈마를 이용한 PVD 방식이 널리 사용된다. PVD 방식 중에서 가장 대표적 방법은 스퍼터링과 진공 아크법이 있다. 스퍼터링 법 등 PVD 방식은 공정에 사용되는 작동 압력과 입사 이온 에너지의 크기에 따라 스퍼터링, 아크 방식 등으로 세분화 되었으며 필요에 따라 응력 제어를 위한 다양한 가스 (Ar, SiH_4, C_2H_2 등)도 혼용하여 사용하고 있다. 특히, 치밀하고 높은 경도 및 윤활성이 우수한 하드코팅 막을 합성하기 위해서는 발생 된 이온이 코팅 막의 표면에 50 ~ 500 eV의 에너지를 가지고 충돌해야 하므로 PVD 기반의 공정이 이용된다. 일반적으로 PVD 방식을 활용한 하드 코팅의 특징은 아래 표와 같다.

표 8.14 PVD 방식을 활용한 하드 코팅 특징

장점 (Advantage)	**단점** (Disadvantage)
- 고경도 특성 - 고밀도 코팅 구조 - 매끄러운 표면 특성 - 우수한 계면 밀착력 - 건식 코팅으로 환경 친화적 - 화학적 안정성과 비반응성 특성	- 코팅 막의 내부응력 제어 힘듬 고경도 코팅으로 절삭성 등은 우수하나 마찰계수가 높음 - 비철 금속 가공 시 소착 및 융착 문제

하드 코팅의 역사는 1990년대 TiN 코팅에서 시작하여 Ti계의 다양한 합금 코팅이 코팅 구조를 단층 막에서 다층 막 및 복합 구조로 변화하며 경도를 높이는 방향으로 개발

되어 왔다. 최근에는 각 코팅 막을 장점을 결합한 기능성 코팅 층이 개발되고 있다.

표 8.15는 현재 사용되고 있는 코팅 막에 대한 것이다. 먼저 대부분의 코팅이 초경 모재 보다 낮은 0.5 이하의 마찰계수를 보이며, 탄소(C)가 함유된 코팅 막에서 마찰계수가 더 감소하는 것을 알 수 있다. 또한 사용 온도와 관련된 원소인 알루미늄(Al)이 많이 들어간 코팅일수록 내산화 온도는 높아지나, 재료적인 관점에서 Ti은 Al을 64 at% 이상 사용 하지 못한다.

최근에는 이를 극복하고 더 많은 Al을 사용하는 공정을 개발하여 AlTiN 코팅의 내산화 온도를 1200 ℃까지 증가하면서도 고경도를 유지하는 내열성의 코팅 막을 개발하였다.

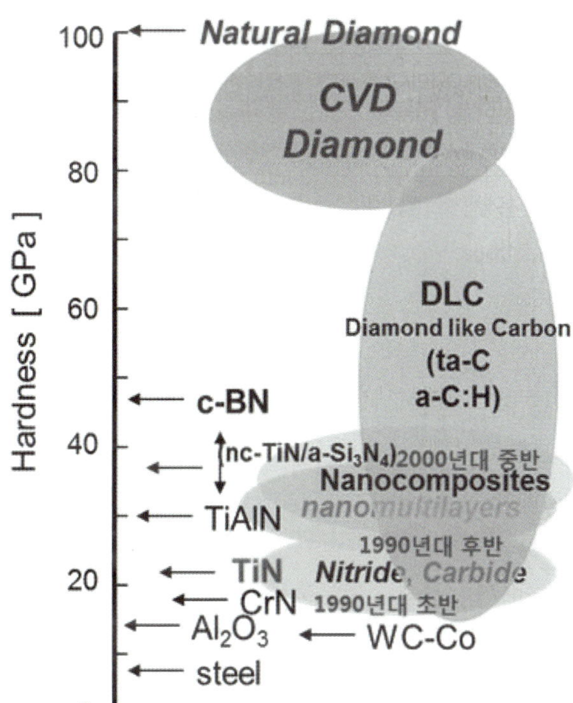

그림 8.22 하드 코팅 막 및 구조에 따른 경도 변화

표 8.15 다양한 하드코팅 막 및 물성(재구성)

Coating Performance	Tin	Ticn	ZrN	ZrCN	CrN	TiAlN	TiAlCN	AlTiN	AlCrN
color	Gold	Blue/Grey	champagne	Various /Copper	silver	Dark Grey /Purple	Grey	Dark Blue /Black	Grey
Hardness (HV)	2500 – 3000	2400 – 3200	2000 – 2700	2000 – 3000	1800 – 2800	2300 – 3000	2500 – 3200	2400 – 3100	2600 – 3100
Thickness (μm)	1 – 4	1 – 3	1 – 4	1 – 3	1 – 5	1 – 4	1 – 3	1 – 4	1 – 4
Max Service Temp (℃)	500	400	500	400	700	800	700	850	900
Friction Coefficient (vs 100Cr6)	0.5	0.3	0.5	0.35	0.5	0.55	0.4	0.55	0.5

이 외에 표 8.15에는 나타나 있지 않지만 AlTiSiN의 경우 Si 원소의 첨가로 높은 내열성 및 경도를 나타낸다고 알려져 있다. 그림 8.23은 이와 관련된 것으로서 Si이 Ti 속에 들어가 질화물이 되면 단순 혼합막이 아닌 나노결정상과 비정질이 혼합된 nano-composite로 존재한다. 이때 생성된 nc-TiN 및 a-Si_3N_4는 혼합 상태 및 결정 상태에 따라 경도가 결정되는데, 4,000 HV 이상의 고경도 구현이 가능하다.

여기에 내열성 소재인 Al을 추가하면 절삭가공 시 Al이 산소와 반응하여 알루미나 즉 산화물 세라믹을 만들어 절삭 시 발생된 열이 공구로 전달되는 것을 방지하는 작용도 하게 된다.

하드 코팅 구조의 발전과 관련하여 ㈜ Platite의 기술자료를 참조하여 코팅 구조의 발전과정에 대하여 설명하고자 한다. 그림 8.24에서 보는 것과 같이 1세대 코팅의 경우 1990년대에 하드 코팅의 태생기로 단층 막에 코팅두께가 2 μm를 넘지 않았다. 중간 밀착 층이 없는 TiN, CrN 과 같이 단일 구조로 가장 빠르고 경제적으로 생산 가능한 특징이 있다.

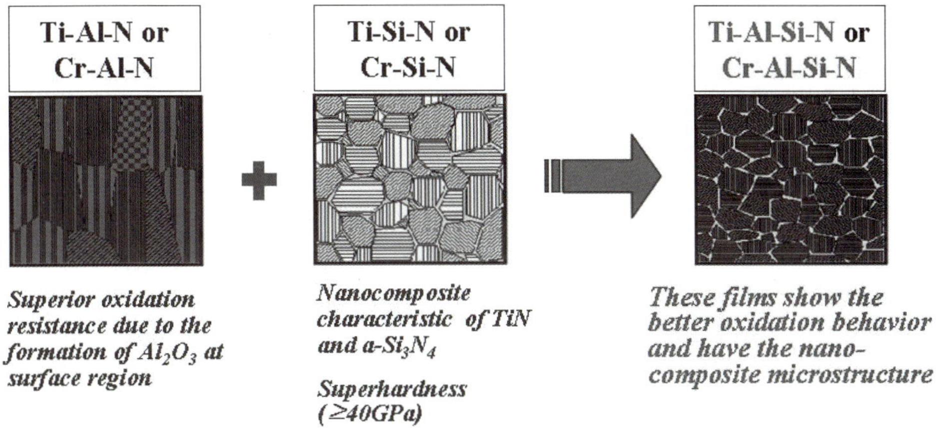

그림 8.23 Si 함유 하드 코팅 개념

1990년 후반에 나타나기 시작한 2세대 코팅의 경우 절삭가공 속도의 증가와 더불어 피삭재 경도의 증가에 따른 코팅 막의 인성과 경도 그리고 코팅 두께의 증대가 요구되었다. 하지만 경도 증가에 따라 코팅 막의 내부응력(internal stress)이 증대되어 공구와 코팅 막 사이의 밀착력을 확보하기 어려웠다. 따라서 이를 위해 다층막, 점층막, 나노 다층막 등의 코팅기법이 개발되었으며 단층구조에 비해 경도가 낮고 내구성이 높도록 하였다.

점층 구조의 경우, 샌드위치 구조로 하부 층이 균열을 흡수하여 동력 부하가 고르지 않은 황삭 가공에 적합하도록 하였다. 또한 TiN, CrN 등 인성이 강한 물질을 코팅하고 단단한 구성 비율(예, 육면체 AlN)은 최상층 코팅에 이를 때까지 지속적으로 조성을 증가시켜 최고의 경도를 얻도록 하였다.

나노 다층 막 코팅은 두 종의 코팅 막을 20 nm 두께 이하의 진폭으로 교차 코팅하는 것으로 경도는 진폭에 따라 달라지며, 진폭은 기판의 회전속도에 영향을 받는다. 코팅 경도는 이런 요소들의 혼합배치에 따라 다른 증착 구조 및 경도 값을 얻을 수 있다. 대표적으로 나노 구조 결정성과 비정질이 혼합하여 존재하는 구조로, 일반적으로 Si이 들어간 코팅이 이에 포함된다. 결정질 구조(TiAlN- 및 AlCrN-)가 비정질 Si_3N_4에 둘러싸인 것으로 다른 코팅에 비하여 상대 경도가 높다.

2000년 이후 수만 RPM 이상의 고속가공 및 경도 55HRC 이상의 피삭재 가공을 위해 코팅 기술도 진화하여 1, 2세대를 융합한 3세대 코팅이 많이 활용되고 있다. 버프층(융착층) 단층 또는 점층의 핵심층 및 고경도층을 형성하는 구조로 3층의 구조를 가진다. Ti/TiN – AlTiN – AlTiN/SiN 등의 구조로 상층부는 고경도의 내마모층을 형성한다.

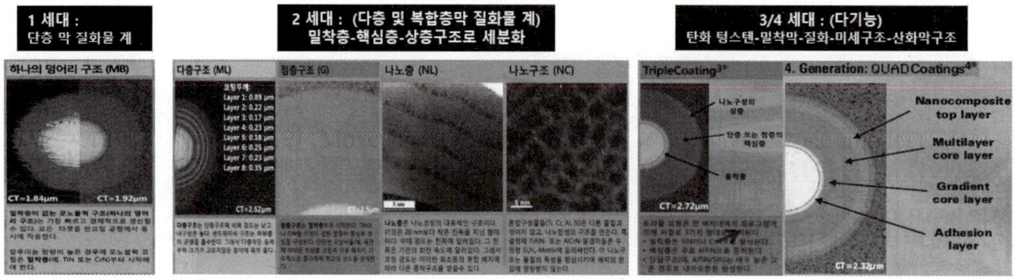

그림 8.24 **하드 코팅 구조적 발전 [14]**

최근에는 수송기기의 경량화 및 난삭재 등의 사용이 증가함에 따라 3세대 코팅 층에 새로운 기능성 막을 추가한 4세대 코팅 막이 개발되어 사용되고 있다. 특히, 1000 ℃ 이상의 마찰 접촉부분에서 재료 내부로의 산소 확산을 방지하는 것을 목적으로 응착/연삭 마모를 방지하고, 단열 및 화학물질을 차단 하도록 하였다.

또한, 4세대 코팅 층에서 가장 먼저 상용화 된 것은 최상층에 산화 또는 산질화 층이 코팅된 것으로, 산화/산질화층은 건식 절삭가공 과정에서 발생되는 높은 열이 가공물과 공구사이의 친화력은 낮추는 분리 역할을 하도록 하였으며 아래 표에 코팅 물성에 따른 선정기준을 나타내었다.

PVD 코팅물성 및 선정기준 (절삭공구, 부품)

	Ionbond™ 01	Ionbond™ 10	Ionbond™ 16	Ionbond™ 18	Ionbond™ 30	Ionbond Crosscut™	Ionbond Dominizer™	Ionbond Maximizer™	Ionbond™ 22 Variant (Freecut)	Ionbond Hardcut™	Ionbond Hardcut™ (SuperHard cut)	Ionbond Tetrabond™
코팅재료	TiN	TiCN	TiAlN	TiAlCN	CrN	AlCrN	AlTiCrN base	AlTiN base	AlTiCrSiN base	TiCrSiN base	TiCrSiN base	t-ac
막경도 (Hv0.05)	2300	3000	3200	3500	2200	3000	2800	3500	2800	3600	4000	6000 ~ 7000
마찰계수	0.5	0.35	0.5	0.35	0.4	0.4	0.4	0.5	0.4	0.5	0.5	0.1
코팅두께 (μm)	2 ~ 4	2 ~ 4	2 ~ 5	2 ~ 4	3 ~ 5	2 ~ 4	2 ~ 4	2 ~ 4	2 ~ 4	2 ~ 6	2 ~ 4	1
작업온도 (℃)	<500	<500	<500	<500	<500	<550	<500	<500	<500	<500	<500	<500
산화온도 (℃)	600	400	800	800	700	1050	900	900	1000	1100	1100	500
코팅색상	황금색	청회색	검보라색	진분홍색	은색	회색	은색	청블랙	은색	구리색	구리색	검정색
주요특징	일반적인 범용코팅	TiN 대비 고경도, 내마모, 인성향상	고온 내산화성, 열응력에 강함, 고속가공시 칩배출원활 열배출원활	TiCN 대비 내마모성, 내열성, 인성향상	고인성, 저마찰, 내소착우수	독특한 나노 구조, 절삭에지의 균일한 마모 특성, 고인성, 내열성 우수, 내열피로성 우수	TiAlN 대비 고온경도, 고인성, 내산화성 우수	TiAlN 대비 내산화성, 고온경도 더욱 우수	TiAlN 대비 고온경도, 고인성, 내산화성 우수	TiSiN나노 복합구조, 고경도, 내마모성, 내산화성 우수	TiSiN나노 복합구조, 초고경도, 내마모성, 내산화성 우수	Tetrabond 다이아몬드 구조, 초고경도, 저마찰 계수, 높은 내열성
적용분야	일반적인 목적의 강 절삭 호브 가공	합금강, 스텐레스, 주철등의 중 · 저속 절삭	난삭재의 고속절삭, 주철 및 고경도강 가공 일반강의 다영한 광범위 영역절삭	퍼포먼스 밀링 및 기어가공 내열강 절삭	비철금속 가공 (Cu, Al 등)	중 · 고경도 강의 중 · 고속 절삭가공 밀링 호빙 건식 및 습식	중 · 고경도 강의 중속 절삭가공	중 · 고경도 강의 고속 절삭가공	중 · 고경도 강의 범용 절삭가공 내열성, 인코넬, 스텐레스 강 절삭, 고경도 강의 습 · 건식 절삭	고경도강 (HRc 40 이상)의 고속가공, 난삭재의 고속 · 고부하 드릴 작업, 고속건식 기어가공	초고경도강 (HRc 55 이상)의 초고속 건식가공	흑연, 실리콘 함유 알루미늄 가공, 티타늄 및 티타늄 합금, 에폭시, 레진, 구리합금, 세라믹등 가공
(주)이온본드코리아 www.ionbond.com						대구광역시 달서구 성서4차 첨단로 39			Tel (053) 584 - 7212 ~ 3 / Fax (053) 615 - 7813			

그림 8.25 **하드 코팅 별 물성 및 용도 (주) 이온본드 제공**

8.2.4 탄소 및 탄소 기반 코팅

1970년대 초 S. Aisenbergemd 등에 의해 DLC (비정질 카본 코팅)이 발표된 이후, DLC 코팅은 과학과 기술의 양면으로부터 높은 주목 속에 많은 발전을 이루어 왔다. DLC 코팅은 PVD, CVD 법등의 활용하여 코팅 막 형성이 비교적 용이하다. 또한 수소 함유량이나 첨가 원소 (질소, 붕소, 티타늄, 텅스텐, 크롬, 실리콘 등)를 제어함으로써 DLC 특성 향상을 이룰 수가 있어 산업적 응용에 있어 잠재력이 매우 높은 코팅 소재이다.

최근의 DLC 코팅은 매우 다양한 방면에서 산업적 적용이 진행되며 특히 트라이볼로지 분야는 DLC 코팅 막 적용의 꽃이라 불리운다. 사용 용도로는 금형, 베어링, 엔진 부품류, 절삭공구 등 매우 광범위하게 구성된다. 이러한 산업적 응용은 DLC의 고유한 특성인 표면 평활성, 고경도, 저마찰 및 여러 기능적 특성을 구현할 수 있기 때문이다.

또한, 화학적 안정성, 광학 특성, 상온~고온환경에서의 광범위한 코팅 온도 등의 범위로 바이오, 에너지 및 폴리머 소재를 활용하는 Flexible 산업 분야에도 확대 적용 중이다.

DLC 코팅의 기저 물질인 탄소는 지구상에 현존하는 원소 중 가장 많이 존재하는 원소로 주기율표상 4족에 속하며 내각 전자를 가지지 않는 유일한 원소이다. 탄소는 sp^3, sp^2, 및 sp^1 결합이 모두 가능한 유일 원소로 결합 구조에 따라 초전도 특성으로부터 흑연 및 다이아몬드 유사 특성의 구현이 가능하다. 1995년 인조 다이아몬드 합성 연구의 시작으로 1971년에 수소를 포함하는 DLC 코팅이 제작되었다. 또한 60개의 카본 합성체인 Fullerence (C_{60}), 1991년 CNT와 2004년에 Graphene이 발견되었다.

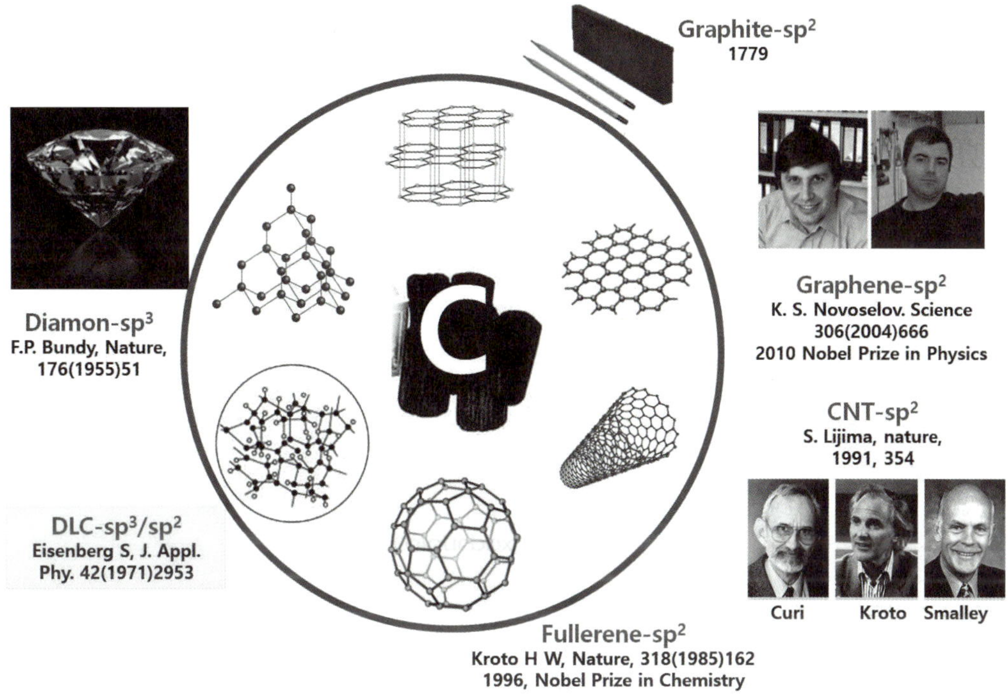

그림 8.26 **DLC 코팅 응용 분야**

카본 결합은 열역학적으로 가장 안정된 상태에서 흑연 구조(Graphite, sp^2 phase)를 이루며 고온/고압 환경에서 준안정 상태의 다이아몬드(sp^3 phase) 구조가 생성되기도 한다. DLC 는 Diamond-like Carbon을 줄여 총칭하는 것으로 sp^2, sp^3 혼성 결합을 한 탄소 집단이 많이 포함된 불규칙 구조를 갖는 준안정 비정질 탄소이다. DLC 코팅 막의 대표적 물성과 응용 분야를 나타내었다. 일반적으로 DLC는 합성 원료로부터 고상의 카본을 사용하는 것 (amorphous carbon. a-C)과 탄화수소 가스를 사용하는 것(hydrogenated amorphous carbon, a-C:H) 으로 분류 된다. DLC 코팅의 분류 시 그림 8.27 과 같이 수소(H), sp^2 (graphite) 및 sp^3 (Diamond-like)를 세 꼭지점으로 하는 삼각 분류표를 활용하여 분류한다. 이 3원 상태도에는 각각의 DLC의 수소 함유량과 경도로 구분되는 sp^2, sp^3 함량에 따른 위치를 표시되어 있다.

표 8.16 DLC 코팅 막의 대표적 물성 및 응용분야

물성	특징	응용분야
경도	15 ~ 85 GPa	내마모 코팅
마찰계수	0.01 ~ 0.2	고체윤활 코팅
화학적 특성	산/염기에 무반응	내부식 및 저마찰 코팅
광학 특성	높은 적외선 투과성	적외선 광학 렌즈 코팅
표면 거칠기	(Ra) 0.3 nm	경면 코팅
코팅 온도	< 70 ℃	모재 열변형 방지 코팅
전기 특성	< 10 2 Ωcm	반도체 부품 코팅
장식성	0.7 μm 이하 무지개 색상 발현	장식품

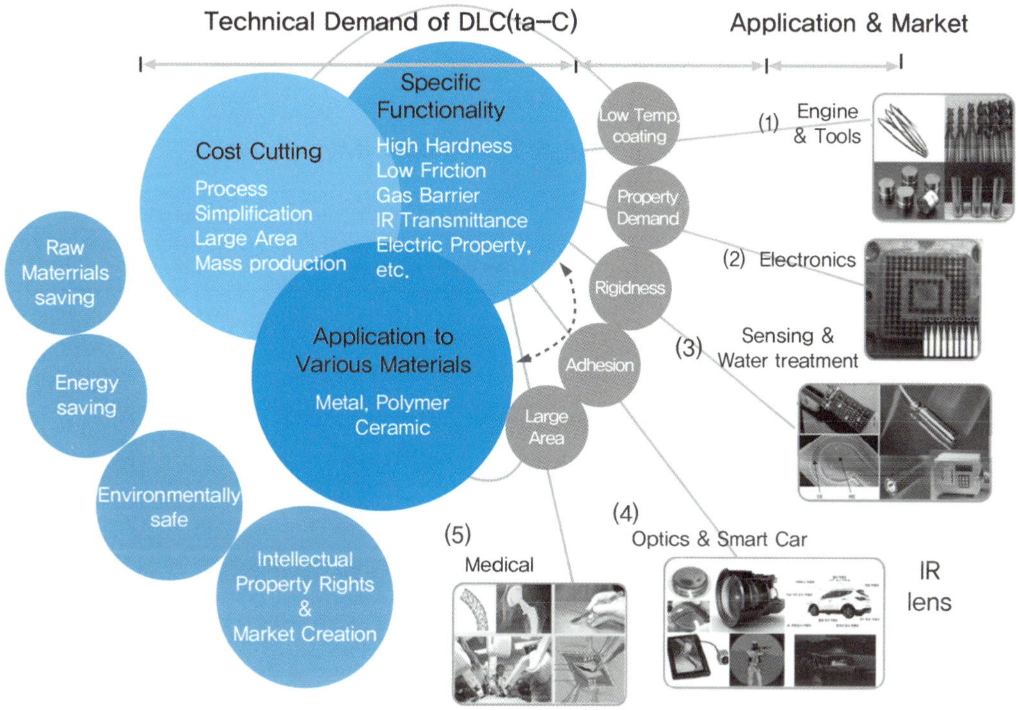

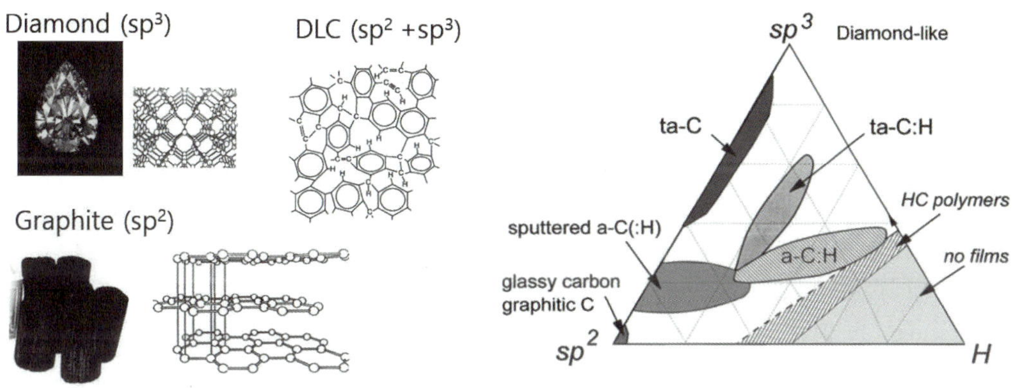

그림 8.27

DLC 코팅의 3원 상태도 (Casiraghi .J Robertson. A.V Ferrari, Materisis Today, 10, 1-2 (2007)44)

최근, 일본 및 독일에서는 sp^2, sp^3 양과 경도 및 수소 함유량에 따라 세분화 하였으며 아래 표에 나타내었다.

표 8.17 DLC **코팅 막의 세부 분류**

	무수소 DLC (Hydrogen free DLC)			**수소 함유** DLC (Hydrogenated DLC)			
약어	a-C	ta-C	a-C:Me	a-C:H	ta-C:H	a-C:H:Me	a-C:H:X
명칭	DLC Graphite-like carbon	DLC iC-Diamond	-	DLC, Hard carbon	-	DLC Me-DLC Me-a-C:H	DLC X-DLC Si-DLC
경도	20 ~ 30	40 ~ 85		15 ~ 20	30 ~ 50	10 ~ 15	10 ~ 15
코팅 방법	PVD (Sputtering)	PVD (FCVA)	PVD	PE-CVD	PVD + PE-CVD	PVD + PE-CVD	PVD + PE-CVD

DLC 코팅 막의 합성은 1971년 아크 방전법을 활용한 이온 빔으로 최초 DLC 합성이 발표된 후 PVD, CVD 방식 모두 활용하여 제작이 가능하다. 아래 그림 8.28에 DLC 합성과 관련된 플라즈마 공정과 특성 및 응용분야를 나타내었다.

아울러, 자동차 산업의 마찰 저감을 통한 엔진 효율 향상 및 비철/복합소재 가공 등의 산업규모가 커짐에 따라 코팅 두께의 다변화(박막 → 후막), 기능성(부도체 → 전도체) 요구 및 DLC 코팅 기술의 양산화 기법의 개발 요구가 폭발적이다.

일반적으로, 탄화수소 가스를 이용하여 합성된 DLC (a-C:H) 코팅 막은 수소를 함유하게 되나 자장여과아크플라즈마(Filtered Cathodic Vacuum Arc, FCVA) 공정을 이용한 합성은 고상의 흑연 타겟과 아크 방전을 이용하므로 수소 함유를 원칙적으로 피할 수가 있고 여타의 공정 대비 월등히 우수한 물리,화학적 특성을 지닌 DLC 코팅 막을 얻을 수 있다. 이 방법으로 코팅된 DLC는 다이아몬드 성분, 즉 sp3 성분이 최대 85 %까지 포함되어 있고 경도는 40 ~ 85 GPa로 높아 사면체 비정질 카본(tetrahedral amorphous carbon, ta-C)라고 불린다.

하지만, ta-C 코팅 막 자체의 내부응력(Internal residual stress) 이 높아 장수명을 요구하는 부품들을 위한 후막(1 μm 이상)의 발현이 매우 어려우며 대량생산을 할 수 있는 대형 장비의 공급이 어려워 뛰어난 장점을 가지고 있음에도 불구하고 산업계 응용을 위한 현실적 장벽이 매우 큰 코팅 막이다.

FCVA 공법의 ta-C 코팅기술 실용화(대면적, 양산화)의 어려움은 크게 4가지로 (1) 다른 금속 아크공정(Metal arc plasma technique)에 비하여 단일 아크 스팟(Spot)만 존재하므로 스팟 제어가 불가능할 시 타겟의 사용이 불안정하여 대면적화의 어려움으로 작용한다.

(2) 거대입자(Macro/micro particle, PC)의 제거로 상대적으로 코팅 증착율이 낮고 (3) 내부응력이 높아 코팅 막의 후막화가 어려우며 (4) 모재의 파괴 및 박리로 이어진다.

이를 위해, 현재 한국재료연구원(KIMS) 에서는 산업전반적인 트라이볼로지 부분의 기술적 이슈를 해결하기 위해 산업 맞춤형 DLC 코팅 장비 개발, 고경도 탄소막(박막, 후막) 및 대면적 처리 기술에 대한 연구가 진행 중이다 [15].

물성	모식도	공정 및 기타	장 단점	응용분야
PECVD	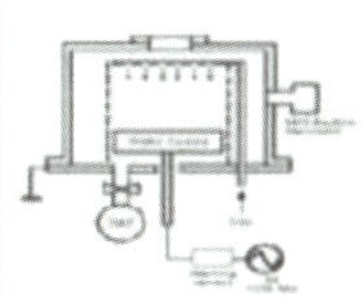	작업압력 : ~10^{-2} torr 사용전압 : AC (20 kHz~20 MHz) Self Bias Voltage Precursor : CH_4, C_2H_2, TMS, HMDSO	장비 단순, 가격 낮음, 표면 조도 우수 (경면코팅) 복잡한 형상을 가진 대상의 코팅이 어려움, 코팅의 접합력이 제한적	 그라비아롤 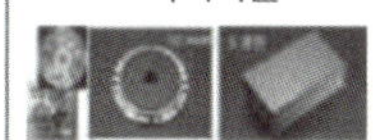 CD 금형, 도광판등
Ion Beam (Ion Plating)	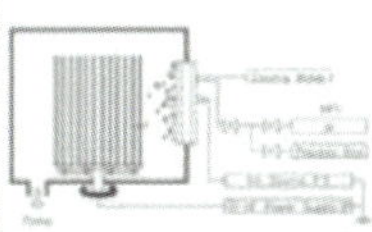	작업압력 : ~10^{-3} torr 사용전압 : DC Bias Voltage : pulse DC Precursor : CH_4, C_2H_2, TMS, HMDSO	장점 : 대면적화 유리, 방전에너지 제어로 물성의 변경이 자유로움 단점 : 소스의 가격이 상대적 고가, 코팅의 접합력 제한적	 자동차 부품, 사출금형류
Sputtering		작업압력 : ~10^{-3} torr 사용전압 : DC Bias Voltage : Pulse DC 카본원 : solid carbon	대형화 쉬움 높은 방전전압 낮은 증착률 쉬운 buffer층 설계	 자동차 동력전달 부품
Laser Arc	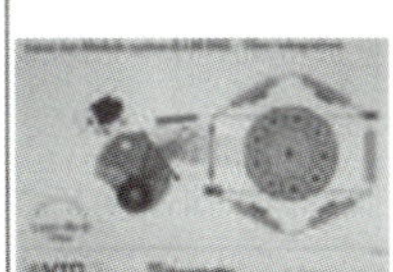	작업압력 : ~10^{-4} torr 사용전압 : Laser, DC Bias Voltage : pulse DC 카본원 : solid carbon 2000년 Laser + arc 공법 혼합 연구	높은 경도, 낮은 증착률, 장비비 고가 거대입자 존재 (Vacuum arc와 동일)	 자동차 부품, 금형부품
Filtered Vacuum Arc (FVA)	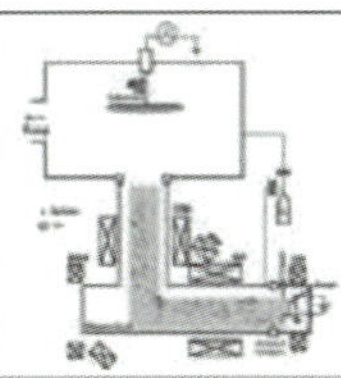	작업압력 : ~10^{-4} torr 사용전압 : DC Bias Voltage : DC 카본원 : solid carbon	높은 경도 산화온도 : 550도 높은 응력, 낮은 증착률 대면적화 어려움	 자동차 부품, 공구, 금형류

그림 8.28 **DLC 합성 방법 및 응용 분야 [10]**

참고문헌

[1] YW Lv, BY Yan, JO Sing, “Research advances and application of tungsten products via chemical vapor deposition”, China Tungsten Industry, Vol. 30 (2), pp.53, 2015.

[2] https://commons.wikimedia.org/wiki/File:Sequence_during_CVD_(en).svg

[3] http://www.semicore.com/images/photos/diagram-ebeam-evaporation.png

[4] https://www.sciencedirect.com/topics/physics-and-astronomy/thermal-evaporation

[5] Peter P., Aljaž D., Peter G., Miha Č., “Review of Growth Defects in Thin Films Prepared by PVD Techniques", Coatings, Vol. 10 (5), 447, 2020.

[6] Adeyeye A.O., Shimon G., “Chapter 1-Growth and Characterization of Magnetic Thin Film and Nanostructures”, Handbook of Surface Science, Vol. 5, pp. 1-41, 2015.

[7] https://www.alcatechnology.com/public/img/sotto_pagine/201999_113348_EZ7A66.jpg

[8] https://www.dentonvacuum.com/what-is-ion-beam-deposition/

[9] http://www.semicore.com/images/photos/diagram-sputtering-process.png

[10] 김종국, “DLC 코팅의 최신동향 및 응용분야”, 스마트 강판소재 (15), pp. 28 - 56, 2016.

[11] Hicyilmaz, A.S., Bedeloglu A.C.,” Applications of polyimide coatings: a review", SN Applied Sciences, Vol. (3), 363, 2021.

[12] Holmberg K., Matthews A.,” Chapter 3 Tribology of Coatings". Tribology Series, Vol (28), pp. 33-124, 1994.

[13] Kandanur S.S., Rafiee M. A., Yavari F., Schrameyer M., Yu Z.Z., Blanchet T. A., Koratkar N., “Suppression of wear in graphene polymer composites”, Carbon, Vol (50), pp. 3178-3183, 2012.

[14] 김종국, 장영준, 성길동, “절삭공구의 Tribology 코팅기술 현황” Tool & Tooling, 대구기계부품연구원, Vol (2), pp. 23-41, 2017.

[15] 장영준, 강용진, 김기택, 김종국, “DLC (ta-C) 후막 코팅을 위한 트라이볼로지 코팅 연구”. 한국트라이볼로지학회지, Vol 32, pp. 125-131, 2016.

찾아보기

번호

A

B

C

D

E

F

G

H

T

U

V

ㅈ

ㅊ

ㅋ

ㅌ

ㅍ

ㅎ